国家自然科学基金项目(42102223)资助
中国博士后科学基金项目(2021M693844、2022T150284)资助
辽宁省自然科学基金联合基金项目(20240329)资助
辽宁省教育厅高等学校基本科研项目(LJKMZ20220693)资助

准噶尔盆地南缘西山窑组沉积特征与煤层气成藏地质条件分析

侯海海　邵龙义　梁国栋
唐　跃　李雅楠　张家强　著

中国矿业大学出版社
·徐州·

内 容 提 要

本书基于准噶尔盆地南缘(准南)多个煤矿井下和多口煤层气井钻孔岩心采集，利用沉积学、层序地层学、煤层气地质学理论，结合多种试验方法，对准南西山窑组沉积特征与煤层气成藏地质条件进行了较为系统的研究。具体内容包括层序-古地理与聚煤规律、煤层对比及其对古环境和古气候的指示意义、古野火特征及其对古气候的影响、煤储层物性定量表征及其与煤化协同效应、宏观煤岩类型和煤体结构双重控制下的孔隙结构演变、煤储层压力分布特征及成因分析、煤层气成藏条件及富集模式、准南西山窑组和八道湾组煤层气成藏条件对比等。

本书可供相关专业的研究人员借鉴、参考，也可供广大教师教学和学生学习使用。

图书在版编目(CIP)数据

准噶尔盆地南缘西山窑组沉积特征与煤层气成藏地质条件分析/侯海海等著.—徐州：中国矿业大学出版社，2025.4

ISBN 978-7-5646-5590-7

Ⅰ.①准…　Ⅱ.①侯…　Ⅲ.①准噶尔盆地—煤层—地下气化煤气—油气藏形成　Ⅳ.①P618.110.1

中国版本图书馆CIP数据核字(2022)第206999号

书　　名　准噶尔盆地南缘西山窑组沉积特征与煤层气成藏地质条件分析

著　　者　侯海海　邵龙义　梁国栋　唐　跃　李雅楠　张家强

责任编辑　何晓明　何　戈

出版发行　中国矿业大学出版社有限责任公司

(江苏省徐州市解放南路　邮编221008)

营销热线　(0516)83885370　83884103

出版服务　(0516)83995789　83884920

网　　址　http://www.cumtp.com　**E-mail**:cumtpvip@cumtp.com

印　　刷　苏州市古得堡数码印刷有限公司

开　　本　787 mm×1092 mm　1/16　**印张** 11　**字数** 281 千字

版次印次　2025年4月第1版　2025年4月第1次印刷

定　　价　48.00元

前　言

我国煤层气目前已步入产业化发展阶段，截至2023年年底，全国累计探明煤层气地质储量1.1万亿m^3，与2020年相比增长了40%，全国2023年煤层气产量达到117.7亿m^3，在沁水盆地南部和鄂尔多斯盆地东缘两个大型煤层气产业基地基础上，新疆准南、贵州、内蒙古等地多点开花，煤层气产量稳中有升、持续向好。新疆侏罗系煤层气资源丰富，主要分布在准噶尔、吐哈、塔里木、天山、三塘湖等5个盆地，其中以准噶尔盆地煤层气资源最为丰富，其煤层埋深2 000 m以浅预测资源量3.54×10^{12} m^3，占全新疆煤层气资源量的41.3%，平均资源丰度1.2×10^8 m^3/km^2，主要在盆地边缘大面积集中分布，利于煤层气规模化勘探开发。煤系沉积学和煤层气成藏富集条件分析是实现煤层气规模化开发的研究基础，可为煤层气的勘探开发全过程提供一定的地质保障和理论指导。

本书基于准噶尔盆地南缘(准南)多个煤矿井下和多口煤层气井钻孔岩心采集，利用沉积学、层序地层学、煤层气地质学理论，结合多种试验方法，对准南西山窑组沉积特征与煤层气成藏地质条件进行了系统的研究。具体内容包括层序-古地理与聚煤规律、煤层对比及其对古环境和古气候的指示意义、古野火特征及其对古气候的影响、煤储层物性定量表征及其与煤化协同效应、宏观煤岩类型和煤体结构双重控制下的孔隙结构演变、煤储层压力分布特征及成因分析、煤层气成藏条件及富集模式、准南西山窑组和八道湾组煤层气成藏条件对比等。通过本次研究，主要取得了以下认识：

(1) 基于区域地质、野外剖面、钻孔岩心和测井资料，恢复了准南西山窑组层序-古地理，在此基础上总结了层序格架下的聚煤规律。

① 准南煤田中段中侏罗统西山窑组含煤岩系中识别出19种岩相类型，辫状河、辫状河三角洲、曲流河、曲流河三角洲、湖泊等5种沉积体系，区域不整合面、沉积体系转换面、陆上不整合面(SU)及其对应的整合面(CC*)、初始湖泛面(FFS)、最大湖泛面(MFS)等6种关键性层序界面，将中侏罗统西山窑组划分为3个三级层序和内部的低位体系域(LST)、湖侵体系域(TST)、高位体系域(HST)和强制湖退体系域(FSST)，每个三级层序延续大约4 Ma。

② 恢复了准南煤田中段中侏罗统西山窑组层序格架下的古地理及聚煤特征，西山窑组沉积期主要发育湖泊、三角洲前缘、曲流河三角洲、曲流河、辫状河三角洲、辫状河等古地理单元，物源方向经历了由依连哈比尔尕山-博格达山与依连哈比尕山共同作用至博格达山的转变，同时层序Ⅰ～Ⅲ时期研究区西部由泥炭沼泽环境过渡到湖盆泛滥环境，研究区东部由泥炭沼泽环境过渡到干旱的辫状河沉积，聚煤作用逐渐减弱，在层序Ⅰ时期形成了典型含煤沉积序列，聚煤有利区位于研究区沙湾县、塔西河-呼图壁河地区和三屯河-头屯河地区。

③ 研究区西山窑组经历了三个阶段的湖盆演化，由层序Ⅰ时期的过充填类型过渡到层序Ⅱ、层序Ⅲ时期的均衡充填类型，基准面变化主要表现为向湖方向由气候、沉积物供给、构造引起的湖平面变化控制，而向陆方向则受控于构造引起的河流平衡剖面变化。剩余可容空间中等的三角洲平原聚煤强度最大，形成的煤厚且广泛分布，剩余可容空间较大的滨浅湖背景下聚煤强度次之，形成的煤较薄但分布广泛，此时泥炭堆积速率与可容空间增加速率达到最大程度的平衡。

④ 基准面周期性变化控制了可容空间的产生与消亡及沉积体系的演化、废弃和聚煤作用的发生。厚煤层发育于西山窑组的层序Ⅰ时期，其层序格架内分为6个演化阶段，分别为低位体系域、湖侵体系域早期、湖侵体系域中期、湖侵体系域晚期、高位体系域和强制湖退体系域。层序格架下的厚煤层主要分布于三角洲环境下的最大湖泛面附近和滨浅湖环境下的初始湖泛面附近。

(2) 在建立高分辨率层序地层格架的基础上，实现了研究区西山窑组多煤层对比，确定了主要煤层段对比的有效标志。

① 基于区域沉积环境演化规律分析，结合野外露头和钻孔岩心观察，在本区中侏罗统西山窑组共识别出区域不整合面、河流下切谷侵蚀面、沉积体系或岩性突变面等三类层序关键界面类型，最终将准南煤田中段西山窑组划分为3个三级层序和10个四级层序，建立了高分辨率层序地层格架。

② 在所建立起来的层序地层格架基础上，以小层堆积样式类型、主要煤层间距和厚度、煤岩煤质数据以及后期地质构造特征为基础，实现了全区的煤层对比。结果表明，陆相盆地区域煤层对比需要将层序地层学、沉积学、煤岩学和构造地质学等多学科综合起来考虑。

③ 准南煤田中段B2和B3煤层间距一般集中在15～25 m之间，而B3和B5煤层间距则一般集中在30～50 m之间，B3和B5煤层间距一般是B2和B3煤层间距的3倍左右，该特征是准南西山窑组下段煤层进行区域对比的主要标志之一。B3和B5煤层之间稳定发育着一层厚度在2～3 m之间的B4煤层，是硫磺沟矿区煤层对比的有效标志。B8、B9、B10和B11煤层之间具有稳定的煤

层间距，是玛纳斯矿区西山窑组中段主要煤层对比的有效标志。

④ 垂向上煤中惰质组呈明显下降趋势，表明古火灾发生的频率、强度不断降低；平面上西山窑组早期与中晚期形成的煤中显微组分有明显不同的变化特征，这应该与博格达山在西山窑组中晚期隆起导致主要物源方向改变有关。

(3) 利用煤岩学方法，对准南西山窑组古野火特征进行研究，从垂向演变和古野火控制因素方面进行了较为深入的探讨。

① 西北地区中侏罗统西山窑组煤中的显微组分以镜质组和惰质组为主。惰质组中以丝质体和半丝质体为主要成分，占比分别为 35.27%和 54.67%。

② 阿连期和巴柔期出现高氧和频繁的古野火，氧含量自底部到顶部逐渐降低：西山窑下段、中段和上段的氧含量分别为 26.78%、24.55%和 23.55%，这应该是导致中侏罗世大面积野火的主要原因。

③ 火灾类型以低强度地表火和高强度地面火为主。在中侏罗统西山窑组自底部到顶部，燃烧温度具有高→低→高的变化趋势，对应的野火类型为地表火→地面火→地表火。

④ 提出了一个全面评价野火特征的新指数(CEI)，该指数可以很好地分析野火的燃烧频率和燃烧温度。除大气氧浓度外，中侏罗统西山窑组野火同时还受到湖平面变化和层序格架内古植物类型的影响。

(4) 基于多尺度物性表征试验方法，实现煤储层物性定量表征，聚焦第一次煤化跃变对煤孔隙结构演变的影响。

① 西山窑煤储层物性非均质性强，比表面积在 0.116～15.983 m^2/g 之间，总孔体积在 0.461×10^{-3}～13.370×10^{-3} cm^3/g 之间，渗透率在 0.001～151.66 mD(0.987×10^{-6}～0.149 μm^2)之间，驱替压力在 0.138～13.78 MPa 之间，饱水状态下样品核磁共振 T_2 时间在 1.44～174.72 ms 之间。

② 第一次煤化跃变(FCJ)对煤储层孔隙结构影响较大，单位纳米微孔和过渡孔体积、比表面积、总孔体积、D_{N1} 和 D_{N2} 均随煤级的升高先增大后减小，最后增大，最大值和最小值分别出现在 0.58%～0.59%和 0.65%～0.66%处。因此与 FCJ 相对应的 $R_{o,max}$ 的边界可由 0.5%～0.6%进一步缩小为 0.58%～0.59%。

③ 在第一次煤化跃变前后，中孔含量、大孔含量、D_{MIP} 与煤级的相关性不明显或趋势复杂。孔隙度与 D_{MIP} 的关系受限于局部地质特征，表明较大孔隙(＞100 nm)的演化受煤级和构造变形的双重影响。

(5) 在煤储层物性定量表征的基础上，聚焦宏观煤岩类型和煤体结构类型差异对煤孔隙结构演化的影响。

① 准南中段西山窑组煤的 $R_{o,max}$ 介于 0.41%～0.71%之间，空气干燥基水分、灰分及挥发分的平均含量分别为 2.82%、8.74%及 32.23%，镜质组和惰质组

的平均含量分别为63.52%和32.62%，可见研究区西山窑组煤具有低水分、低灰分、高挥发分、高镜质组和中等惰质组含量的特点。

② 所测煤样的比表面积和总孔体积均呈现规律性，从光亮煤至暗淡煤不断增加；至于煤体结构，相同宏观煤岩类型下的碎裂煤较原生结构煤具有更大的比表面积和总孔体积。研究表明，所测样品的孔隙连通性整体处于中等-较好水平，光亮煤和半亮煤较半暗煤和暗淡煤具有更低的孔隙复杂度和更好的孔隙连通性，且碎裂煤较原生结构煤具有更高的孔隙复杂度和更好的孔隙连通性。

③ 2种煤体结构和4种宏观煤岩类型组合下的8类煤样孔隙结构特征得以分析。从煤层气的吸附能力角度对所测煤样进行了排序：Ⅱ-4＞Ⅰ-4＞Ⅱ-3＞Ⅰ-3＞Ⅱ-2＞Ⅰ-2＞Ⅱ-1＞Ⅰ-1；从煤层气的渗流能力角度对所测煤样进行了排序：Ⅱ-2＞Ⅱ-1＞Ⅰ-2＞Ⅰ-1＞Ⅰ-3＞Ⅰ-4＞Ⅱ-3＞Ⅱ-4。

(6) 基于研究区煤层气地质资料，利用钻井资料、含气量和储层压力等关键参数，对准南西山窑组煤储层压力及含气系统划分进行了研究。

① 根据准南地区所施工的多个煤层气井钻探涌漏水情况，共识别出西山窑组三个主要含水层和平面上对应的4个富水中心，研究发现西山窑组内3个主要含水层均与三级层序的底部边界垂向位置高度吻合，因此层序地层格架对于西山窑组垂向上主要含水层的发育具有一定程度的控制作用。

② 准南西山窑组主力煤层埋深范围介于396.14～1 473.86 m之间，对应的煤储层压力变化范围则介于2.85～15.18 MPa之间，平均为8.54 MPa，储层压力梯度介于7.55～11.0 kPa/m之间，平均为9.5 kPa/m。准南主要煤层的储层压力及其压力梯度与煤层埋深均呈正相关关系。研究表明，泉域地下通道对于准南地区局部储层压力分布具有重要的控制作用。整体上主力煤层埋深介于700～1 000 m之间的区域是含气量和煤储层压力匹配的有利地带，也是准南煤层气勘探开发的有利埋藏深度。

③ 根据岩心柱状、煤储层压力、含气量变化和层序地层划分结果，将准南西山窑组中下段划分为3个相对独立的垂向叠置含气系统，分割各含气系统的关键层是区域内稳定发育的灰黑色泥岩，且关键层的发育明显受控于沉积环境。发育于研究区东侧三角洲平原环境的垂向含气系统较简单，而处于研究区西侧三角洲前缘-湖相环境的垂向含气系统则相对复杂。

(7) 从沉积环境、地质构造和水文地质条件三个方面出发，对准南煤田中侏罗统西山窑组低煤阶煤层气富集规律及其影响因素进行分析，在此基础上建立了多煤层叠置区低煤阶煤层气富集模式。

① 准南煤田中段西山窑组煤层含气量在1.82～17.06 m^3/t之间，含气量较高的区域主要位于乌鲁木齐河-三屯河区段，其他地区则相对较低。总体而言，

随着埋深的增大，研究区西山窑组煤层含气量呈现先升高后降低的趋势；最大值出现在600～850 m，在此埋深以浅，含气量主要受控于地层压力，在此埋深以深，含气量主要受到地层温度负效应的影响，呈降低趋势。

② 分割各个含气系统的厚层泥岩隔水层往往发育在高水位体系域的末端，就某一个含气系统而言，整体上地温变化不大，含气量随着地层（储层）压力的增加而增大。当然，局部地区含气量的变化也在一定程度上受到煤层顶底板岩性的影响。

③ 受地形差异和水头高度的影响，研究区地下水整体运移特征为：由南向北、由西向东，在硫磺沟、米泉地区形成高矿化度的集水中心。此外，地下水TDS值由西至东、从南到北呈上升趋势，这与水头高度由西至东、从南到北下降的趋势基本一致，乌鲁木齐-米泉走滑断层是形成停滞集水区的重要因素，因此，东部的乌鲁木齐-米泉地区应该是研究区内的煤层气富集区。

④ 以单斜构造为例，综合沉积环境、地质构造和水文地质条件三个主控因素的影响建立了多煤层发育区的煤层气富集模式。研究区煤层含气量变化主要受控于储层（流体）压力，而储层压力则与煤层埋深和地层水矿化度关系密切。煤层埋深介于600～850 m之间的区域由于受到热成因气和生物成因气共同影响，具有较高的含气量，为该地区有利的煤层气勘探层位。

(8) 从煤层气成藏条件出发，开展了准南西山窑组和八道湾组煤层气成藏富集条件对比研究，在此基础上对潜在的煤层气富集区进行了预测。

① 准南地区八道湾组下段、上段下部和西山窑组下部煤层为煤层气勘探的主要目的层位。八道湾组煤主要为气煤，少量达到肥煤，宏观煤岩类型以光亮型和半光亮型为主；西山窑组煤则主要为长焰煤，少量达到气煤，宏观煤岩类型以半光亮型和半暗淡型为主，且煤中惰质组含量明显高于八道湾组的。分析认为，古气候和成煤环境的变化是造成八道湾组和西山窑组煤岩差异的主要原因。

② 受控于煤级的影响，准南八道湾组煤的微孔含量和比表面积要高于西山窑组的。准南地区煤储层构造裂隙数量明显高于内生裂隙，其中乌苏、沙湾和阜康等地区是煤储层裂隙发育的高值区，煤储层裂隙发育特征应该与煤层所处的构造位置关系密切，另外通过裂隙发育情况可以进一步指示区域构造和煤体结构发育特征。

③ 区域上西山窑组煤层的盖层条件最好，八道湾组上段煤层盖层条件次之，八道湾组下段煤层盖层条件相对较差，八道湾组的水质类型主要为Na·Ca-HCO_3·SO_4，而西山窑组的水质类型则以Na·Ca-HCO_3·SO_4为主，八道湾组中的煤层水矿化度平均值（2 768 mL/g）低于西山窑组的（3 266 mL/g）。

④ 基于准南地区构造和水文地质条件，在前人研究的基础上，以乌鲁木齐河西区为例，提出了对冲-褶皱型煤层气成藏富集模式，并对该区域未来煤层气的勘探方向进行了预测。

全书共分10章，具体撰写分工如下：第1章由侯海海、邵龙义撰写，第2章由侯海海、梁国栋撰写，第3章由李雅楠、邵龙义、侯海海撰写，第4章、第5章、第6章、第10章由侯海海撰写，第7章、第9章由侯海海、梁国栋撰写，第8章由侯海海、唐跃、张家强撰写。全书由侯海海统稿、定稿。

本书的相关研究工作得到了中国矿业大学（北京）曹代勇、刘钦甫、鲁静、魏迎春、李勇、韩双彪教授，中国地质大学（北京）唐书恒、汤达祯、姚艳斌、许浩、陶树、蔡益栋、张松航、李松教授，中国矿业大学秦勇、傅雪海、桑树勋、吴财芳、沈玉林、杨兆彪、申建、刘世奇、陈润教授，长安大学程宏飞教授，中国地质大学（武汉）王小明、李国庆、伏海蛟、周三栋、蔡记华教授，河南理工大学张玉贵、曹运兴、苏现波、潘结南、宋党育、金毅、吴伟、高迪教授和李云波、李猛、王娟、夏大平、田林、孙长彦、许小凯副教授，山东科技大学李增学、常象春、余继峰、吕大炜、王东东、王春光教授，太原理工大学孙蓓蕾、李美芬、刘超教授，河北工程大学赵存良、边凯教授，安徽理工大学赵志根、陈健教授，新疆煤田地质局李瑞明总工程师、杨曙光主任，新疆大学田继军教授和王海超、冯朔副教授的帮助和支持。样品采集和野外工作得到了中国矿业大学（北京）王学天、尚晓旭、康世龙、刘磊、赵升、黄献好博士，河北工程大学沈文超博士和新疆煤田地质局一五六煤田地质勘探队相关人员的帮助，在此一并表示衷心的感谢。研究生张华杰、陈泓圳、李强强、刘书君、潘姿孜、黄乡琴、何倩、胡博、赵明恩和樊乐乐绘制了部分插图。特别感谢辽宁工程技术大学矿业学院在本书的出版过程中给予的大力支持和帮助。

综上所述，本书以大量翔实的第一手资料为基础，基于较为全面的研究方法和试验手段，系统分析了准噶尔盆地南缘西山窑组沉积特征与煤层气成藏地质条件，取得了一些新的认识和见解，这将为新疆低煤阶煤层气的勘探工作提供一定的理论指导，具有重要的参考价值。但煤系沉积学和煤层气勘探开发是一个不断与时俱进的研究课题，有些理论和实践问题仍有待于进一步探索和揭示，书中如有不妥之处，敬请读者批评指正。

著　者

2025年4月

目　录

第1章 绪 论

1.1 选题来源及意义

本书选题来源于邵龙义教授承担的中国地质调查局油气资源调查中心的“新疆准南煤层气战略选区调查”项目子课题“准南侏罗系煤层气富集条件与煤储层物性研究”(项目编号:DD20160204-3)和“准南侏罗系煤系地质调查”(项目编号:DD20160204-YQ17W01)。

自2006年开展全国新一轮煤层气资源评价以来,全国煤层气勘探新发现共计82处,目前在自然资源部备案的煤层气勘查项目为94个,其中位于华北地区的项目占到总数的53.2%,而西北、东北大部分和西南地区尚未实现大面积煤层气地面井的商业性开发。因此,自中国地质调查局油气资源调查中心成立之初就实施了为期三年(2013—2016年)的“全国煤层气成矿远景与选区调查”项目。该调查项目最主要目的是在我国煤层气勘探开发热点区(如山西沁水盆地南部和鄂尔多斯盆地东缘)之外,调查优选一批煤层气成矿远景区,为我国煤层气矿产调查评价工作部署提供战略决策依据。

通过“全国煤层气成矿远景与调查选区”项目的实施,在我国西北低煤阶区、东北中低煤阶老工业区和西南中高煤阶构造复杂区共计优选出了近20个煤层气勘探开发战略接替区(邵龙义 等,2015)。准噶尔盆地南缘(准南)作为中国煤层气勘探开发的战略接替区之一,不仅是我国西北地区重要的含油气盆地之一,同时也具有丰富的煤及煤层气资源和巨大的勘探潜力。“准噶尔盆地南缘煤层气产业化基地”建设被纳入国家《煤层气(煤矿瓦斯)开发利用“十三五”规划》,在煤层气开发利用先导试验的基础上,正着力推进煤层气规模化开发利用(汤达祯 等,2021)。

我国含煤地层中煤层气资源丰富,勘探开发前景十分广阔。在煤炭开采过程中所排放出的大量甲烷气体不仅威胁着煤矿的安全生产,同时也对自然环境造成了很大的负面影响,例如温室效应导致的全球变暖和燃煤导致的空气质量变差以及对人体健康的伤害问题等。现阶段我国能源消费结构仍以煤炭为主导,这种现象甚至会持续相当长的时间。但是,目前全球能源发展趋势显示常规资源的比重将逐渐降低,非常规能源逐步占据主导地位。在这个转变过程中,煤层气的大力发展不仅能够弥补我国非常规能源的空缺,而且可以有效地减少煤炭开采所带来的诸多问题。在经济增速换挡、资源环境约束趋紧、环保压力增大和“双碳”目标的大背景下,煤层气的开发利用不仅是解决能源与环境问题的途径,更是一项牵动全局大变革的系统工程。发展煤层气产业不仅有利于保障我国能源安全、优化能源结构,还有利于加快建设清洁低碳、安全高效的现代能源体系(中国能源报,2022)。

煤层不仅是一种重要的固体可燃有机岩岩层，富含煤炭和煤层气等煤系矿产资源（李增学 等，2001；李勇 等，2022），而且作为泥炭地产物和重要沉积载体，同时记录着地质历史时期地球表层系统变化和各类地质事件的“深时”古气候信息（Petersen et al.，2012；Greb，2013；邵龙义 等，2021）。近年来，随着煤地质学的发展，巨厚煤层成因（Jerrett et al.，2011；Wang et al.，2019）、煤系共伴生矿产资源（王佟 等，2017；宁树正 等，2020）、煤的清洁高效利用（杜芳鹏 等，2020）、煤层气勘探开发新理论和新技术（邵龙义 等，2015；曹运兴 等，2020；秦勇，2021）、深部煤层 CO_2 地质封存（杜艺 等，2018；桑树勋 等，2021）、基于煤岩学的“深时”古气候信息挖掘（邵龙义 等，2017；李雅楠 等，2018）和大数据驱动下的含煤岩系定量古地理（周成虎 等，2021）等方面成了新的研究热点。煤系沉积地质学作为上述研究热点的基础，在含煤岩系古地理及其控制下的煤聚集规律、陆相地层多煤层对比、古野火分析及其对古气候的影响和不同古地理背景下层序地层格架构建等方面仍需重视。本书以具有丰富煤炭和煤层气资源的准南中侏罗统西山窑组为例，研究含煤地层沉积特征与煤层气成藏地质条件，分析低煤阶煤层气主控因素并构建其成藏富集模式，不断完善我国低煤阶煤层气研究的地质理论体系，为准南乃至全国陆相低煤阶煤层气资源战略选区提供一定的理论依据。

美国粉河盆地与我国大多数低煤阶煤层气藏相比，煤层含气量虽然较低，但煤层气藏具有较高的含气饱和度、较厚的煤层和较高的渗透率，弥补了其他方面的不足而得以成功开发。而中国低煤阶煤层气藏多具有低压低饱和的特点，加之我国煤层气成藏地质条件比美国复杂得多，不能照搬美国煤层气勘探开发技术。因此，需要从低煤阶煤层气成藏特征入手，对低煤阶煤层气成藏条件与煤储层物性进行研究，这可为解决我国煤层气经济开发的瓶颈问题提供一定的理论依据。

我国政府十分重视煤层气的开发利用研究，自 20 世纪 80 年代末期开始，中国的煤层气勘探开发活动进入了实质性试验阶段，虽然我国历年煤层气的产量都在增加，但是地面煤层气开采量增长缓慢，这极大影响了我国煤层气快速发展的步伐。我国西北低煤阶煤层气资源丰富，而目前无论是在理论研究还是在工程实践中，与中部中高煤阶相比还存在着很大的差距。而随着美国粉河、澳大利亚苏拉特等低煤阶煤层气的成功开发，我国西部地区必将成为未来煤层气研究和勘探开发的主战场。因此，研究准南等西部地区低煤阶含煤盆地的储层物性特征及煤层气成藏富集条件具有重要的实践意义。另外，本次研究属于非常规能源勘探开发领域，达到预期目标后不仅可以节约资源与改善环境状况，同时能够有效推动我国低煤阶煤层气勘探开发，并在一定程度上能够解决新疆准南煤层气选区评价及开发技术的难题。

1.2 煤层气勘探开发现状

1.2.1 中国煤层气勘探开发态势

中国 42 个主要含气盆地埋深 2 000 m 以浅的煤层气地质资源量 36.81×10^{12} m^3（国土资源部油气资源战略研究中心，2009），主要分布在华北和西北地区（占总资源量 84.4%），与陆上常规天然气资源量 38×10^{12} m^3 基本相当。

(1) 勘探开发现状

中国现阶段煤层气开发主要集中在沁水盆地南部、鄂尔多斯盆地东缘等中高煤阶地区。全国95%的煤层气资源分布在晋陕内蒙古、新疆、冀豫皖和云贵川渝等4个含气区，其中晋陕内蒙古含气区煤层气资源量最大，占全国煤层气总资源量的50%左右。截至2020年年底，全国累计探明储量近7 900亿 m^3，如图1-1所示。其中，沁水盆地探明储量区块包括潘庄、大宁、柿庄南、寿阳、古交、樊庄、郑庄、马必、沁南、长子等，鄂尔多斯盆地东缘探明储量区块包括韩城、三交、保德、柳林、临兴等，其他地区探明储量主要包括淮北、宿南、铁法等。

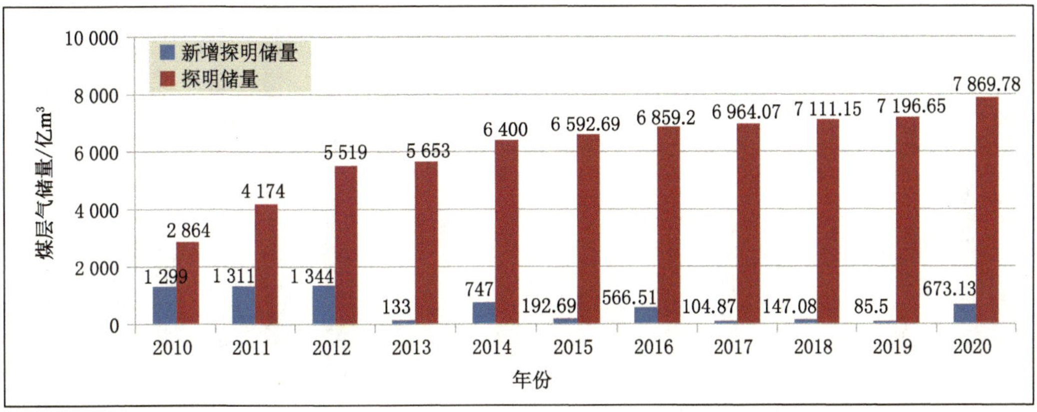

图1-1 我国煤层气历年探明储量示意图

截至2020年年底，全国煤层气钻井总数19 268口，新增钻井数888口，现阶段煤层气地面开发井主要集中在沁水盆地和鄂尔多斯盆地东缘，以中石油、中联煤、晋煤、阳煤和潞煤等集团为主。目前已建成地面煤层气产能 90×10^8 m^3，年产量近 30×10^8 m^3，鄂尔多斯盆地东缘和沁水盆地南部形成两个上千亿立方米的大气田，如图1-2所示。

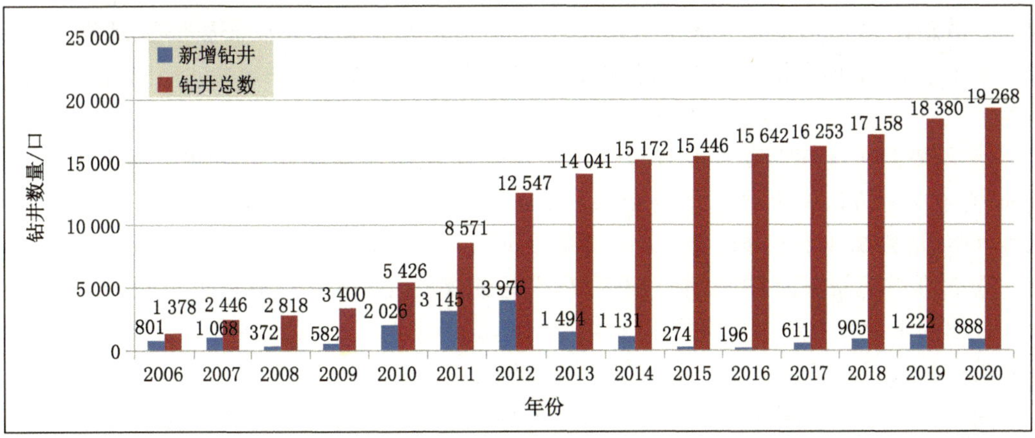

图1-2 我国煤层气历年钻井数量示意图

我国煤层气历年产量呈持续增长，2020年全国煤层气产量达185.67亿 m^3，其中地面煤层气井产量为57.67亿 m^3，如图1-3所示。虽然与美国、加拿大及澳大利亚等国家的产量还有很大差距，但随着煤层气地质理论的突破以及勘探开发技术的成熟，未来我国煤层气产业会持续高速发展。现阶段的任务是:一方面利用好煤层气井下瓦斯抽采,加强低浓度瓦斯的收集和利用技术研究;另一方面要加快推进我国煤层气地面开发井的工程实践,尤其是我国西北低煤阶煤层气,一旦有大的突破,对于改变现在的局面将起到重要的推动作用。

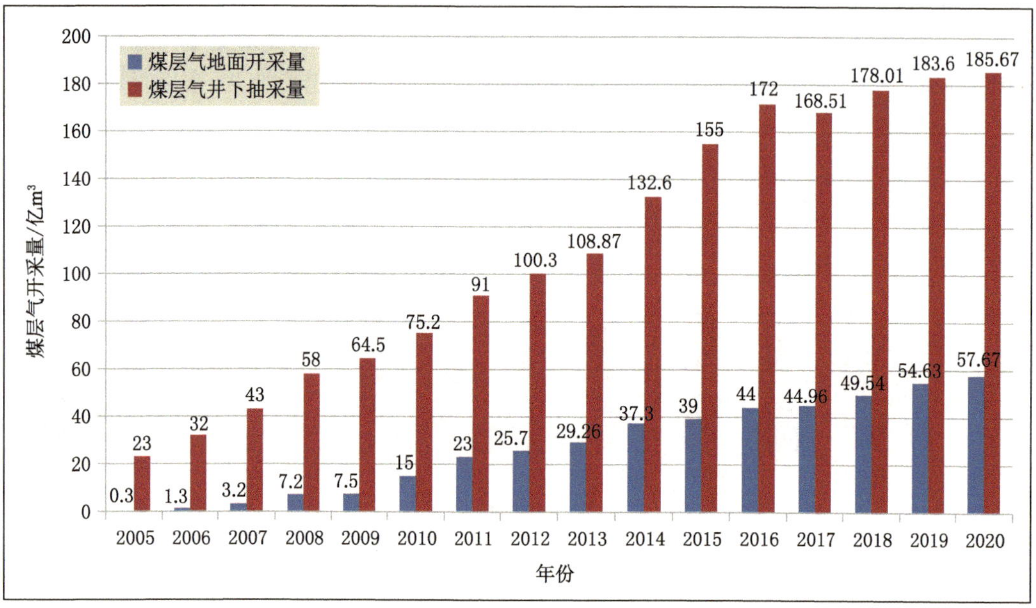

图 1-3　我国历年煤层气采气量统计

(2) 存在的主要问题

① 理论和技术方面:我国煤田地质构造复杂,煤层气赋存条件差,普遍存在低储层压力、低渗和低饱和度的"三低"不利条件,从理论和技术方面都存在许多关键性难题,如煤储层应力敏感性、低煤阶煤层气次生生物气的生气机理、构造煤富集区增透改造、地面煤层气井开采工艺、井下抽采技术与装备等一系列问题,需要进一步研究和解决。而随着矿井开采深度加大,地应力增加,煤层气抽采难度还会进一步增大。

② 局势方面:现存问题包括煤层气产量增长减缓,投资规模缩紧;单井产量低,达产周期长;企业和地方政府矛盾突出;环境保护要求不断加强,环保成本增加;800 m 以浅的区块减少,深部的勘探效果差异较大,沁水、鄂尔多斯盆地以外的全国其他地区勘探潜力较差。

③ 政策与投资方面:矿权和气权分离,是目前煤层气开发中面临的主要问题之一。矿权和气权的审批权分别在不同的部门,煤层气是部一级发证,煤炭则是部、省两级发证。采煤和采气矿权管理部门不统一,致使政府的监管力度不够。

缺乏一些公益性、前瞻性、基础性、共性关键技术与装备等安全技术研究,资金、科研投入不足,致使煤层气开发利用与治理等方面的技术研究工作和创新进展缓慢。

1.2.2　新疆准南煤层气资源评价与勘探开发现状

① 根据杨起等(2005)编著的《中国西北煤层气地质与资源综合评价》一书中的预测,准噶尔盆地 2 000 m 以浅煤层气预测资源量为 3.54×10^{12} m³,其中准南煤田 9 500×10^{8} m³,

资源丰度较大的地区主要集中在呼图壁-阜康一带。

② 据国土资源部油气资源战略研究中心(2009)编著的《全国煤层气资源评价》一书中的研究结果,准南煤田共有煤炭资源量 3 099.78×10^8 t 和煤层气地质资源量 20 582.73×10^8 m^3。其中,煤层气可采资源量 5 986.2×10^8 m^3,Ⅰ类资源量 15 015.76×10^8 m^3,Ⅱ类资源量5 566.98×10^8 m^3。

③ 据新疆煤田地质局煤层气研发中心编制的《1∶125 万新疆维吾尔自治区煤矿瓦斯地质图》及说明书所得成果,准南煤田共有煤炭资源量 1 257.39×10^8 t,煤层气地质资源量 3 618.68×10^8 m^3。

④ 新疆煤田地质局、中石油、中联煤、科林思德公司和中国地质调查局等单位近几年来在准南煤田煤层气研究和勘探方面做了较多工作,其中新疆煤田地质局一五六煤田地质勘探队 2002 年提交了《乌鲁木齐河东河西矿区煤层气资源评价报告》,并施工了 3 口参数井和 2 口生产试验井,但均集中在阜康白杨河西部和乌鲁木齐市七道湾一带。在中国地质调查局的推动下,在乌鲁木齐河西地区陆续施工了多口煤层气参数井,遍布乌鲁木齐、呼图壁和玛纳斯地区,见表 1-1。

表 1-1 准南煤田煤层气施工钻孔一览表

所在地区	钻井编号	施工时间	钻井类型	单位
乌鲁木齐河东矿区	乌参 1	2005.08	参数井	新疆煤田地质局
	乌参 2	2006.10	参数井	新疆煤田地质局
	SC-1	2013	参数井	新疆煤田地质局
	WS-1	2013	生产井	新疆煤田地质局
	WS-2	2013	生产井	新疆煤田地质局
阜康白杨河矿区	CS11	2015	水平井	新疆科林思德公司
	CSD01	2014	生产试验井	新疆科林思德公司
	阜参 1	2005	参数井	新疆煤田地质局
	阜试 1	2008.08	生产试验井	新疆煤田地质局
	阜试 2	2009.09	生产试验井	中联煤/新疆煤田地质局
	阜试 3	2010	生产试验井	新疆煤田地质局
	阜试 4	2013	生产试验井	新疆煤田地质局
	阜试 5	2013	生产试验井	新疆煤田地质局
	50 口井	2014	生产试验井	新疆煤田地质局
阜康建新煤矿	参 2-3 孔	2008	参数井	新疆煤田地质局
昌吉硫磺沟	LHG-06-01	2006	参数井	中联煤
	LHG-06-02	2006.05	参数井	中联煤
	LHG-06-03	2006.05	参数井	中联煤
	LHG-09-03	2006	参数井	中联煤
	LHG-10-01	2006	参数井	中联煤
	LHG-10-02	2006	参数井	中联煤

表 1-1(续)

所在地区	钻井编号	施工时间	钻井类型	单位
呼图壁雀尔沟	昌试 1	2006.09	生产试验井	中石油
	昌试 2	2006.10	生产试验井	中石油
阜康大黄山	阜煤 1	2009	生产试验井	中石油
玛纳斯	玛煤参 1	2015	参数井	中国地质调查局
	玛煤参 2	2016	参数井	中国地质调查局
	新玛参 3	2017	参数井	中国地质调查局
呼图壁	新呼参 1	2016	参数井	中国地质调查局
	新呼地 1	2016	调查井	中国地质调查局
	新呼参 2	2017	参数井	中国地质调查局
乌鲁木齐河西区	WXC-1	2016	调查井	中国地质调查局
	WXC-2	2016	调查井	中国地质调查局
	WXS-1	2016	生产试验井	新疆煤田地质局
	新乌参 1	2016	参数井	新疆煤田地质局

⑤ 2006—2007 年，中国石油勘探开发研究院廊坊分院在南缘白杨沟矿区完钻昌试 1、昌试 2 两口井，钻遇西山窑组煤层 5～6 层，单层厚度一般 2～7 m，最大单层厚度 17 m，累计厚度分别为 23.4 m 和 31.4 m，钻遇大部分煤层的煤岩均为肥煤，含气量一般 4～6 m^3/t，个别接近 7 m^3/t，高于一般条件下煤层气勘探的下限值 4 m^3/t。

⑥ 2008 年，新疆煤田地质局在阜康白杨河区施工煤层气生产试验井（阜试 1），通过抽水排采，井口点火成功，这是在准南煤田第一口点火成功的煤层气生产试验井，在新疆煤层气勘查领域具有里程碑式的意义。

⑦ 2009 年 10 月，新疆煤田地质局与中联煤合作在阜康白杨河区施工了 ZN-01 生产试验井，对井内煤储层进行了清水加砂压裂及排采试验工作。

⑧ 2009—2010 年，新疆煤田地质局煤层气研发中心与中联煤合作开展了“新疆准南煤田煤层气选区评价”工作，系统地分析了准南煤田煤层气赋存的地质、构造、水文等条件，研究了该区的渗透率、储层压力、含气量等煤层气开采参数，估算了该区2 000 m 以浅的煤层气资源量，并对下一步工作提出了建议。

⑨ 自 2009 年开始，新疆煤田地质局一五六煤田地质勘探队在阜康白杨河勘查区又相继以 200 m 井距施工了阜试 2、FS-3、FS-4、FS-5 等 4 口生产试验井，与 FS-1 井一起组成了 5 口井的煤层气生产试验小井网（井网布置为梯形），形成新疆第一个煤层气生产试验小井网。基本查明了主要煤层的渗透率、储层压力等煤储层物性特征和规律；对 42 煤层进行了水力加砂压裂的储层改造方法和煤层气增产措施，获取了 5 口井的压裂参数，提高了煤储层的渗透率，获得了较好的压裂效果；通过排水采气工作，制定了 42 煤层的煤层气排采工作制度。2013 年 1 月 4 日，该井组开始产气，5 口井均获得煤层气工业气流，单井日产量最高达到2 507 m^3，井组最大日产量达到 7 000 m^3。

⑩ 2013 年，新疆煤田地质局煤层气研究开发中心承担实施了自治区地质勘查基金项目“新疆准南煤田乌鲁木齐河东矿区煤层气资源预探”，已完成地质剖面测量、2 口生产试验

井钻探、试井、采样测试、气测录井、压裂以及3口参数井的钻探、采样测试等工作。

⑪ 2013年8月，新疆煤田地质局一五六煤田地质勘探队向自治区地质勘查基金项目管理中心申请“新疆阜康市白杨河矿区煤层气开发利用先导性示范工程”立项，并得到审查通过。2014年4月10日，新疆维吾尔自治区国土资源厅以新国土资函〔2014〕378号文下达项目任务书。2014—2015年，计划实施直井19口、定向井31口、U形试验井一组，建设日处理能力10×10^4 m^3CNG集气站一座及相关集气管网等设施，形成3 000×10^4 m^3年产能，建成新疆第一个煤层气开发利用示范基地。

⑫ 2014年，科林思德公司联合中国矿业大学、中国石油大学、中国地质大学、河南理工大学等，施工完成了新疆第一口煤层气参数井及生产试验井——CSD01井。该井日产气量最高达17 125 m^3，创造了全国丛式、单层排采煤层气井产量最高纪录。该井目前总产气量已达235万m^3，其日产气量保持在8 000 m^3以上。2015年，该公司又实施了新疆第一口煤层气水平井，日产气量可达2万m^3以上。

⑬ 自2015年至今，中国地质调查局油气资源调查中心在乌鲁木齐河西地区，针对广大侏罗系西山窑组布置了数10口煤层气调查井和参数井，包括玛煤参1、玛煤参2、新玛参3、新呼参1、新呼地1、新呼参2、WXC-1、WXC-2、WXS-1、新乌参1。其中，WXS-1井取得了较大突破，2017年2月5日开始排采，至9月12日排采220天，日产气量稳定在4 500 m^3左右并持续了50余天，开辟了新疆准南西山窑组煤层气勘探开发新领域。

1.3　存在问题及主要研究内容

1.3.1　存在问题

虽然准南地区低煤阶煤层气已经历了十几年的勘探开发历程，但截至目前该地区(特别是准南煤田中段)仍存在不少基础问题亟待解决：

(1) 煤系沉积学等基础研究还需进一步加强

作为煤地质学重要的基础研究内容，煤系沉积学与煤系气和煤系关键金属矿床的勘探开发关系密切。煤不仅是一种重要的矿产资源，同时也是记录成煤期泥炭沼泽地古环境、古气候、古生物等多种地质信息的载体。煤系沉积学的研究不仅可以揭示全球地质事件和气候演变，同时可为煤炭和煤层气的勘探开发提供基础条件。

(2) 煤岩层对比需深入研究

新疆准南陆相含煤地层相带变化较快，研究区内侏罗系含煤岩系以多煤层且厚度变化较大为主要特征，单煤层难以实现区域对比。另外，在煤勘时期各个勘探区的煤层编号混乱，例如在乌鲁木齐和西区西山窑组煤层编号是从下至上依次编号，而在头屯河至三屯河区则是从上至下进行编号。煤岩层对比作为煤层气勘探开发的主要基础工作目前研究不够深入，还需要进一步加强。

(3) 煤层气富集条件缺乏对比研究

准南阜康白杨河矿区和乌鲁木齐河西区隶属于同一构造带，煤层产状、煤层形成沉积环境和煤层气成藏条件既有相似性也具有不同的特征，目前在阜康地区煤层气勘探开发已经有所突破，在该地区建立了全国低煤阶煤层气勘查示范中心，因此需进一步加强准西南与准东南在煤层气富集条件、煤层气有利区优选、煤层气开发地质条件和煤层气开发配套工艺上的对比研究。

(4) 煤层气储层特征缺乏系统研究

煤层气储层主要由有机显微组分、矿物质和各类孔-裂隙系统所构成，而在研究区内还未系统地对煤储层物性特征进行表征，开展煤层气储层的精细定量表征和综合评价研究有利于充分评估准南煤层气开发潜力和煤层气地面开发区块的优选，同时也有利于制订有效的煤层气钻完井、排采和开发方案，并最终为煤储层改造和提高采收率提供基础保障。

(5) 低煤阶煤层气成藏富集模式还需进一步归纳

近年来，随着低煤阶煤层气勘探开发热潮的到来，其成藏模式一直是研究的重点之一，但同时在煤层气成藏关键要素上也存在一些争议。有些学者强调低煤阶煤层气富集的关键要素是封堵，即保存条件；而有些学者则认为低煤阶煤层气富集的关键要素是生气条件，从低煤阶煤储层的特征和近年来煤层气勘探结果来看，煤层气的生气条件和保存条件两者同样重要。针对准南中段西山窑组低煤阶煤层气的富气条件，还需进一步归纳总结。

1.3.2 主要研究内容

(1) 西山窑组煤岩层对比研究

利用钻孔资料、矿井地质资料和煤层气地质资料，识别研究区含煤地层标志层、统计各煤层间距，查明煤层顶底板岩石特征，分析煤岩煤质和微量元素地球化学特征，结合测井资料、地物资料等进行综合分析，利用沉积学、层序地层学和地震地层学的方法对各煤层(段)进行区域对比。

(2) 聚煤规律及古野火特征研究

基于野外露头、钻孔岩心识别、室内综合分析和层序地层学的研究方法，对准南中段西山窑组层序-古地理和聚煤规律进行详细分析，总结其聚煤模式，探讨其聚煤控制因素；利用煤岩学、古植物学和有机碳同位素等分析方法，对西山窑组古野火垂向变化特征进行研究，识别古野火发生的强度、频率和演变过程，探讨古野火对古气候的响应机制。

(3) 煤储层物性特征及其控制因素

煤作为一种高非均质且具有各向异性的复杂多孔介质，其储层物性的研究不仅可以提供煤层气评价参数，完善煤层气选区评价体系，同时可以确定有效的开发井位和压裂层段，提高煤层气的单井产量。本次研究主要包括煤储层的孔隙结构特征、渗透率、孔隙度、孔隙的连通性、宏观(微观)裂隙发育特征、吸附能力、不同温压条件下的孔渗变化模拟试验等方面，所涉及的试验包括低温氮气吸附、甲烷等温吸附、高压压汞、核磁共振、覆压孔隙模拟等。在此基础上，对影响煤储层物性变化的煤变质程度、宏观煤岩类型和煤体结构等因素进行了深入分析。

(4) 煤层气成藏富集模式研究

根据岩性资料、煤储层压力、含气量变化和层序地层划分结果，对准南西山窑组垂向含气系统进行划分，分析含气系统分布与沉积环境之间的内在联系。从构造控气、沉积控气、水动力控气及煤储层物性分析出发，针对重点工作区范围，提出准南煤层气富集模式，揭示研究区煤层气富集区的内在控制因素。

(5) 准南西山窑组和八道湾组煤层气成藏条件对比研究

准南阜康白杨河矿区和乌鲁木齐河西区隶属于同一构造带，煤层产状、煤层形成沉积环境和煤层气成藏条件既有相似性也具有不同的特征，参考阜康东部八道湾组煤层气成藏地质条件，在跟踪研究区玛纳斯-呼图壁煤层气生产试验井工程的基础上，进行准南西山窑组和八道湾组煤层气成藏条件对比研究。

第2章 区域地质概况

准噶尔盆地位于中国西北部，周缘大多为古生代地层出露，平均海拔约500 m，整体呈东高西低、北高南低的趋势。准噶尔盆地南缘构造位置处于准噶尔盆地的南部断裂带，整体位于准噶尔盆地与北天山造山带的接合处，如图2-1(a)所示。研究区位于准噶尔盆地南缘的中部，东西长约142 km，南北宽17～34 km，面积约2 862 km^2；其西至玛纳斯河，东达米泉县，南以边界断裂为界限。需要指出的是，从边界断裂向盆地方向发育了多个单斜与褶皱构造，另外一条形成于晚印支运动期间的大型左旋走滑断层——乌鲁木齐-米泉走滑断层出现于研究区东部(Fu et al.,2019)。此次工作重点主要集中在研究区东部的乌鲁木齐河西区(含硫磺沟煤矿区)与中西部的三屯河-玛纳斯河区，如图2-1(b)所示。这些区域煤层气工作程度相对较低，但煤层气资源量却极为丰富。由于位于同一构造带的乌鲁木齐河以东阜康矿区煤层气的勘查工作已有所突破，因而，在研究区域开展陆相盆地煤系沉积学、储层物性表征及煤层气富集条件与规律研究等工作具有理论与现实双重意义。

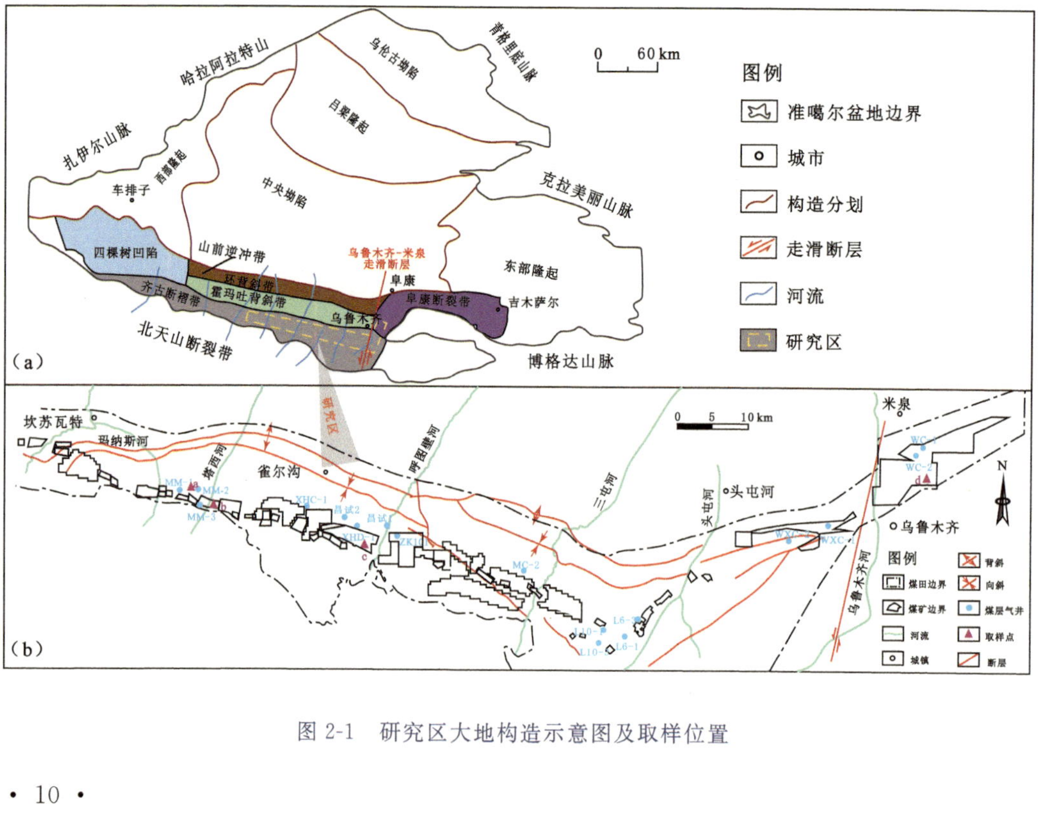

图2-1 研究区大地构造示意图及取样位置

2.1　区域地质构造

2.1.1　大地构造位置

准噶尔盆地位于阿尔泰-蒙古增生造山带与南天山缝合带之间，形成于西伯利亚和印度板块相对挤压和扭动的压扭性构造格局背景下，属于古亚洲与特提斯-喜马拉雅构造域。准噶尔盆地在地质历史时期内多次受到周缘造山带的逆冲推覆作用，因此发育演化过程也与一般意义的前陆盆地有一定差异，具有类前陆盆地的特征(陈发景 等，2005)。

准噶尔盆地南缘的构造位置处于准噶尔盆地的南部断裂带，北部紧邻盆地腹部的昌吉凹陷，南部则与依连哈比尕山和博格达山相邻，整体位于准噶尔盆地与北天山造山带的接合部位(董臣强 等，2007)，内部断裂展布方向近平行于天山或博格达山。准南东部因受乌鲁木齐-米泉断裂和博格达山的共同影响，褶皱带轴部逐渐转为东北向，平移断层局部可见，如图 2-2 所示。准南先后历经多期构造运动，呈现出相对复杂的构造格局。其中，新生代喜马拉雅运动对该区影响较大，它使得山前形成强烈褶皱且伴生一系列大型逆冲断裂，并由南向北发育了三排近东西向延展的构造带(管树巍 等，2012)，即山前推举带、霍-玛-吐背斜带与呼图壁-安集海-西湖背斜带，如图 2-2 所示。准南由于受到南北向强烈挤压地质运动的影响，形成了复杂的地应力场(Fu et al.，2020)。研究区(准噶尔盆地南缘中段)西部受盆地北天山隆起影响，水平最大应力方向主要为南北向，其中呼图壁背斜水平最大应力方向为 NW14°；东部因天山与博格达山隆起共同作用，水平最大应力方向较西部略向西北向偏移，为 NW35°。

2.1.2　区域构造演化

自早二叠世以来，准噶尔盆地经历了海西、印支、燕山及喜马拉雅等多期构造运动，并且在不同的构造时期形成了性质不同、类型不同的大型叠合盆地(白斌，2008)。在准噶尔盆地的演化过程中，可分为五个阶段：早二叠世裂谷阶段、晚二叠世伸展坳陷阶段、三叠纪-侏罗纪稳定陆块内缩短挠曲坳陷阶段、白垩纪-古近纪稳定陆块内沉降盆地阶段、新近纪-第四纪陆内前陆盆地阶段(万里皋 等，2005；王佟，2012；王敏芳 等，2007)，如图 2-3 所示。

(1) 早二叠世裂谷阶段

由于周缘海槽闭合碰撞时的多向挤压，准噶尔盆地最初形成于中、晚石炭世末。成盆后，下二叠统是最早的沉积盖层。早二叠世裂谷阶段是在石炭纪台地基础上发展起来的，南部以博格达裂陷槽为界，与吐哈地块分隔，在陆梁地区以南、博格达以北形成了一系列近东西向的垒堑构造。在此阶段，盆地在区域性拉张背景下形成了由高角度同生正断层控制的一系列箕状断陷。

(2) 晚二叠世伸展坳陷阶段

晚二叠世时期，准噶尔地体与塔里木地体发生碰撞形成北天山，致使盆地南部发生抬升，海水在该时期全部退出，盆地开始进入伸展坳陷阶段，在盆地南缘形成山前坳陷。在晚二叠世早期，盆地呈现南拗北断的特点，凹陷走向和早二叠世时期断陷盆地的走向一致，呈现北西西向。在晚二叠世末期，构造断块隆升，形成山前推举带前缘断裂，沉积范围逐渐扩

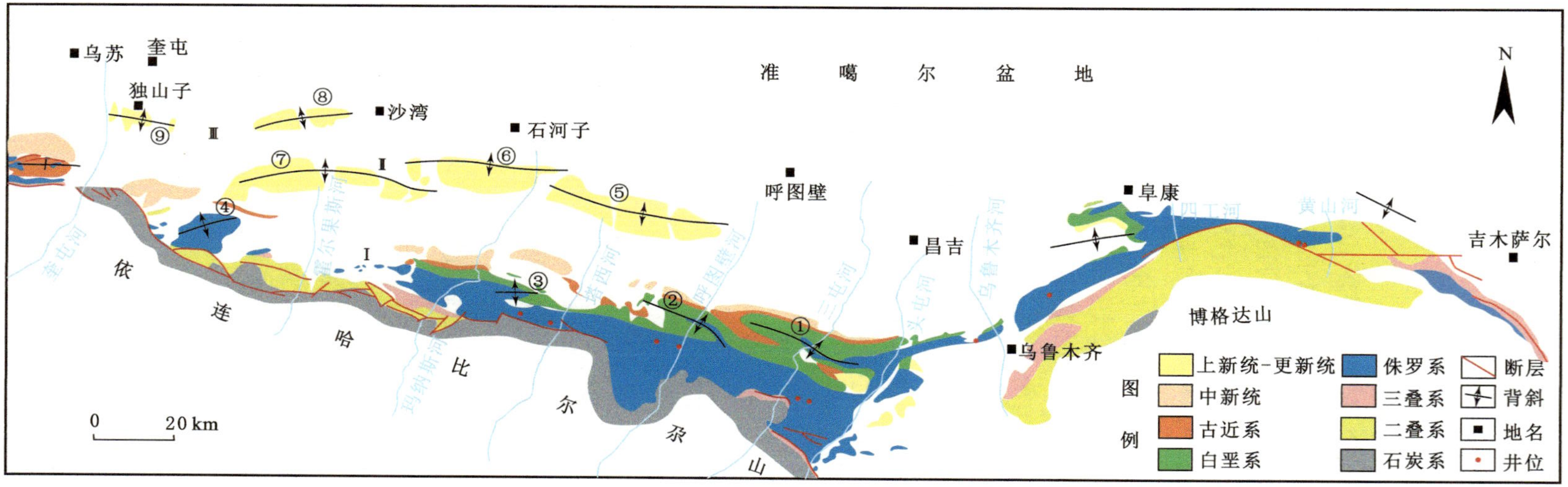

①—喀拉扎-昌吉背斜；②—齐古背斜；③—清水河背斜；④—南安集海背斜；⑤—吐谷鲁背斜；⑥—玛纳斯背斜；⑦—霍尔果斯背斜；⑧—安集海背斜；⑨—独山子背斜；Ⅰ,Ⅱ,Ⅲ—构造带。

图2-2 准噶尔盆地南缘构造地质简图（据管树巍等，2012；有修改）

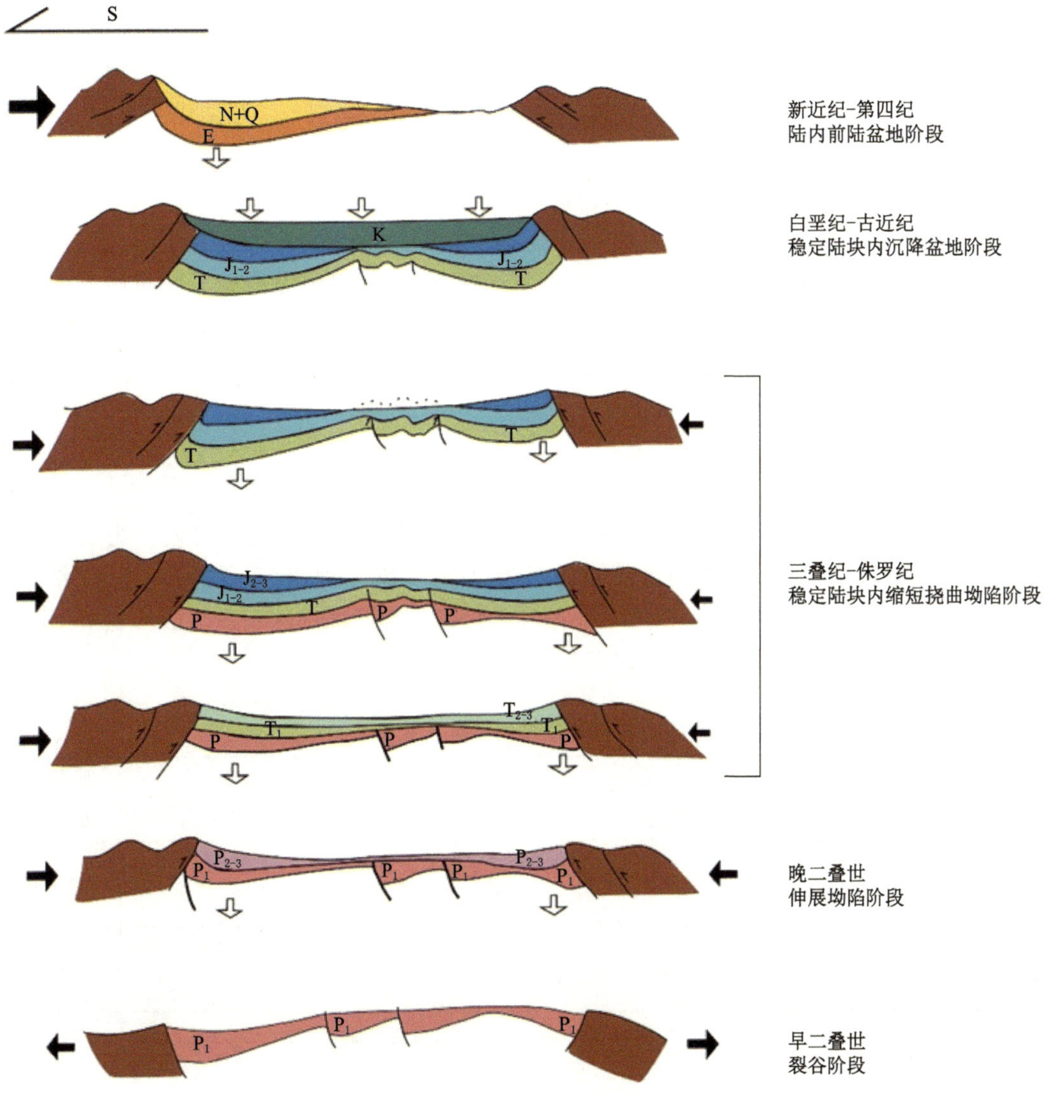

图 2-3　准噶尔盆地构造演化图

大，分割局面逐渐统一，但由于断裂作用，盆地内具有多个大小不等的沉积中心。

(3) 三叠纪-侏罗纪稳定陆块内缩短挠曲坳陷阶段

晚二叠世末，受海西运动主幕的影响，准噶尔盆地发生抬升收缩。自三叠纪起，准噶尔盆地进入陆内坳陷阶段。在三叠纪时期，盆地的主要沉降中心分布在玛纳斯-呼图壁-昌吉一带，地层厚度呈梯度向边缘递减。在三叠纪-侏罗纪时期，盆地主体是在稳定陆块内沉降形成的，该时期为准噶尔盆地发展的全盛时期，南缘则受到造山带隆升的影响，在昌吉-石河子一带沉积厚度最大。在印支-燕山多幕次运动的影响下，造成了三叠、侏罗系内的多层不整合。盆地由于西缘和南缘差异挤压作用，形成具有宽缓不对称的碟形坳陷，盆地性质属于稳定陆块内缩短挠曲坳陷盆地。

(4) 白垩纪-古近纪稳定陆块内沉降盆地阶段

晚侏罗世末，受到燕山期构造运动的影响，盆地受挤压作用收缩变形，形成了盆地演化过程中较为重要的一次造山不整合。白垩纪时期，盆地的沉积范围较侏罗纪时期缩小，沉积中心基本处于山前的玛纳斯河到呼图壁河一带；古近纪时期，沉积中心主要在南缘山前安集海到沙湾一带。盆地基底沉降在该时期更加稳定，沉降中心接近北天山造山带，沉积范围分布也较为广泛。

(5) 新近纪-第四纪陆内前陆盆地阶段

新近纪-第四纪喜马拉雅运动对准噶尔盆地再度改造，由于印度大陆和中国大陆板块的碰撞作用，北天山大幅度快速隆升，并向盆地方向冲断，在盆地南缘形成了冲断性前陆盆地和新生代沉积凹陷，并在南缘发育了喜马拉雅运动期的褶皱和断裂。由于天山的迅速抬升，地形高差较大，物源供给充分，造成大量沉积物搬运至盆地南缘。

2.2 准南侏罗系地层

侏罗系地层在准噶尔盆地南缘广泛分布，区域侏罗系地层自下而上可划分为下统的八道湾组(J_1b)与三工河组(J_1s)、中统的西山窑组(J_2x)与头屯河组(J_2t)以及上统的齐古组(J_3q)与喀拉扎组(J_3k)，见表 2-1。玛昌坳陷和乌伦古坳陷是准南侏罗系地层的主要沉降中心，且玛纳斯-昌吉一带厚度最大，由此向东、西两侧逐渐减薄。

表 2-1　准噶尔盆地区域侏罗系地层表

地层		代号	接触关系	岩性特征	厚度/m
上侏罗统	喀拉扎组	J_3k	整合	上部棕褐色砾岩，底部褐红色砾岩	80～300
	齐古组	J_3q	整合	上部红色泥质粉砂岩、泥岩夹砂岩，下部绿色泥质粉砂岩、泥岩	600～900
中侏罗统	头屯河组	J_2t	整合	上部红色泥质粉砂岩、泥岩夹砂岩，下部绿色泥质粉砂岩、泥岩	430～500
	西山窑组	J_2x	整合	以湖泊三角洲、滨浅湖相为主夹河流相的灰色泥岩-砂岩、煤层	731～903
下侏罗统	三工河组	J_1s	整合	三角洲-浅湖相灰色、灰白色泥岩、粉砂岩、砂岩、煤层	480～580
	八道湾组	J_1b	不整合	以湖相为主，发育水平层理的灰色泥质粉砂岩、泥岩夹细砂岩	800～1 100

现以准南塔西河剖面和呼图壁河剖面为例，对研究区侏罗系地层、岩性、颜色及接触关系等方面进行介绍。

区域上，侏罗系下统八道湾组虽然也是准南煤田主要含煤地层，但因边界逆冲断层的存在，在八道湾组地层准南煤田中段西侧少有出现。在野外剖面上多见下统三工河组与石炭系地层直接不整合接触，三工河组与上覆西山窑组呈整合接触；三工河组多为深灰色粉砂质泥岩和泥质粉砂岩互层，而西山窑组岩性则以厚煤层和烧变后的砖红色砂岩为主要特征，如图 2-4(a)所示。

前人研究认为，全球气候于中侏罗晚期发生了一次重大变化——气温升高并趋于干燥化(Dera et al.,2011)。这一变化的开始出现在中侏罗统头屯河组中，剖面地层从下至上，暗色层逐渐减少，红色层的比例明显增高，直至出现完全红层化的齐古组和喀拉扎组，如图 2-4(b)所示。齐古组呈砖红色泥岩-粉砂岩夹薄层灰白色中-细砂岩，底部具有冲刷面，局部发育钙质结核。紫红色粉砂岩与泥岩互层，含薄层状钙质结核，可见方解石脉，节理发育。喀拉扎组与齐古组呈整合接触，不同的是喀拉扎组多呈具有斜层理的砾岩，如图 2-4(c)所示。

整体上，研究区侏罗系地层从颜色和岩性上具有显著的识别特征，即中下侏罗统三工河组、西山窑组的深灰色、灰色、灰白色砂泥岩、煤层和烧变岩等特殊岩性为识别标志，而中统头屯河组多为灰绿色和暗红色砂泥岩互层，上统齐古组和喀拉扎组多为红色砂砾岩，如图 2-4(d)所示。

图 2-4　区域典型剖面照片展示

2.3　区域水文地质

乌鲁木齐河以西等广大地带处于天山北坡低中山区，区内有多条河流自天山流向北部低山丘陵地带，主要河流自西向东包括玛纳斯河、清水河、塔西河、呼图壁河、三屯河、头屯河和乌鲁木齐河，如图 2-5 所示，整体上隶属于前人所划分的玛纳斯河-呼图壁河和硫磺沟两个水文地质单元(魏迎春 等,2016)。

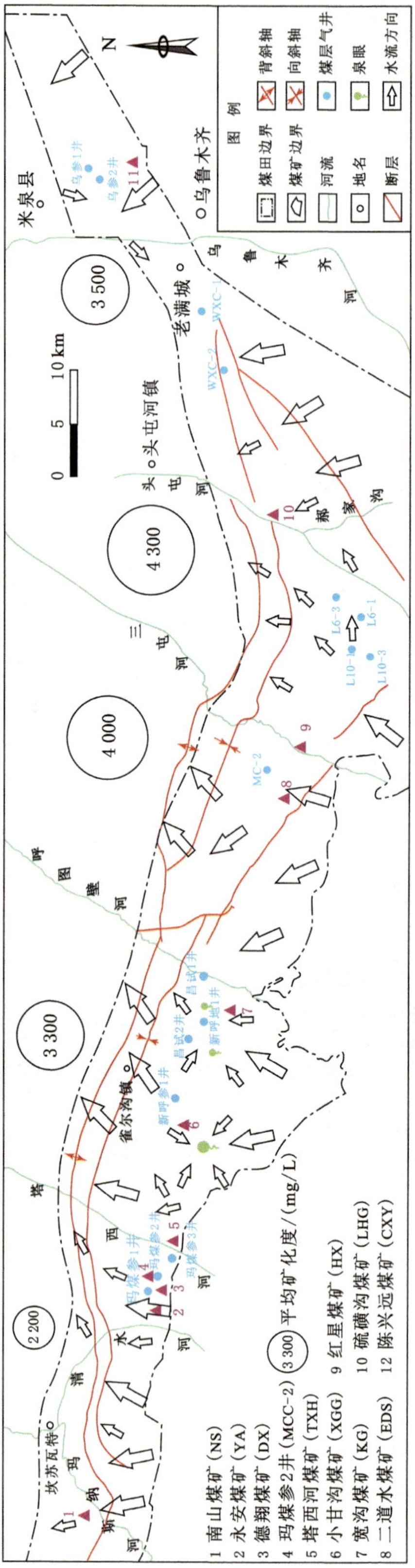

图2-5 准南西山窑组地下水流向及矿化度示意图

区域地下水补给主要来自天山冰雪融水和大气降水，其次来自河流的侧向补给，以上升泉及下降泉在山坡低洼处或沟谷旁的形式进行排泄。根据研究区内煤矿勘探地质报告，区内有两处较大泉群，一处位于塔西河东侧小甘沟煤矿南部，该泉群出露地表标高介于1 680～1 760 m之间，泉流量介于5～10 L/s之间；另一处则位于呼图壁河西侧宽沟煤矿附近，出露地表标高介于1 300～1 340 m之间，泉流量则介于0.5～1.0 L/s之间。由于地势差异和不同的地下水矿化度，整体上准南地区西山窑组地下水主要流动方向为从南到北、由西至东，但在泉群附近地下水明显呈周围向中心流动的展布特征，因此泉域出露处的高程及流速对于泉域附近的煤储层压力具有重要的控制作用（曹运兴 等，2016）。

第3章 准南西山窑组层序-古地理与聚煤规律

准南煤田西山窑组层序-古地理与聚煤规律的深入分析，对于深刻理解盆地演化历史的综合地质研究和依据层序地层学的大范围聚煤特征分析具有重要意义。目前，准南煤田含煤地层的岩相、沉积体系、层序地层格架、物源及古水流、古地理、可容空间及聚煤特征尚未进行系统的研究，前人对古地理的恢复大都以组、段为作图单元，作图单元等时性相对较差。近年来，层序地层学理论在被动大陆边缘海盆地已取得了广泛的应用，由于影响陆相盆地可容空间变化的地质因素（如古气候、基底沉降、湖平面变化等）较海相盆地的复杂，其层序格架内部的成煤模式尚需进一步研究。

为解决上述重要问题，本次研究选择准南煤田中段，西起霍尔果斯河东至乌鲁木齐河的广大地区作为重点研究区域，在分析中侏罗统西山窑组沉积特征、层序地层、古地理演化的基础上，对陆相盆地聚煤作用主控因素、可容空间与聚煤作用的关系及层序格架下的厚煤层分布规律进行了探讨，建立了针对准南煤田中段中侏罗统西山窑组的聚煤模式，为准南煤田的煤炭资源勘查与煤层气勘探开发提供理论基础。

3.1 研究对象与研究方法

3.1.1 主要研究层位

早期燕山运动导致研究区内侏罗纪地层超覆于石炭-二叠纪地层之上，后期受喜马拉雅运动的影响，使侏罗纪地层呈条带状沿天山山脉分布（陈彬滔 等，2014），厚度介于 1 700～5 000 m 之间，如图 3-1(a)所示。研究区含煤地层为中侏罗统西山窑组（J_2x）和下侏罗统八道湾组（J_1b），由于准南煤田中段的八道湾组仅发育厚度小于 1 m 的薄煤层，因此本次研究选择中侏罗统西山窑组作为主要的研究层位。西山窑组由砂砾岩、粉砂岩、泥岩及煤层等组成，具有 *Coniopetris-Phoenicopsis* 植物群、*Cyathidites minor-Osmundacidites-nonstriate bisaccate* 孢粉组合、*Minerisportes richardsoni-Erlansonisportes sparassis-Paxillitriletes phyllicus* 大孢子组合、*Pseudocardinia-Ferganoconcha* 双壳类组合、*Euestheria ziliujingensis* 叶肢介及 *Viviparus sangongheensis* 腹足类组合，反映了温暖潮湿的古气候，具有良好的成煤条件，如图 3-1(b)所示。研究区内厚煤层可达 40～50 m，以低变质的不黏煤、长焰煤为主，具有低-中灰分（2%～30%）、中-高挥发分（21%～49%）、低-高硫分（0.15%～2.58%）的特点。

3.1.2 研究方法

以构造→钻孔剖面→对比剖面→层序地层划分→单因素分析多因素综合的顺序，从点、线、面、时的角度出发，分析各沉积期内的岩相古地理及聚煤特征。由于河流的下切侵蚀作

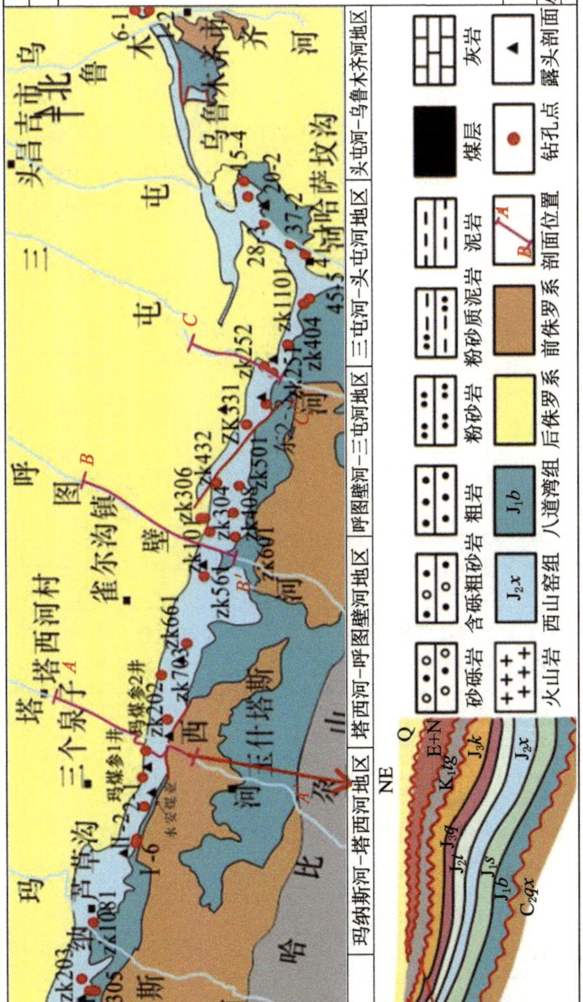

（a）研究区地质特征及钻孔分布图

界	系	统	地层名称	厚度/m	岩性
新生界					
中生界	白垩系	上统	东沟组K_2d	46~813 / 420	
		下统	吐谷鲁群K_1tg	400~1 500	
	侏罗系	上统	喀拉扎组J_3k	240~800 / 512	
			齐古组J_3q	144~724 / 434	
		中统	头屯河组J_2t	200~654 / 427	
			西山窑组J_2x	100~880 / 568	
		下统	三工河组J_1s	200~882 / 541	
			八道湾组J_1b	550~1 100 / 763	
上古生界	石炭系	上统	前峡组C_2gx	>3 544	

（b）区域地层综合柱状图

图3-1　主要研究层位

用，地层在研究区河流两侧出露良好，选择塔西河（$A—A'$）、呼图壁河（$B—B'$）和三屯河（$C—C'$）三条剖面进行野外测量，观察褶皱构造、断层和古水流方向，如图 3-1(a)所示。收集 35 口覆盖研究区的煤田钻孔及测井资料，并对岩心及野外样品手标本的岩性、沉积构造及岩石形态等进行描述划分岩相类型，岩相编号参考国外学者 Miall(1977)的研究。根据岩相组合及测井相形态（箱形、钟形、漏斗形及菱形）识别准层序及准层序组，选取发育强制湖退体系域的典型钻孔 zk703 绘制沉积相与层序地层柱状图；为控制垂向上沉积相带的分布特征，沿沉积倾向和沉积走向分别选取 3～7 个钻孔绘制沉积层序对比剖面图。采用前人的观点识别关键性层序界面，建立研究区内等时层序地层格架（Catuneanu et al.，2009），利用"单因素分析多因素综合法"恢复层序格架下的古地理（冯增昭，2004），并通过分析聚煤主控因素、可容空间对聚煤作用的影响，建立研究区湖盆演化模式及平面上和垂向上的聚煤模式。

3.2　岩相类型及其沉积环境解释

根据钻孔岩心和野外剖面资料，考虑岩石结构和沉积构造、古生物化石等特征，结合岩体产状形态及横向展布关系，在研究区西山窑组中识别出的岩相类型以及其特征和沉积环境解释详见表 3-1 和图 3-2。通过野外观察及岩性组合特征，识别出西山窑组 5 种沉积体系分别为辫状河、曲流河、辫状河三角洲、曲流河三角洲、湖泊。各沉积体系又划分为多个沉积相及沉积类型。

表 3-1　研究区西山窑组含煤岩系岩相类型

编号	岩相及编码	岩性描述和沉积构造	形态	古生物化石	沉积环境解释
1	颗粒支撑砾岩（Gcm）	块状颗粒支撑砾岩，磨圆中等，分选较差，砾径在 5～3 cm，砾石成分不一，由石英岩、花岗岩、变质岩等组成，部分含有泥砾、菱铁矿结核，具有冲刷面	砾石叠瓦状、透镜状排列或水平层状，厚度 0.5～10 m	植物碎片、茎干化石	辫状河道
2	块状含砾砂岩（Smg）	块状粗粒砂岩，含分选性差和磨圆度好的砾石，具有冲刷面	水平层状、叠瓦状排列	树干化石、植物碎屑	河床滞留沉积
3	槽状交错层理砂岩（St）	中-粗砂岩，分选性中等，大型槽状交错层理发育，时有冲刷面	透镜状	搬运树干化石	辫状河道、分流河道
4	板状交错层理砂岩（Sp）	中-粗砂岩，分选性中等至较好，大型板状交错层理和平行层理发育，可见泥砾，底部具有冲刷面	层状或透镜状	树干化石	曲流河道、分流河道
5	低角度交错层理砂岩（Sl）	细-中砂岩，磨圆度中等，具有低角度交错层理	厚层状	植物碎屑	滨湖砂坝
6	包卷层理砂岩（Sc）	中细粒砂岩、粉砂岩，准同生变形层理	层状	动物化石	河口坝
7	粒序层理砂岩（Sg）	粒序层理，分选磨圆中等，厚度小于 10 cm	层状	少见	河口坝、决口扇

表 3-1(续)

编号	岩相及编码	岩性描述和沉积构造	形态	古生物化石	沉积环境解释
8	平行层理细砂岩(Sh)	平行层理,层面可见剥离线理,钙泥质胶结,分选磨圆中等	层状	搬运植物茎干化石及碎屑	曲流河道
9	水平层理粉砂岩(Sih)	粉砂岩、细砂岩、泥岩,分选性好,磨圆度中等,具有水平层理,少数具有波状层理	层状	植物碎屑、动物化石	各种环境,滨浅湖中常见
10	波状层理粉砂岩(Siw)	粉砂岩夹有泥质夹层,分选性好,磨圆度高,波状层理,有波痕,水平层理	层状	植物碎屑、植物根化石	各种环境,泛滥平原中常见
11	沙纹层理粉砂岩(Sir)	沙纹交错层理、爬升波痕层理,分选性好,磨圆度高	层状	植物化石和植物根化石	泛滥平原、分流间湾
12	生物扰动构造粉砂岩(Sib)	泥质粉砂岩,具有生物扰动构造	层状	少见	浅湖
13	紫红色、杂色泥岩(Mr)	水平层理或块状泥岩	层状	植物碎屑	泛滥平原、湖泊
14	暗色水平层理泥岩(Md)	灰色、灰绿色,含黄铁矿,水平层理泥岩夹粉砂岩、波痕和生物扰动构造	层状	植物碎屑、动物化石	分流间湾、滨浅湖
15	菱铁质结核和泥岩(Msi)	菱铁质结核、菱铁质泥岩及菱铁质粉砂岩,块状或水平层理	透镜状或薄层状	植物碎屑	分流间湾、滨湖砂坝
16	碳质泥岩(Mc)	块状或水平层理	层状	植物碎屑	泥沼、分流间湾
17	根土岩(Ms)	块状、杂色	层状	植物根化石	泥沼
18	煤(C)	水平层理、块状	层状	植物碎屑	泥沼、分流间湾
19	泥灰岩(Lm)	泥晶灰岩、叠锥构造	层状	微体化石	浅湖

3.2.1　辫状河沉积体系

西山窑组的中上段辫状河沉积体系较为发育,在呼图壁河-三屯河地区可见典型沉积序列[图 3-3(a)],以叠瓦状颗粒支撑砾岩、含砾砂岩[表 3-1,图 3-2(b)]和发育大型槽状交错层理、板状交错层理的粗砂岩为主,测井相上表现为箱形。所含砾石成分为砂岩、花岗岩、花岗斑岩、燧石及其他岩浆岩。底部具有树干化石和冲刷面,厚度在 5～20 cm,磨圆度中等,分选性较差,砾径通常在 1～10 mm 不等,解释为河道滞留沉积[图 3-4(a)]。发育槽状层理,叠瓦状、透镜状产出的河道砂岩解释为纵向辫状河道沉积[表 3-1,图 3-2(c)],而发育板状层理、水平层状产出的河道砂岩解释为横向辫状河道沉积(表 3-1)。河漫滩相不发育,可进一步划分河漫湖泊沉积类型,以含有波状层理和沙纹层理的粉砂岩为特征(表 3-1),泥炭沼泽沉积较少,煤层不发育。

3.2.2　曲流河沉积体系

西山窑组下段曲流河较为发育,与辫状河相比,曲流河的河道环境和泛滥平原环境分异

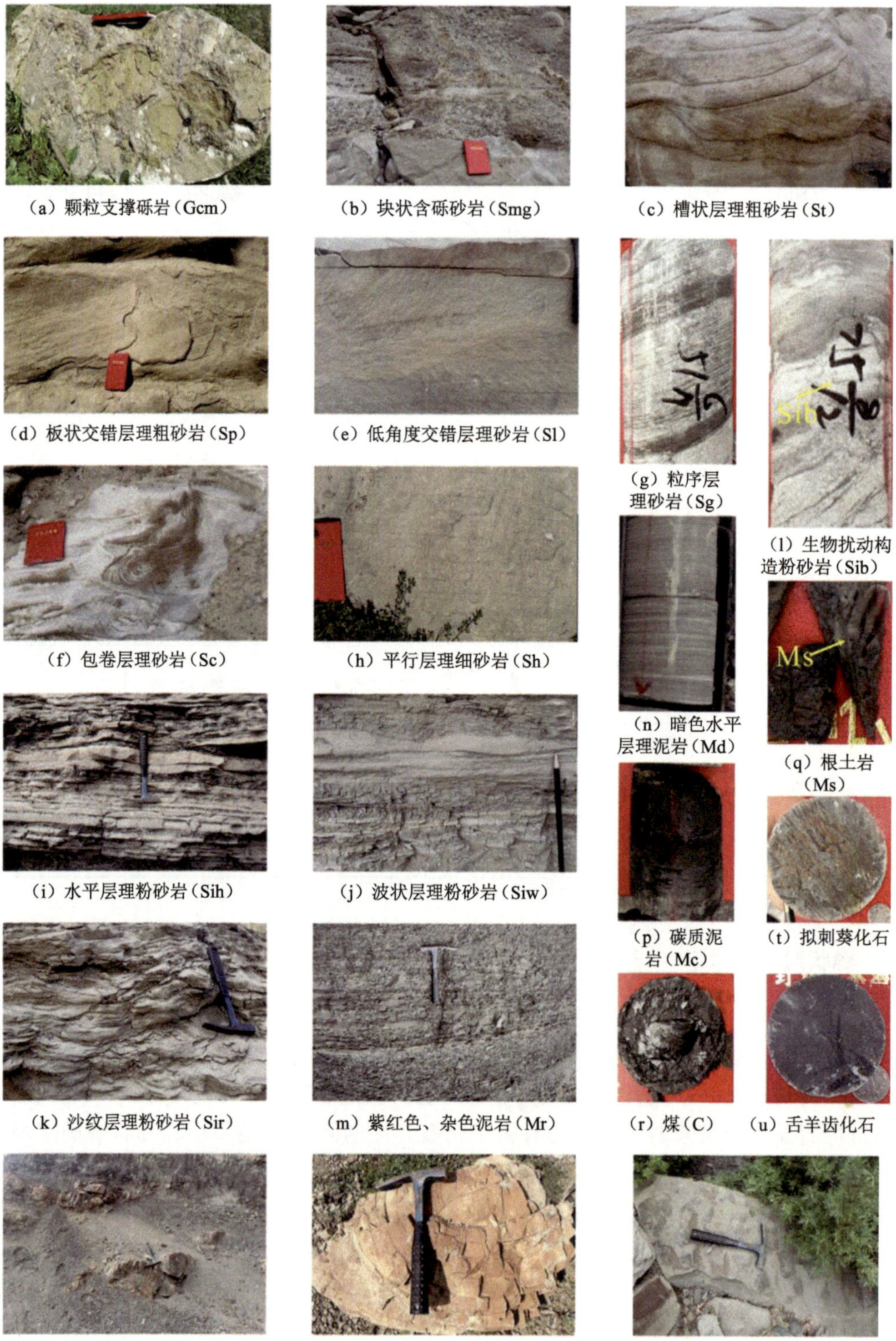

(a) 颗粒支撑砾岩(Gcm)　(b) 块状含砾砂岩(Smg)　(c) 槽状层理粗砂岩(St)

(d) 板状交错层理粗砂岩(Sp)　(e) 低角度交错层理砂岩(Sl)　(g) 粒序层理砂岩(Sg)　(l) 生物扰动构造粉砂岩(Sib)

(f) 包卷层理砂岩(Sc)　(h) 平行层理细砂岩(Sh)　(n) 暗色水平层理泥岩(Md)　(q) 根土岩(Ms)

(i) 水平层理粉砂岩(Sih)　(j) 波状层理粉砂岩(Siw)　(p) 碳质泥岩(Mc)　(t) 拟刺葵化石

(k) 沙纹层理粉砂岩(Sir)　(m) 紫红色、杂色泥岩(Mr)　(r) 煤(C)　(u) 舌羊齿化石

(o) 菱铁质泥岩(Msi)　(s) 泥灰岩(Lm)　(v) 波痕构造

图 3-2　准南西山窑组含煤岩系主要岩相类型

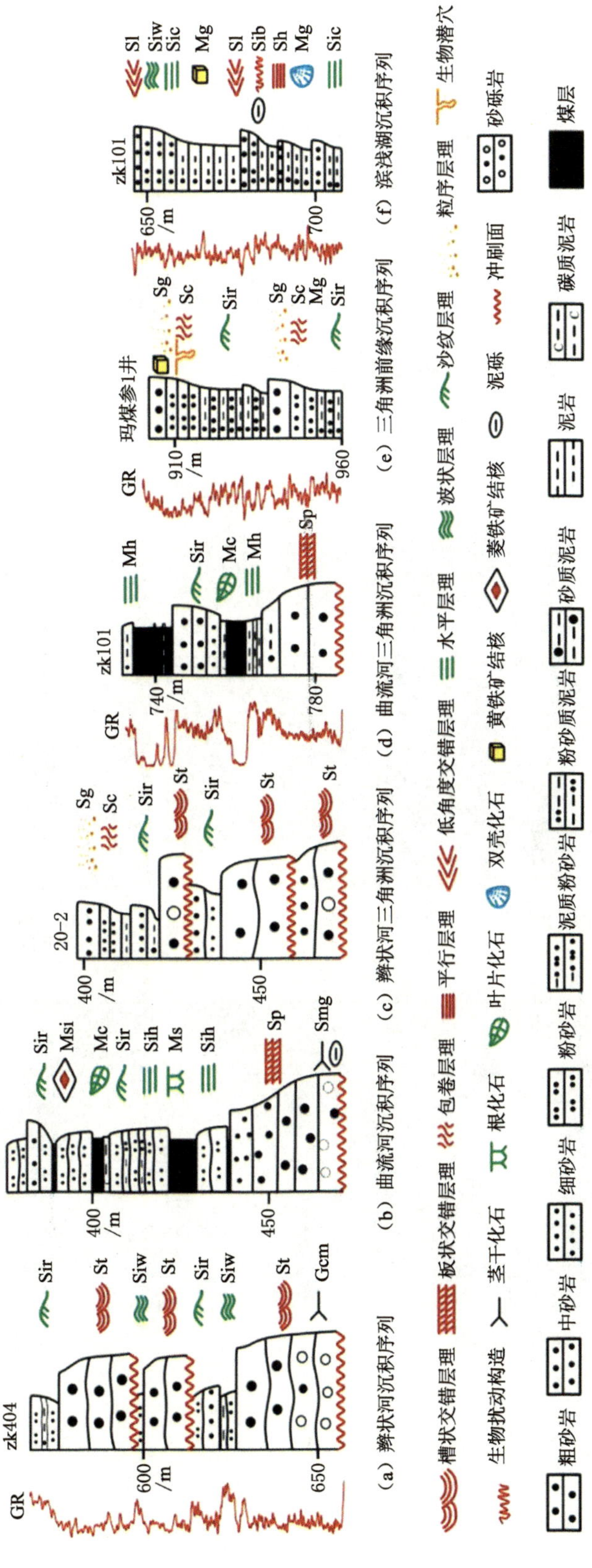

图3-3　研究区西山窑组钻孔典型沉积序列

（a）辫状河道滞留沉积及心滩沉积

（b）曲流河底部滞留沉积与边滩沉积

（c）曲流河三角洲分流河道及天然堤沉积

（d）曲流河三角洲分流间湾及决口扇互层沉积

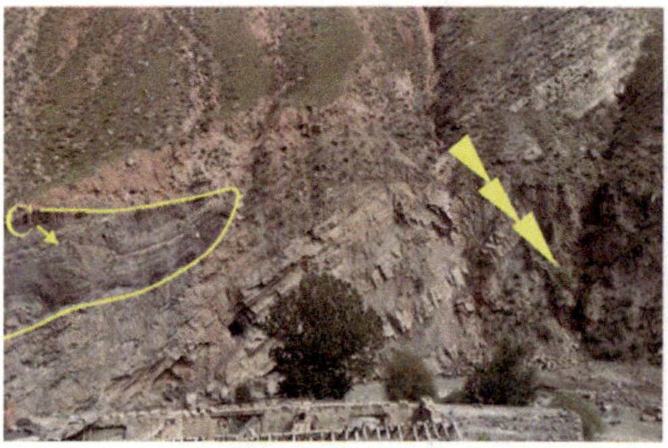

（e）三角洲前缘河口坝沉积

（f）滨浅湖沉积

图 3-4 研究区西山窑组野外典型沉积序列

明显[图 3-3(b)]，以叠瓦状排列，伴有泥砾、树干化石的含砾砂岩[表 3-1，图 3-2(a)、(b)]，渐变为具有多个冲刷面的板状交错层理粗砂岩的向上变细序列[表 3-1，图 3-2(d)]为特征，测井相为钟形，分别解释为河床滞留沉积和边滩沉积[图 3-4(b)]。天然堤相以沙纹层理、水平互层层理的粉砂岩与细砂岩、泥岩互层[表 3-1，图 3-2(i)、(j)、(k)]，常见植物根系，有时含有大量的植物化石为特征[图 3-2(t)、(u)]。底部具有冲刷面、内部小型交错层理或爬升沙纹层理(表 3-1，图 3-2)，透镜状产出，具有粒序层理的细砂岩或粉砂岩常解释为决口扇沉积。泛滥盆地相由发育水平层理、波状层理、水平互层层理的细砂岩、粉砂岩、泥岩、煤组成，根土岩、菱铁质结核常见[表 3-1，图 3-2(i)、(j)、(k)、(l)、(m)、(n)、(r)、(q)、(o)]，可见拟刺葵、舌羊齿等植物碎片[图 3-2(t)、(u)]。

3.2.3　辫状河三角洲沉积体系

辫状河三角洲沉积体系在西山窑组的中上段十分发育，是辫状河入湖盆时由于坡度减缓将携带的泥沙沉积形成的，以中厚层砂砾岩与薄层细粒粉砂岩、泥岩互层为特征。与辫状河相比，分流河道砂砾岩厚度减薄、粒度变细，相互叠置现象发育，具有向上变细再变粗的序列，如图 3-3(c)所示。在测井相上由箱形过渡为漏斗状，可进一步划分为辫状河三角洲平原、三角洲前缘两个沉积相。辫状河三角洲平原以发育槽状交错层理的颗粒支撑砾岩、砂岩的辫状河分流河道为主，反映在潮湿环境下形成的牵引流沉积。在三屯河地区西山窑组上段以底部具有冲刷面发育槽状交错层理的叠瓦状排列的砾石质辫状河道为特征，在西山窑组中段发育交错层理的中细砂岩解释为砂质辫状河道。辫状河三角洲前缘的河口坝以具有沙纹交错层理和包卷层理砂岩、粉砂岩为主，远砂坝具有层状、波状层理粉砂岩[表 3-1，图 3-2(j)]。

3.2.4　曲流河三角洲沉积体系

曲流河三角洲以板状砂岩夹细粒沉积物和煤构成向上变细的沉积序列，永安煤业剖面上呈现出厚层含茎干化石粗砂岩与上覆分流间湾杂色泥岩、碳质泥岩、煤与决口扇的波状层理细砂岩、粉砂岩互层为特征[图 3-4(d)]，与阿巴拉契亚盆地的阿利根尼典型曲流河三角洲相似，具有冲刷面，含有泥砾、树干化石，具有向上变细序列的大型交错层理、平行层理砂岩[表 3-1，图 3-2(h)]，上覆厚层的细砂岩、粉砂岩，并与菱铁质粉砂岩、根土岩、碳质泥岩和煤互层的沉积序列分别解释为分流河道相、决口扇相和分流间湾相[表 3-1，图 3-2(p)、(r)，图 3-3(d)]。曲流三角洲前缘分为河口坝和远砂坝两个沉积微相[图 3-3(e)]，河口坝沉积以具有逆粒序层理中砂岩和包卷层理的中细粒砂岩为特征[表 3-1，图 3-2(f)、(g)，图 3-4(e)]，砂体中可见生物潜穴及黄铁矿，远砂坝砂体较薄，以泥质粉砂岩及粉砂质泥岩互层产出[表 3-1，图 3-2(k)]。

3.2.5　湖泊沉积体系

在玛纳斯河-塔西河地区西山窑组的下段湖泊沉积体系较为发育，以滨浅湖相暗色细粒沉积物为特征[图 3-3(f)、图 3-4(f)]，测井相常为漏斗状。呼图壁河剖面西山窑组下段所见具有叠锥构造的泥灰岩代表该时期具有开阔的浅湖环境[表 3-1，图 3-2(s)]。滨湖滩坝沉积以分选性和磨圆度好、成熟度高，具有低角度交错层理、平行层理、沙纹层理的细砂岩为主[表 3-1，图 3-2(e)、(h)]。浅湖沉积多为波状层理和水平层理粉砂岩和暗色泥岩[表 3-1，图 3-2(i)、(j)、(n)]，层面上可见波痕[图 3-2(v)]，亦可见具有泥砾、变形层理的生物扰动构造粉砂岩[表 3-1,图 3-2(l)],浅湖沉积物中含有淡水腹足类、双壳类等底栖生物化石,部分泥岩中可见生物潜穴和炭化的植物叶片化石。

3.3 层序地层分析及格架的建立

层序是一套成因上有联系且相对连续沉积的地层,由不整合面和相对整合面所限定,在基准面周期性变化过程中,一系列关键性层序界面(BSFR、CC、FFS、MFS)与层序界面一起构成了低位体系域、湖侵体系域、高位体系域及强制湖退体系域(Catuneanu et al.,2009)。由于基准面曲线的形态限制或剥蚀作用,同一层序的所有体系域并不一定同时存在,BSFR和 CC 界面仅存在于湖泊环境,研究区向陆方向的河流、三角洲环境中不存在 BSFR、CC、FSST 关键性层序界面,但可以通过陆上不整合面等标志识别层序界面(图 3-5、图 3-6)。

3.3.1 关键性层序界面的识别

在研究区内识别出以下四种层序界面类型:① 区域不整合面。在头屯河剖面上观察到西山窑组与上覆头屯河组地层呈角度不整合接触,反映研究区由早中侏罗世弱伸展构造背景向中晚侏罗世强挤压构造背景的转变(白斌,2008)。② 沉积体系转换面。层序界面上下地层颜色和岩性的突变,代表着古气候或沉积相的转换(周凯 等,2016),如在玛煤参 1 井中,西山窑组与下伏地层三工河组的界面,在界面上部为灰白色砂岩的曲流河三角洲沉积,而在界面下部为灰色、灰黑色泥岩、粉砂岩湖相沉积,反映了湖平面由高变低的现象,代表了早侏罗世向中侏罗世沉积环境的转变。③ 强制性湖退(BSFR)形成的陆上不整合面(SU)。基准面的下降作用会造成向陆方向河流的回春作用,河道地区形成河流侵蚀面(FEU),河间地区受饥饿沉积和土壤发育的控制形成暴露间断面(FES)(鲁静 等,2012),可通过沉积物颜色、松散程度、植物化石等特征进一步识别(Amorosi et al.,2014;杨利军 等,2002),在三屯河-头屯河地区的层序Ⅱ和层序Ⅲ时期下切谷充填砂岩广泛发育。④ 相对应的整合面(CC*)。在向湖泊方向,强制湖退末期,认为砂质沉积物供给量达到了极大值,在玛纳斯河-塔西河地区湖泊环境中识别出两次强制性湖退,相对整合面常位于三角洲前缘远砂坝及湖相砂坝的顶部(图 3-5、图 3-6)。

初始湖泛面(FFS)指沉积滨线坡折带附近的基准面上升速率等于沉积物供给速率的等时界面,标志着由湖退转为湖侵,且地层叠置样式由进积转为退积(Li et al.,2018)。在准南煤田中段,将河道砂砾岩之上及分流间湾粉砂岩、泥岩等细粒沉积物之下的界面定为初始湖泛面,测井曲线表现为自然伽马快速增大、电阻率快速减小。

最大湖泛面(MFS)标志着基准面上升速率达到了最大值,湖岸线轨迹由湖侵转变为高位正常湖退(Shan et al.,2015;Plint et al.,2001),在准南煤田中段,将代表水最深的、厚度最大的滨浅湖泥岩、粉砂质泥岩的底界定义为最大湖泛面,在测井曲线上表现为高自然伽马、高密度、低电阻率(Li et al.,2018)。

3.3.2 层序地层划分方案

通过上述方法识别出各关键性层序界面,将西山窑组划分为 3 个三级层序和相应体系域,并在湖区识别出强制湖退体系域(图 3-6、图 3-7)。中侏罗统西山窑组从 166.1 Ma 至

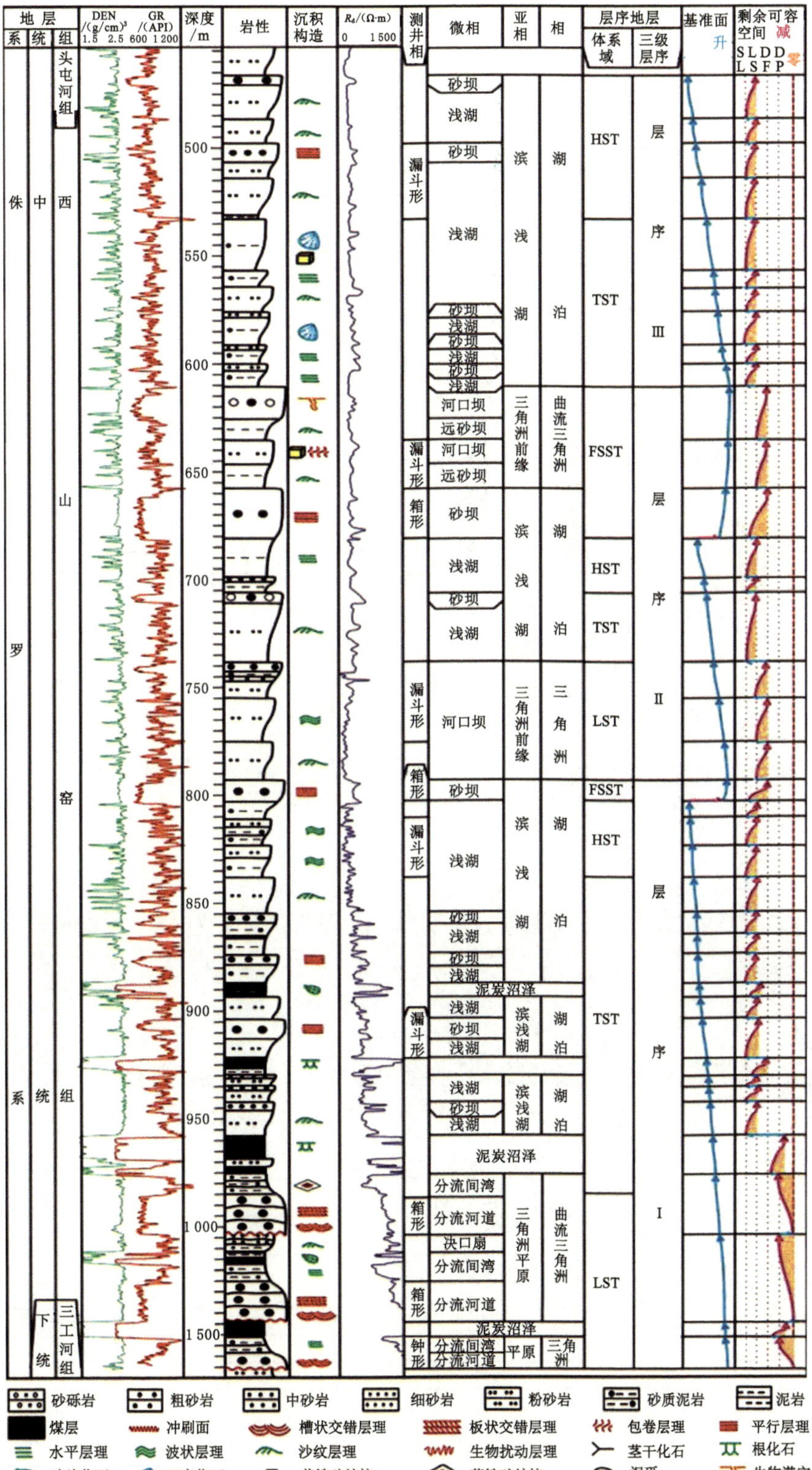

图 3-5　研究区沉积相与层序地层柱状图(zk703)

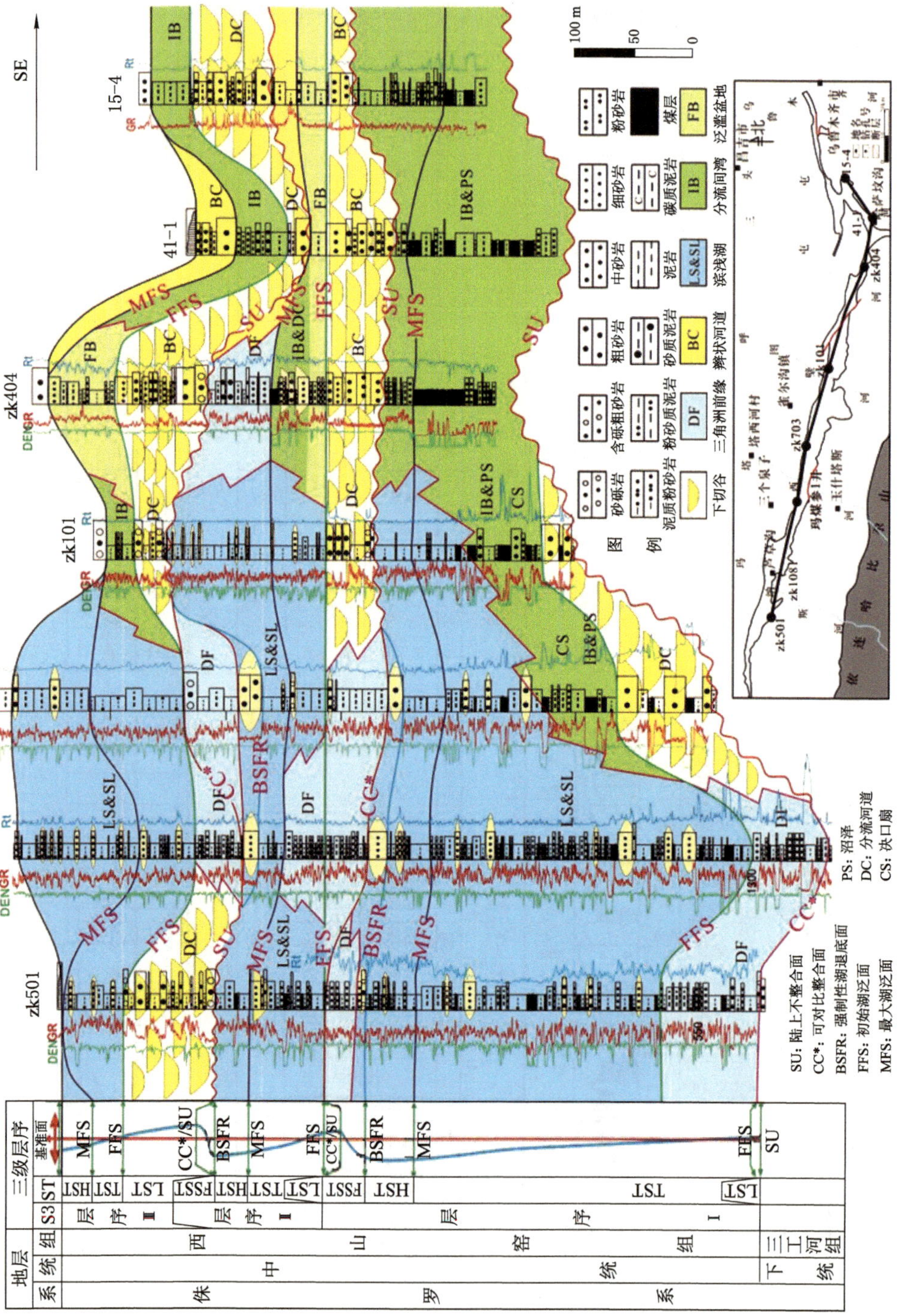

图3-6 研究区西山窑组近东西向剖面层序地层及沉积相对比图

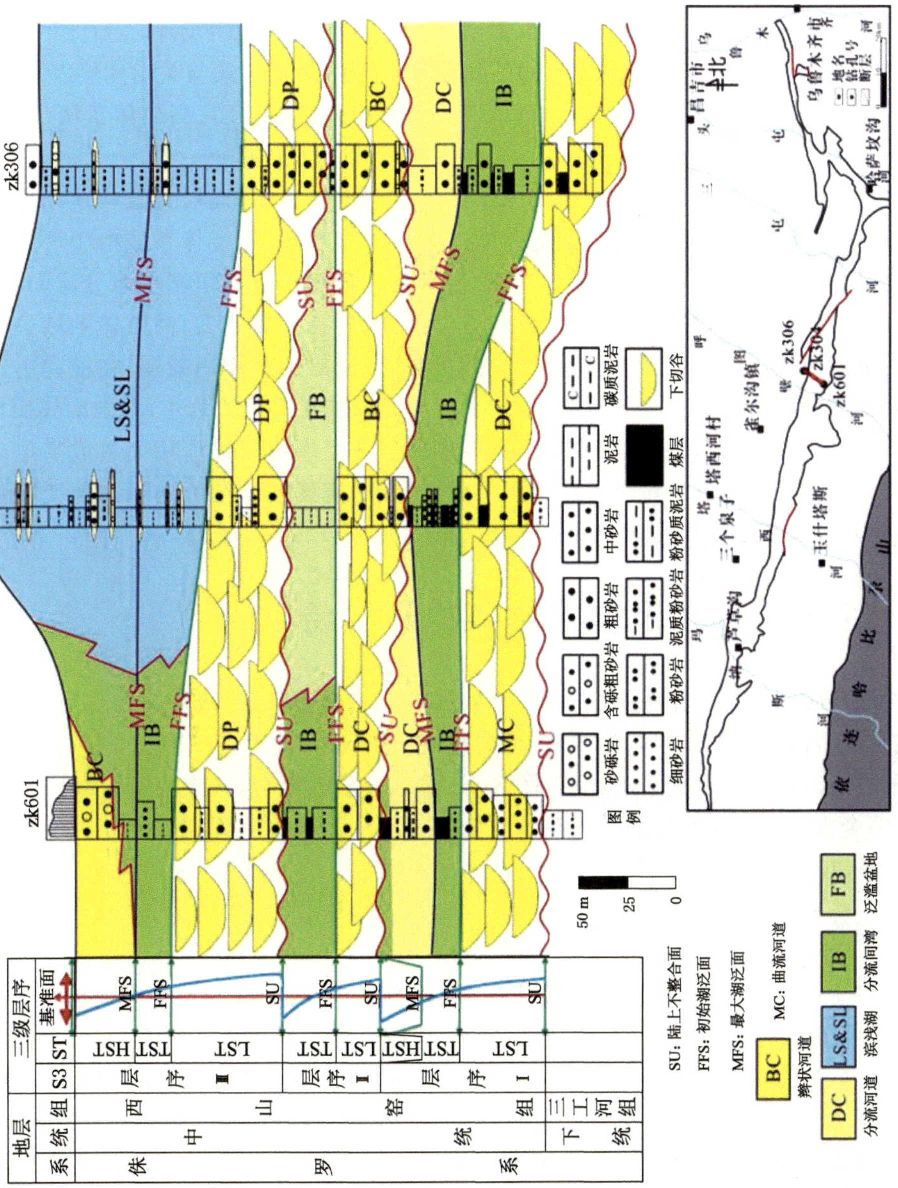

图3-7　研究区西山窑组近南北向剖面层序地层及沉积相对比图

178 Ma(佟殿君 等,2006)大约持续了 12 Ma,因此每个层序持续时间大约 4 Ma,大致相当于 Vail(1977)的三级层序。

西山窑组层序Ⅰ的层序边界为下侏罗统三工河组与中侏罗统西山窑组的沉积相转换面,层序Ⅱ和层序Ⅲ的层序边界在陆地方向为河流侵蚀面及暴露间断面,在湖泊方向以滨湖砂坝或三角洲前缘远砂坝中粗粒砂岩顶面为特征。各层序的初始湖泛面为河流泛滥平原、三角洲平原或滨浅湖粉砂岩、泥岩等细粒沉积物最开始出现的位置;最大湖泛面对应于湖泊沉积体系中最厚一层滨浅湖相粉砂岩、泥岩底部,而在河流泛滥平原和三角洲平原中以广泛分布的细砂岩、泥岩为典型特征。通过识别地层单元的叠置样式与关键性层序界面,将准南煤田内西山窑组划分出了低位体系域(LST)、湖侵体系域(TST)、高位体系域(HST)、强制湖退体系域(FSST)。

低位体系域由于沉积物供给速率大于可容空间增加速率,地层叠置样式以进积或加积为主,以下切谷粗砂岩充填、横向河道砂体连续性好为特征;湖侵体系域由于可容空间的快速增加,地层叠置样式以退积为主,产生大量河流泛滥平原及三角洲平原分流间湾沉积,与低位体系域砂体相比,湖侵体系域的砂体更为孤立,具有高弯曲度;高位体系域位于基准面上升的最后阶段,由于可容空间增长速率的下降、河流的迁移作用减弱,在横向上河流砂体的发育比湖侵体系域时期更为连续,地层叠置样式以加积或退积为主,在准南煤田以厚层的细粒沉积物广泛分布为特征,但由于下一层序低位体系域的侵蚀作用而造成高位体系域部分缺失。强制湖退体系域位于基准面下降时期,在研究区向湖泊方向以向上变粗的中粗砂岩序列为特征,具有进积的地层叠置样式(Catuneanu et al.,2009)。

3.4 古地理演化及层序格架内聚煤特征

在收集煤田钻孔和露头剖面共 50 个数据点的基础上,以三级层序为等时作图单元,分别绘制地层等值线图、砂岩等值线图、泥岩等值线图、砂泥比等值线图和煤层等值线图,每个层序的古地理图主要依据砂泥比值(图 3-8),再结合岩性组合、各层序等值线图等参数进行调整,综合古水流方向和物源分析等地质分析对层序Ⅰ～Ⅲ沉积期的岩相古地理进行恢复(鲁彬 等,2010;欧浩文 等,2008)。

3.4.1 层序Ⅰ

层序Ⅰ以沉积相转换面为底界,以粗砂岩和粉砂岩、泥岩夹煤层的岩性组合为特征。沉积地层厚度在 46.37～378 m 之间,玛纳斯河-塔西河地区局部可达到 378 m,为主要的沉降中心;三屯河-头屯河地区地层厚度在 140～220 m 之间,为次级的沉降中心,总体上呈现出南高北低、局部凹陷的古地形,煤层累计厚度 0～48.31 m(平均为 24.96 m)。层序Ⅰ时期的岩性组合表明研究区自三工河组沉积期后湖盆开始萎缩,物源主要来自西北方向。在层序Ⅰ初期,曲流河三角洲平原占据了大部分地区,形成了许多向上变细的曲流河三角洲退积序列;在层序Ⅰ末期,湖水的泛滥使研究区西部形成了厚层暗色泥岩、粉砂质泥岩等细粒沉积物。对比野外露头剖面,将砂泥比大于 1.5、代表物源方向的以粗粒沉积物为主的退积序列定为曲流河发育的地区;将砂泥比介于 0.5～1.5 之间,底部为粗砂岩,上部具有波状层理、水平层理的粉砂岩和泥岩与煤层构成向上变细序列的地区定为曲流河三角洲平原;将砂泥

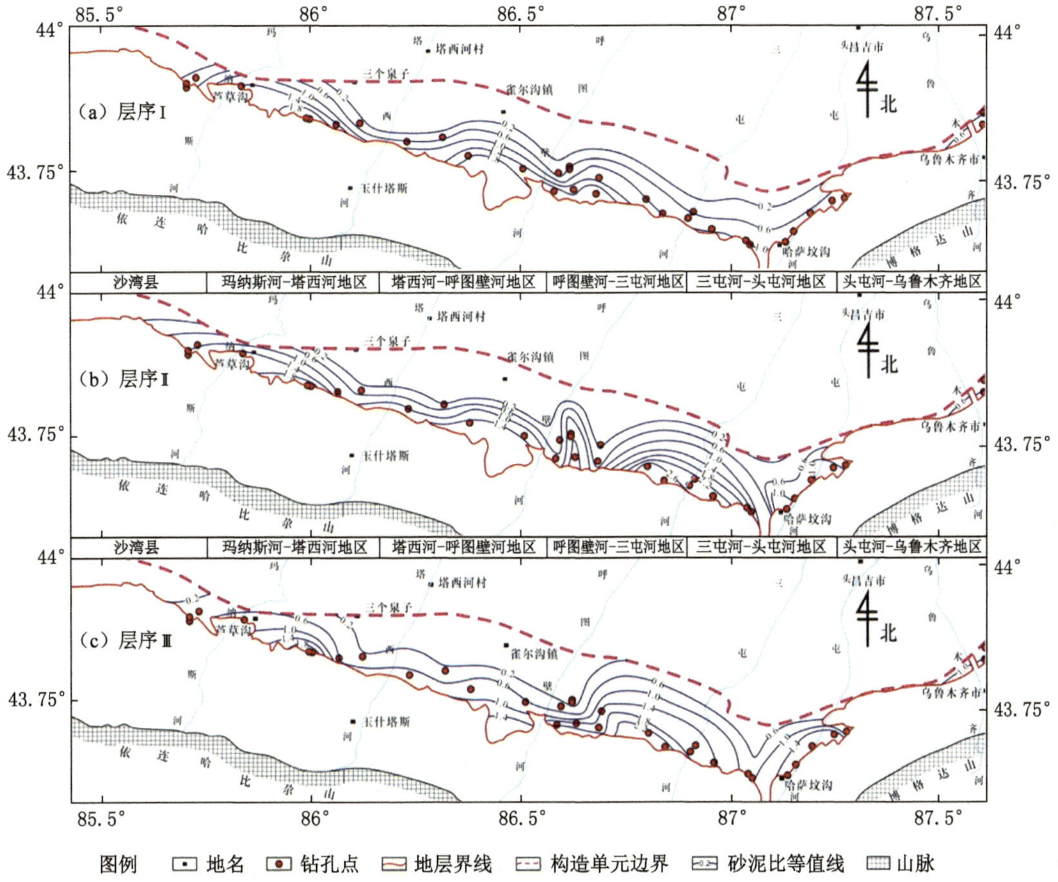

图 3-8　研究区西山窑组层序Ⅰ～Ⅲ砂泥比等值线图

比介于 0.3～0.5 之间的序列定为三角洲前缘发育的地区；将砂泥比小于 0.3、暗色泥岩及泥质粉砂岩夹泥灰岩定为滨浅湖发育的地区，如图 3-9(a)所示。层序Ⅰ时期发育的古地理单元为滨浅湖、三角洲前缘、曲流河三角洲平原、曲流河，呈东西向条带状展布，仅在依连哈比尕古隆起前形成三条由南向北展布的曲流河。聚煤中心位于研究区西部沙湾县和东部三屯河-头屯河地区的曲流河三角洲平原古地理单元、中部玛纳斯河-塔西河地区的滨浅湖古地理单元，形成厚度大于 40 m 的煤层，如图 3-9(a)所示。

3.4.2　层序Ⅱ

层序Ⅱ的层序界面为陆表侵蚀面、暴露面及其对应的整合面，物源来自西南与东南两个方向。与层序Ⅰ时期相比，沉积特征发生了显著变化，东部与西部地区亦呈现出不同的沉积特征，研究区西部以厚层砾岩、砂岩相互叠置，上覆细砂岩、粉砂岩的岩性组合为典型特征，研究区东部为暗色滨浅湖相泥岩、粉砂岩夹砂岩的岩性组合。沉积地层厚度 51.85～241.48 m，由于剥蚀作用影响，与层序Ⅰ时期相比地层厚度有所减薄。将研究区西部砂泥比大于 2.0、

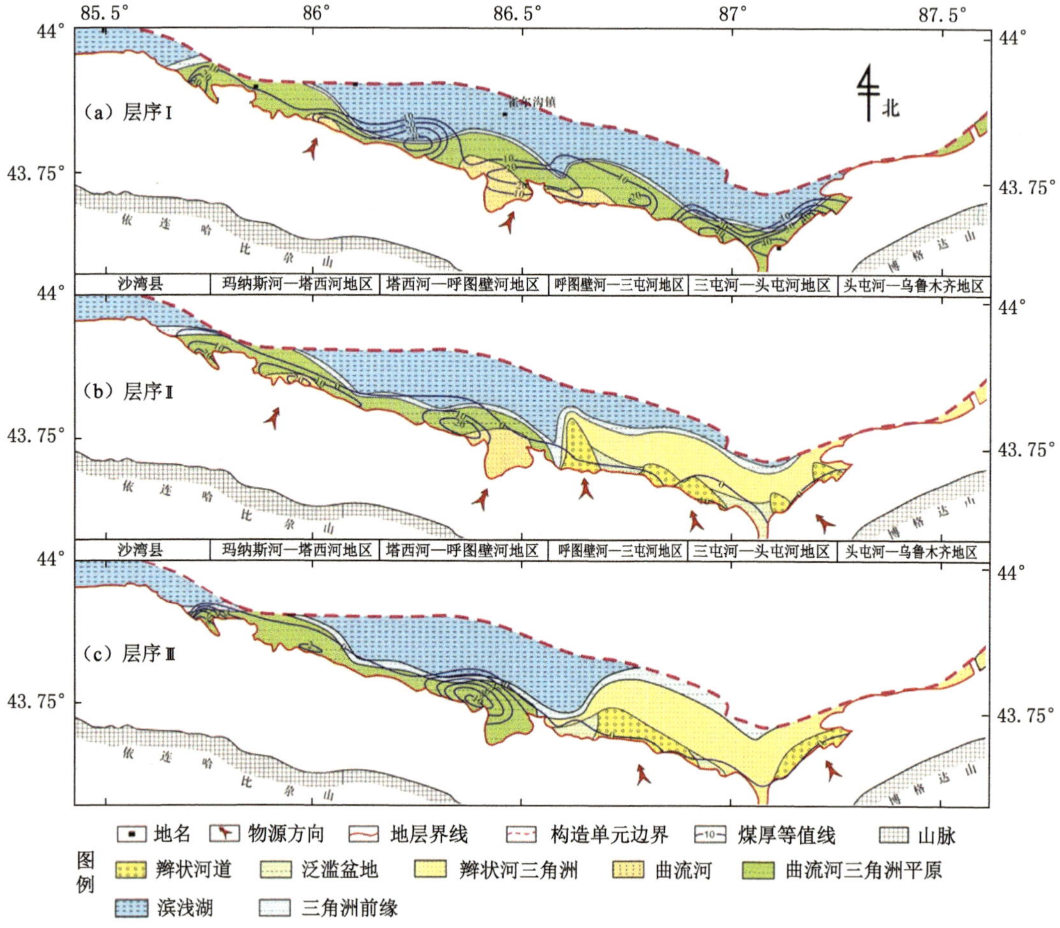

图 3-9　研究区西山窑组层序Ⅰ～Ⅲ岩相古地理与煤层厚度

底部具有冲刷面砂砾岩的地区定为辫状河道发育的区域；将其两侧砂泥比在 1.5～2.0 之间，以砂岩夹粉砂岩、泥岩为特征的地区定为泛滥盆地发育的地区。在研究区东部，将砂泥比大于 1.5、以粗粒沉积物为主的退积序列定为曲流河发育的地区；将砂泥比介于 0.5～1.5 之间，底部为粗砂岩，上部具有波状层理、水平层理的粉砂岩和泥岩与煤层构成向上变细序列的地区定为曲流河三角洲平原。将砂泥比介于 0.3～0.5 之间和小于 0.3 分别定为三角洲前缘和滨浅湖，如图 3-9(b)所示。在层序Ⅱ时期，研究区西部发生三角洲沉积向滨浅湖沉积过渡的现象，在呼图壁地区见泥灰岩暗示着水体的加深，发育的古地理单元是辫状河道、泛滥盆地、辫状河三角洲、曲流河、曲流河三角洲、三角洲前缘、滨浅湖。沙湾县、玛纳斯河-呼图壁河等地区仍发育三角洲，但湖泊水体的加深不适于泥炭沼泽的大面积发育，因此形成的煤厚较层序Ⅰ时期有所减薄，为 0～23.44 m，平均厚度 5.88 m，如图 3-9(b)所示。

3.4.3　层序Ⅲ

层序Ⅲ的层序界面为陆表侵蚀面、暴露面及其对应的整合面，物源主要来自东南方向。层序Ⅲ时期地层厚度仍表现为南高北低、局部凹陷的特点，局部地区可达到 266.65 m，反映构造沉降较大，沉积物供给充分。主要古地理单元为辫状河道、泛滥盆地、辫状河三角洲、曲流河三角洲、三角洲前缘、滨浅湖。与层序Ⅱ时期相比，研究区西部物源向南部退积，湖盆面积进一步扩大，辫状河沉积进一步扩大，且紫红色、杂色泥岩在上部广泛发育，表明该时期气候已变得干旱。层序Ⅲ时期煤层不发育，煤层累计厚度一般在 0～2 m，平均为 1.05 m，如图 3-9(c)所示。

研究区中侏罗统西山窑组沉积物来自两个物源方向，西南部的依连哈比尕山是长期的物源区，但对于东南部的博格达山隆起并提供物源碎屑的时间一直是争论的热点。一些学者认为，西山窑组结束后博格达山才开始发生隆升；而另一些学者认为，西山窑组末期已经开始提供物源碎屑，并造成吐哈盆地与三塘湖盆地分开。研究区古地理图中表明自层序Ⅱ时期物源方向发生了转变，在研究区东部出现辫状河砂体沉积，并且其重矿物组合成分均指示了博格达山为物源之一。因此，我们认为研究区西山窑组层序Ⅰ时期物源方向主要来自依连哈比尔尕山；层序Ⅱ时期，东部的博格达山开始隆升，并与依连哈比尕山共同构成了研究区的主要物源；层序Ⅲ时期，西部的依连哈比尕山对研究区的作用减弱，博格达山为主要的物源方向，如图 3-9 所示。

3.5　聚煤作用分析

3.5.1　聚煤作用主控因素分析

构造背景、沉积环境、古气候与古植物对聚煤作用有着重要的影响。中侏罗世时期，准噶尔盆地具有温暖潮湿的古气候，为煤炭资源的形成提供了有利条件。对于研究区而言，构造沉降差异、古地理是影响不同地区聚煤作用差异的主控因素，构造沉降可以用地层厚度直观表现，沉积环境用砂泥比等参数表现。在三级层序中，聚煤有利区随着沉积环境、地层厚度的改变而发生迁移，研究区内西山窑组煤层的发育表现为下部厚(层序Ⅰ)，上部薄(层序Ⅱ～Ⅲ)以及南北部薄、中部厚(可达 50 m)、东西分异的特点。煤层厚度大的地区出现在：层序Ⅰ时期砂泥比介于 0.4～1.5 之间，地层厚度在 140～260 m 的沙湾县、塔西河-呼图壁河地区、三屯河-头屯河地区；层序Ⅱ时期砂泥比介于 0.5～2.0 之间，地层厚度在 80～160 m 的沙湾县、塔西河-呼图壁河地区；层序Ⅲ时期厚煤层基本不发育。综合上述分析，聚煤有利区分布在滨浅湖地区和三角洲平原地区。在这些地区，既有充足的可容空间，又能将陆源碎屑的干扰降到最低。西山窑组沉积期，来自特提斯海域的动力源使盆地南缘的山系向盆地内部逆冲，且盆地又受到原坚硬基底的顶托作用，造成研究区南部隆起、北部凹陷的古构造格局。因此，这些地区也具有中等的沉降幅度，过低或过高的基底沉降速率都不利于成煤作用的发生。

3.5.2 可容空间与聚煤作用分析

聚煤作用发生于沉积界面广泛弱覆水-暴露的陆源碎屑废弃期，而厚煤层的形成需要泥炭的持续堆积、保存和适宜的剩余可容空间。在西山窑组沉积期，研究区整体处于弱伸展构造沉降背景下，仅在西山窑组中晚期受到燕山运动的干扰。气候及构造沉降的改变，使研究区在西山窑组不同时期记录了不同的沉积物充填和成煤特征，分别对应于层序Ⅰ～Ⅲ时期的湖盆演化阶段，如图 3-10 所示。

层序Ⅰ时期，研究区处于稳定沉降阶段，为盆地充填提供了充足的可容空间，湖水水动力条件开放，发育了曲流河三角洲与泥炭沼泽的互层沉积。层序Ⅱ时期，盆地周缘山系的逆冲挤压作用，使沉降速率加快，导致湖水加深、沉降范围扩大，出现辫状河向三角洲、三角洲向湖泊过渡的退积序列，湖水的迅速加深使研究区内泥炭沼泽不发育，成煤条件差，部分地区出现了泥灰岩沉积。层序Ⅲ时期，受到燕山运动的挤压影响，研究区发生快速沉降，同时古气候开始变得干旱，紫红色、杂色泥岩在研究区广泛发育，代表了相对闭塞的水动力条件。Bohacs 等(1997)和 Carrol 等(2010)根据潜在可容空间增长速率与沉积物和水的充填速率的平衡关系将湖盆充填类型分为过充填、平衡充填及欠充填三种，认为潜在可容空间增长速率与构造运动有关，沉积物和水的充填速率与气候因素有关。根据岩相类型及沉积相组合关系，将研究区内西山窑组划分为两种湖盆演化的类型，层序Ⅰ时期砂岩、泥岩和煤层组成的河流-湖泊进积序列及煤层顶底板根土岩的广泛发育都证实了该时期处于湖盆的过充填阶段。层序Ⅱ、Ⅲ时期的泥岩、粉砂岩组成的退积序列及泥灰岩和紫红色、杂色泥岩的发育代表了湖水盐度的升高，此时湖盆处于均衡充填阶段，如图 3-10 所示。

基准面变化是可容空间产生与消亡的重要因素，在陆相湖泊环境中，湖平面变化是导致基准面变化的主要原因，而湖平面变化受构造、气候变化、沉积物供给等因素影响(Posamentier et al.,1992)，河流环境下基准面主要受构造抬升与沉降影响的河流均衡剖面控制。在西山窑组沉积期，准噶尔盆地南缘北天山的逆冲推覆作用导致研究区受到构造差异沉降作用，而这种构造沉降与湖平面上升共同产生了泥炭堆积所需可容空间，但考虑到泥炭堆积速率极快，4～100 a 即堆积1 mm，因此需要持续增加的可容空间以维持剩余可容空间与泥炭聚集速率比例在 1.0～1.18，才适合形成厚且分布广泛的煤层。

研究区由南向北基底沉降速率逐渐增加，基准面上升速率亦表现为由北向南逐渐增加；物源来自南部，导致沉积物供给速率亦呈现由南向北逐渐降低的趋势，造成新增可容空间最大的位置位于研究区北部。滨浅湖环境中的高可容空间产生速率和低沉积物供给速率，使得含煤地层以滨浅湖相粉砂岩、泥岩为主要特征，只有湖侵体系域早期的可容空间产生速率才能匹配相对较低的泥炭堆积速率，在这种环境下形成的煤层薄但分布广泛，以玛纳斯河-塔西河地区的煤层为特征；在陆地方向，由于低可容空间产生速率和相对高沉积物供给速率，含煤地层以河流下切谷充填和三角洲分流河道的交错层理粗砂岩沉积为特征，只有湖侵体系域晚期的可容空间产生速率才能匹配相对较高的泥炭堆积速率，三角洲平原环境剩余可容空间与成煤植物生长、泥炭堆积空间最大程度地得到匹配，且持续时间长，形成的煤层厚且广泛分布，以三屯河-头屯河地区为典型特征。因此，三角洲平原聚煤强度最大，并以三角洲平原为中心，聚煤强度曲线呈单峰型对称性分布，向研究区南部和北部聚煤作用逐渐减弱，如图 3-11 所示。

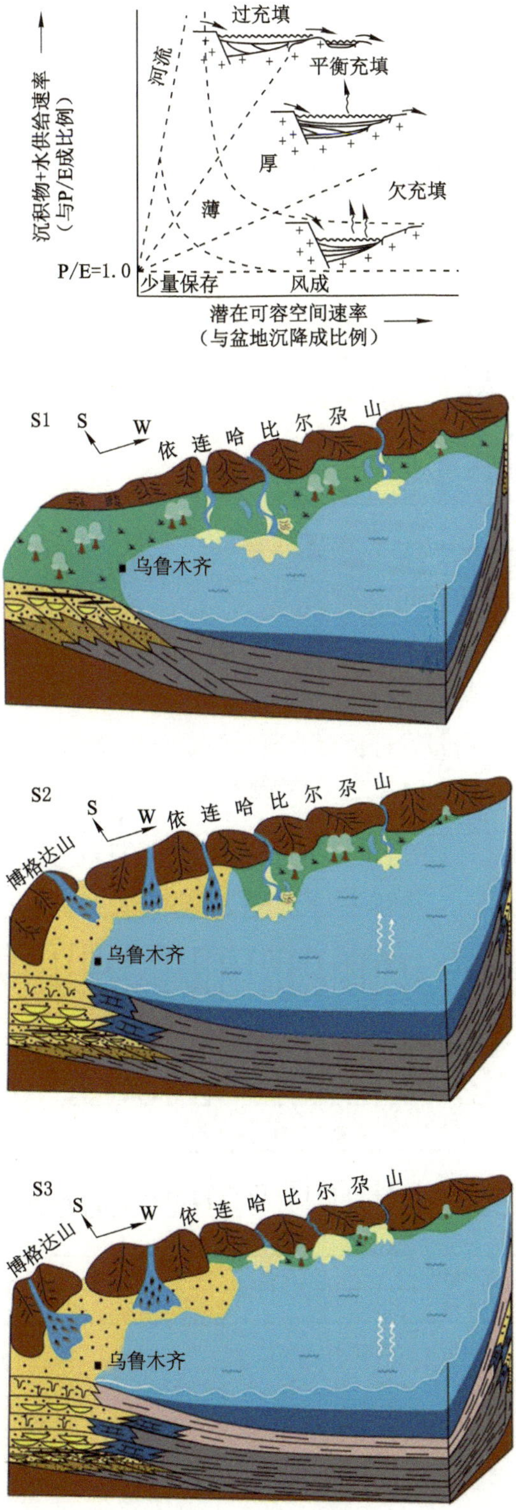

图 3-10　湖盆沉积演化模式三阶段和研究区西山窑组层序Ⅰ～Ⅲ湖盆类型

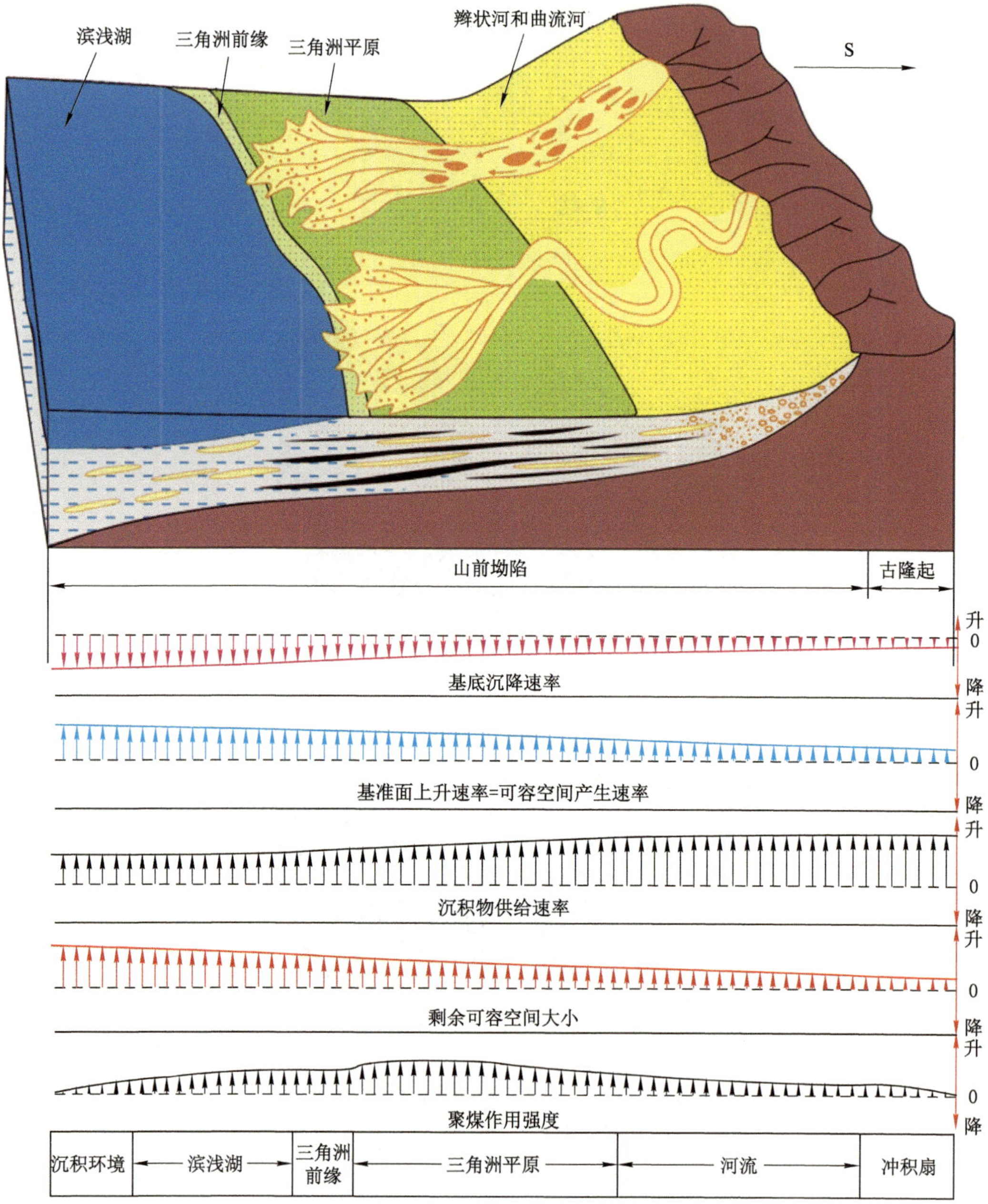

图 3-11　研究区可容空间与聚煤作用模式图

3.6　层序格架下厚煤层分布规律及沉积演化模式建立

通过对近海型含煤盆地层序地层学研究，有学者已认识到层序格架内部具有等时意义的厚煤层形成于基准面上升时期(李增学 等，2001)；在陆相含煤盆地，由于基底沉降速率、沉积环境等因素对可容空间的影响远比海相地层的要复杂，因此在层序格架内部煤层的发育也具有多样性(李德江 等，2005)。

基准面周期性变化控制了可容空间的产生与消亡，同时控制了沉积体系的演化、废弃和聚煤作用的发生(鲁静 等，2012)。由前文所述可知，研究区西山窑组层序Ⅰ～Ⅲ时期聚煤作用逐渐减弱，厚煤层发育于西山窑组的层序Ⅰ时期，层序格架内部煤层的发育具有明显的规律性，其演化模式可分为 6 个阶段，分别为低位体系域、湖侵体系域早期、湖侵体系域中期、湖侵体系域晚期、高位体系域、强制湖退体系域，各个阶段的聚煤特征和沉积特点也有所不同，如图 3-12 所示。

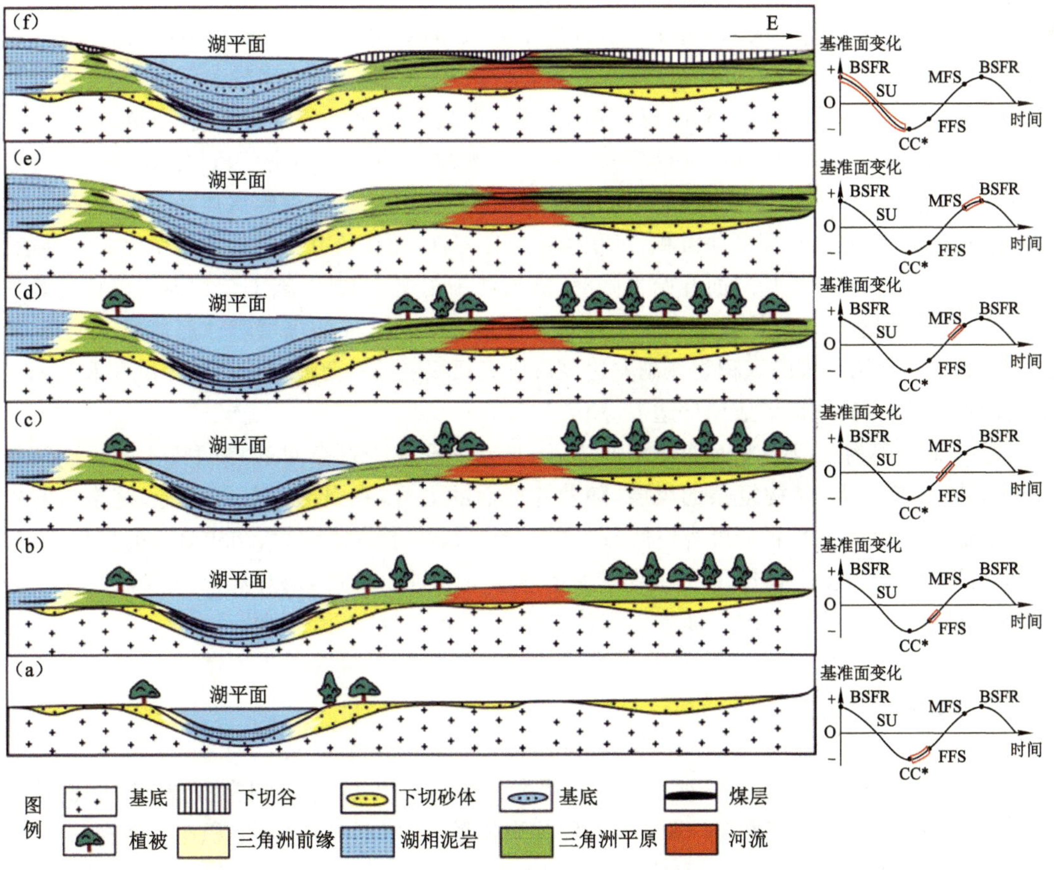

图 3-12　研究区西山窑组层序Ⅰ厚煤层沉积演化模式

低位体系域始于基准面下降的终点、止于初始湖泛面，基准面上升速率小于沉积物供给速率，陆源碎屑体系开始活跃起来，由于可容空间不足，河道侧向迁移现象明显，破坏了河道间成煤植物的生长，砂体被圈闭在曲流河和三角洲平原的分流河道中，只有部分薄煤层夹在分流河道之中，如 zk703、zk101，输入湖盆中的沉积物急剧减少，在湖平面以下地区形成了三角洲前缘细粒沉积和湖相的泥岩或粉砂岩，如玛煤参 1 井、zk501[图 3-12(a)]。经过低位体系域时期下切谷的充填，沉积界面变得平缓，形成厚煤层沉积的基底，基准面继续上升，当基准面上升速率基本等于沉积物供给速率时，标志着进入湖侵体系域，此时河道迁移作用减弱，形成了一系列的退积序列。研究区西部处于凹陷地区，基准面上升速率比研究区东部的快，首先达到与泥炭堆积速率基本均衡时期，此时陆源碎屑体系终止，泥炭首先沉积在滨湖沼泽、剩余可容空间大于零的地区，但基底沉降速率大，湖盆表面积较小，基准面上升速率与泥炭堆积速率两者维持平衡的时间较短，由于两者的波动变化形成短期的沉积间断面，进而形成结构复杂的煤层；研究区东部地区由于基准面上升速率缓慢，剩余可容空间不足，形成薄煤层，夹在三角洲平原和河流沉积物中[图 3-12(b)]。湖侵体系域中期，研究区西部的湖相区域基准面上升速率过快，导致基准面上升速率大于泥炭堆积速率，成煤植物被淹死，聚煤作用结束，沉积了湖相的泥岩、粉砂岩。研究区东部地形平缓，表面积较大，基准面上升速率仍未与泥炭堆积速率达到最佳平衡时期，而继续形成了三角洲平原和河流沉积[图 3-12(c)]。湖侵体系域末期，在研究区东部，基准面上升速率使三角洲和河流中出现剩余的可容空间，泥炭沉积在河道砂岩之上，东部地形较缓，表面积较大，基准面上升速率较为缓慢，与泥炭堆积速率在较长时间达到平衡，不易出现沉积间断面，形成结构简单的厚煤层；在研究区西部，可容空间大，陆源碎屑供给不足，少量沉积了湖相的泥岩、粉砂岩，即密集段[图 3-12(d)]。基准面继续上升，进入高位体系域，在研究区东部，聚煤作用结束，陆源碎屑体系又一次活跃，在煤层顶板形成河流、三角洲平原沉积，沉积体系发育多样，而在研究区西部沉积了湖相的泥岩、粉砂岩[图 3-12(e)]。当基准面开始下降时，进入强制湖退体系域，陆上沉积界面的广泛暴露及河流下切作用造成高位体系域的缺失和湖侵体系域时期形成的煤层剥蚀而造成无煤带，河流搬运和下切作用形成的沉积物在湖盆边缘形成无顶积层的三角洲前缘逆粒序沉积和湖盆内部的砂坝沉积，在其顶部形成层序边界[图 3-12(f)]。

在一个完整的三级基准面变化旋回中，泥炭首先形成于剩余可容空间较大的滨湖沼泽环境，形成厚度较大、结构复杂的煤层；随着基准面的上升，在最大湖泛面附近，剩余可容空间中等的三角洲环境和剩余可容空间较低的河流环境中形成厚度大、结构简单的煤层，但基准面下降时期的河流下切作用往往造成下伏煤层的剥蚀。因此，层序格架下厚煤层主要分布于三角洲环境下的最大湖泛面附近和滨浅湖环境下的初始湖泛面附近。

3.7 本章小结

① 准南煤田中段中侏罗统西山窑组含煤岩系中识别出 19 种岩相类型，辫状河、辫状河三角洲、曲流河、曲流河三角洲、湖泊等 5 种沉积体系，区域不整合面、沉积体系转换面、陆上不整合面(SU)及其对应的整合面(CC*)、初始湖泛面(FFS)、最大湖泛面(MFS)等 6 种关键性层序界面，将中侏罗统西山窑组划分为 3 个三级层序和内部的低位体系域(LST)、湖侵体系域(TST)、高位体系域(HST)和强制湖退体系域(FSST)，每个三级层序延续大约 4 Ma。

② 恢复了准南煤田中段中侏罗统西山窑组层序格架下的古地理及聚煤特征，西山窑组沉积期主要发育湖泊、三角洲前缘、曲流河三角洲、曲流河、辫状河三角洲、辫状河等古地理

单元，物源方向经历了由依连哈比尔尕山-博格达山与依连哈比尔尕山共同作用至博格达山的转变，同时层序Ⅰ～Ⅲ时期研究区西部由泥炭沼泽环境过渡到湖盆泛滥环境，研究区东部由泥炭沼泽环境过渡到干旱的辫状河沉积，聚煤作用逐渐减弱，在层序Ⅰ时期形成了典型含煤沉积序列，聚煤有利区位于研究区沙湾县、塔西河-呼图壁河地区和三屯河-头屯河地区。

③ 研究区西山窑组经历了三个阶段的湖盆演化，由层序Ⅰ时期的过充填类型过渡到层序Ⅱ、Ⅲ时期的均衡充填类型，基准面变化主要表现为向湖方向由气候、沉积物供给、构造引起的湖平面变化控制，而向陆方向则受控于构造引起的河流平衡剖面变化。剩余可容空间中等的三角洲平原聚煤强度最大，形成的煤厚且广泛分布，剩余可容空间较大的滨浅湖背景下聚煤强度次之，形成的煤较薄但分布广泛，此时泥炭堆积速率与可容空间增加速率达到最大程度的平衡。

④ 基准面周期性变化控制了可容空间的产生与消亡及沉积体系的演化、废弃和聚煤作用的发生。厚煤层发育于西山窑组的层序Ⅰ时期，其层序格架内分为 6 个演化阶段，分别为低位体系域、湖侵体系域早期、湖侵体系域中期、湖侵体系域晚期、高位体系域和强制湖退体系域。层序格架下的厚煤层主要分布于三角洲环境下的最大湖泛面附近和滨浅湖环境下的初始湖泛面附近。

第4章 陆相盆地多煤层对比及其对古环境和古气候的指示

与近海型盆地相比,陆相盆地常常具有沉积类型横向变化显著和地层对比困难等特征(Dey et al.,2018),因此陆相盆地沉积记录对于区域气候和构造条件变化的响应更为显著(Lu et al.,2017)。煤作为陆相盆地中重要的一种矿产资源,煤层对比是一项基本但复杂的工作,历来受到煤炭及煤层气勘探开发相关人员的重视,因为煤层的真实对比不仅可以给煤炭开采和煤层气勘探开发提供有效的工程支撑(Holdgate et al.,2000;Ruppert et al.,2002),同时对于聚煤盆地的发育及揭示聚煤期的古环境和古气候特征均具有一定的指示意义(Greb,2013;Hou et al.,2019)。但由于陆相盆地沉积物横向变化较快,煤层发育层数多且横向煤厚变化大,陆相盆地煤层对比实现相对困难。在具体实践中,煤层对比方法一般包括标志层法、煤层厚度法、层间距法、煤岩层岩性组合法、古生物组合法、物性特征(测井法)及煤岩煤质特征法等(何光强,2009)。对于陆相盆地含煤岩系而言,由于煤层厚度变化大、煤层层数多且没有良好的标志层,因此传统的方法很难在陆相盆地煤层对比工作中进行有效的实施(梅冥相 等,2001;桑树勋 等,2002;Duo et al.,2016)。

高分辨率层序地层学作为一种有效的煤岩层对比方法在20世纪90年代提出并逐步完善(Duo et al.,2016)。层序地层学从三维空间和时间四维角度来研究沉积地层,是等时地层对比的新思路和新方法,同时也为陆相盆地含煤岩系煤层对比提供了新途径(Alves et al.,1996;桑树勋 等,2002;Chalmers et al.,2013)。近年来,高分辨层序地层学以其独特的优越性已经被广大地质学家所认同,并被大范围地运用到各类油气勘探领域(Aitken et al.,1995;Pasquier et al.,1997;梅冥相 等,2005;Shao et al.,2007)。对于建立含煤岩系高分辨层序地层格架而言,最重要的就是首先要识别出层序边界,陆相盆地的层序边界类型一般包括区域不整合面、河流侵蚀面、岩性突变面和湖侵方向转换面等(Bourquin et al.,1998;Li et al.,2018)。根据不同的湖平面变化周期,通常将层序格架内沉积周期划分为三级、四级和五级层序,一般对应于长周期、中周期和短周期旋回(Hentz et al.,2003;Li et al.,2013b)。长周期和中周期旋回隶属于异旋回,而短周期旋回则常常属于自旋回(Zhou et al.,1999)。不过层序地层学在实际应用中也存在诸多问题,如下降阶段体系域是否单独划分、基准面变化级别以及准层序的定义和应用等问题(Catuneanu et al.,2009),以至于有学者专门讨论了层序地层中准层序的概念是否需要重新定义,并建立采用海(湖)侵-海(湖)退(T-R)的准层序术语(Zecchin,2010;Mancini et al.,2008)。经典的层序地层学起源于被动大陆边缘盆地,但目前已经成功将层序地层学扩展到其他沉积相中,如陆相河流-三角洲-湖泊(Li et al.,2014c;Shen et al.,2017)以及水下扇(Sfidari et al.,2014)中。在应用高分辨率层序地层学建立不同沉积环境下等时地层格架的基础上，不少学者同时也进行了小层对比（Wynn et al.，2006；Duo et al.，2016），但是大部分的研究多集中于砂岩层的对比，煤层对比则较少涉及。

中国西北新疆准噶尔盆地南缘中侏罗统西山窑组发育河流-三角洲-湖泊沉积相，含煤层数较多，最多可达 58 层（王佟 等，2013；Wang et al.，2018b）。植物碎片虽较为发育，但缺乏可横向对比的标志层，因此该地区煤层对比较为困难，亟须解决。中国地质调查局油气资源调查中心自 2014 年起持续在该地区进行煤层气勘探开发，但由于缺乏有效的煤层对比方案，钻探过程中目标煤层以及主要砂岩含水层的预测都难以掌握，拖延了工程进度并降低了工程质量，甚至会影响到后期煤层气产出效果。因此，本次研究在调研了研究区内乌西矿区、硫磺沟矿区、呼图壁矿区和玛纳斯矿区 52 个煤矿共计 200 余口钻孔的基础上，首先根据层序地层界线的识别，建立了中侏罗统西山窑组三级和四级层序等时地层格架，形成了沿地层走向和倾向的对比图；然后根据研究区主要煤层的垂向间距、煤层厚度、煤岩煤质变化特征和中短期湖侵-湖退叠加样式（进积、退积和加积），对西山窑组主要煤层进行了区域对比；最终根据煤层在层序格架内的分布和聚煤期构造演化特征，综合探讨了聚煤模式，进而分析了西山窑组形成期的古环境和古气候演化特征。

4.1　高分辨率层序地层格架建立

层序地层格架是基于不同等级而建立的，不同级别等时地层界面的识别是沉积盆地系统剖析的前提和必不可少的手段。受横向和垂向上沉积环境和岩性变化复杂性的约束，必须根据不同关键层序界面类型和识别特征对具体研究区把握和认识层序格架发育规律。通过识别出的不同类型的层序关键界面的横向追踪和垂向对比，最终才能更灵活、更真实地反映研究区的层序地层格架构建。

4.1.1　关键层序界面的识别

基于区域沉积环境演化规律分析，结合野外露头和钻孔岩心观察，最终在本区中侏罗统西山窑组共识别出区域不整合面、河流下切谷侵蚀面以及相对应的整合界面、沉积体系或岩性突变面等层序关键界面类型。其具体特征如下：

（1）区域不整合面

区域不整合面主要指的是中侏罗统西山窑组与其下伏地层-下侏罗统三工河组和上覆地层-中侏罗统头屯河组之间的角度不整合面，代表的是区域构造应力由早中侏罗世的扩展期到中晚侏罗世的挤压期。以上区域角度不整合面均在地震剖面和野外剖面被前人所识别（Li et al.，2018）。

（2）河流下切谷侵蚀面

该类界面主要发育在低可容空间的三角洲沉积体系背景下，多可作为层序底界面，其中侵蚀面主要指由于（分流）河道趋于发育，其往往对下伏地层有下切冲刷作用，随后充填相对粗粒的河道砂体，因此，该类界面代表了沉积作用过程中微弱的沉积间断，其表面多高低不平，界面上下有显著的岩性变化，易于识别和对比，是较好的层序关键界面［图 4-1（a）］。层序关键界面在盆地边缘通常表现为区域不整合面或河道下切冲刷面，而在盆地内部时常有水体覆盖的区域，往往表现为连续沉积的整合面。盆地内部由于该类界面形成的水动力条件弱，沉积环境较为平静，界面上下岩性往往差异不明显，是与河流下切谷侵蚀面对应的相对整合面，一般通过测井曲线相应的变化进行识别。

（3）岩性突变面

该类界面表现为层序界面上下地层的颜色、岩性的突变。例如，在玛煤参2井西山窑组中下部地层中，在界面下部岩性多为深灰色、灰黑色泥岩和泥质粉砂岩，而在界面上部则突变为灰白色细砂岩和粉砂岩，代表水体突然变浅，但界面处却未见典型的冲刷面[图4-1(b)]。此层序界面在测井上也有明显的响应，自然伽马(GR)一般表现为先减小后增大，对应准层序类型则为进积向退积转换的过程。

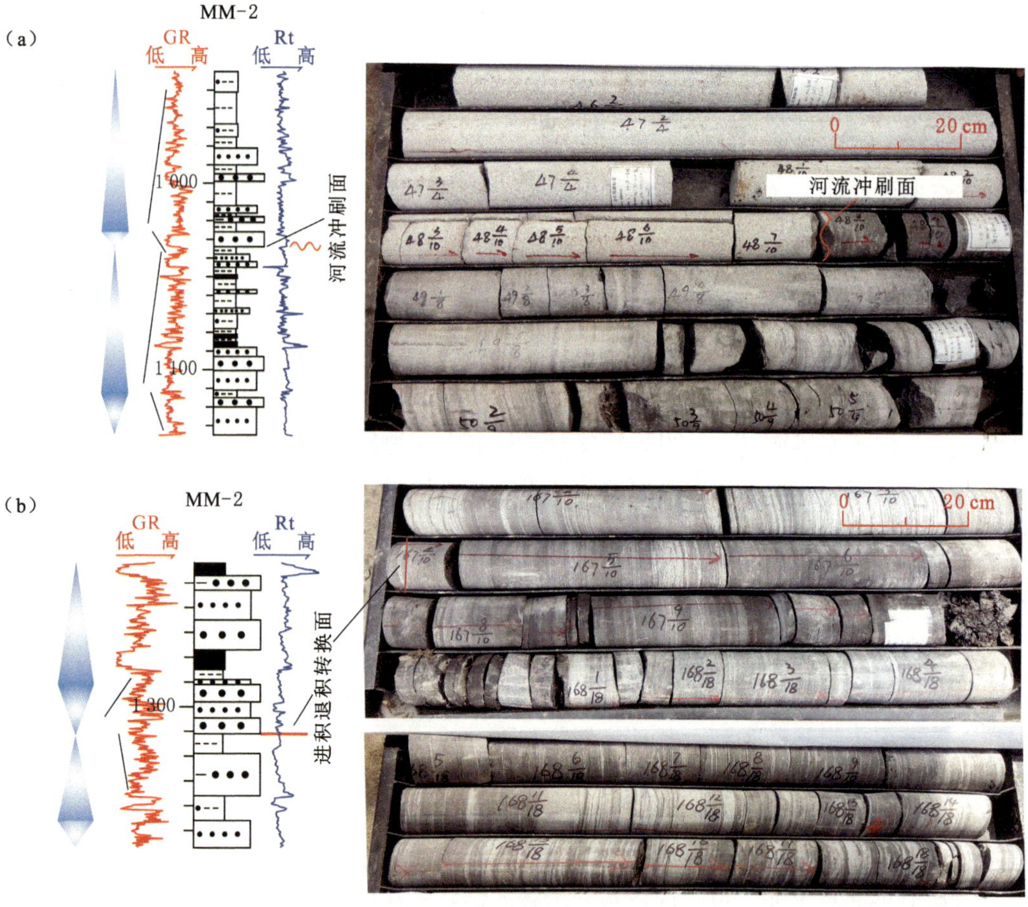

图4-1 准南煤田中段西山窑组关键层序界面特征及识别

4.1.2 研究区西山窑组高分辨率层序地层对比

根据以上识别出的关键层序界面，以呼图壁矿区ZK101井为例，将准南煤田中段西山窑组划分为3个三级层序和10个四级层序(图4-2)。

其中，三级层序Ⅰ底界面为西山窑组和下伏地层三工河组的分界，顶界面为三角洲平原

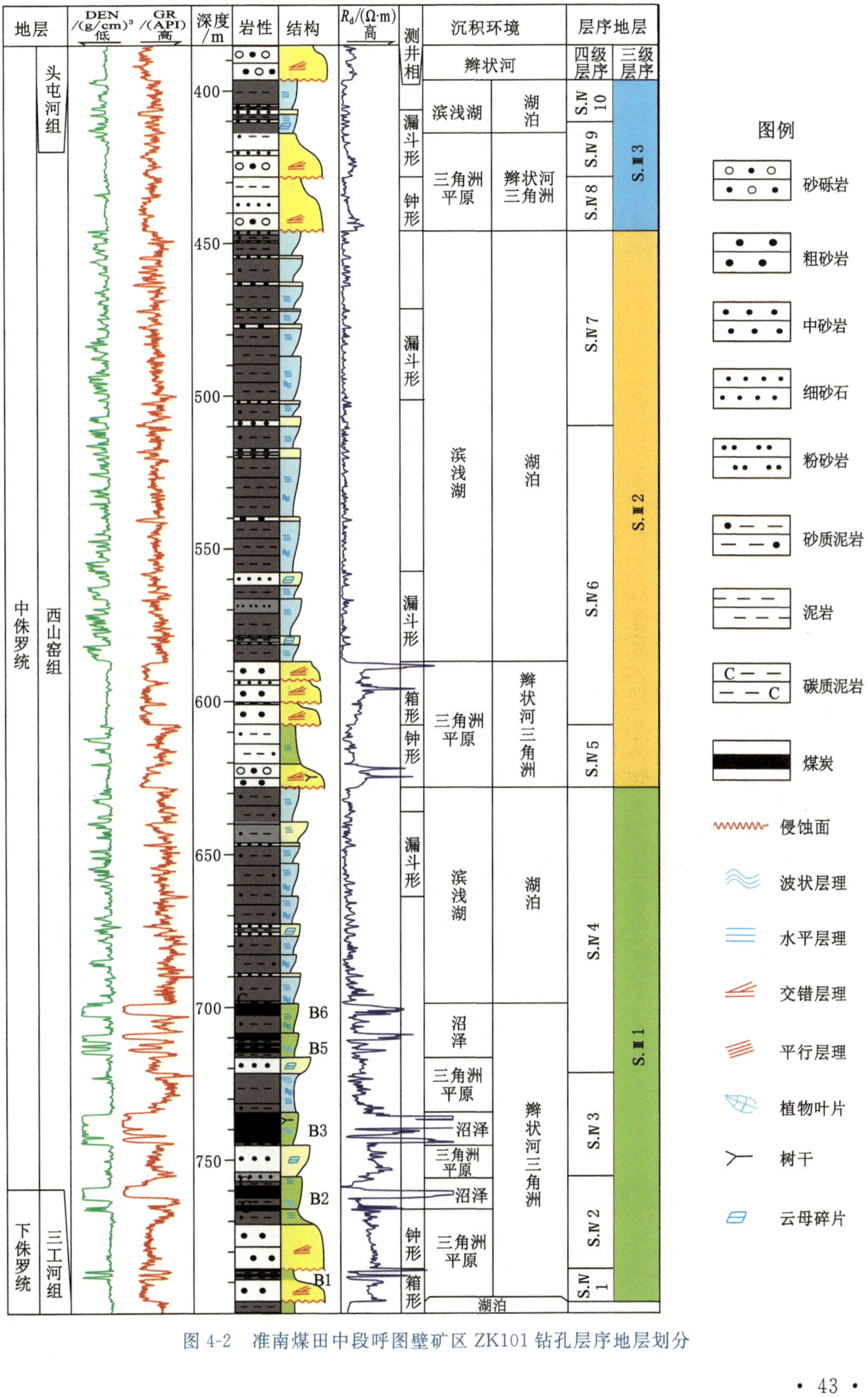

图 4-2　准南煤田中段呼图壁矿区 ZK101 钻孔层序地层划分

分流河道砂岩的底界面；层序Ⅱ顶界面为三角洲平原分流河道砂岩冲刷面；层序Ⅲ的顶界面为西山窑组和上覆地层头屯河组的分界面，各三级层序分别对应其西山窑组下段、中段和上段(图 4-2)。具体来说，三级层序Ⅰ包括 4 个四级层序，层序Ⅱ包括 3 个四级层序，层序Ⅲ包括 3 个四级层序。西山窑组整体上沉积环境为三角洲-河流-湖泊，厚煤层主要集中在下部辫状河三角洲。

从准南煤田中段玛纳斯矿区、呼图壁矿区、硫磺沟矿区和乌鲁木齐河西矿区共选取出 10 个典型钻孔进行了高分辨率层序地层对比(图 4-3)，其中 ZK303、MM-2、ZK101、ZK102、ZK404 和 45-2 等钻孔沿着地层走向分布，而 ZK3-5 和 WXC-1 等钻孔沿着地层倾向分布。整体上，西山窑组总厚度呈现东西两侧厚而中部薄的特点，三级层序Ⅱ和Ⅲ的地层厚度要大于层序Ⅰ的。

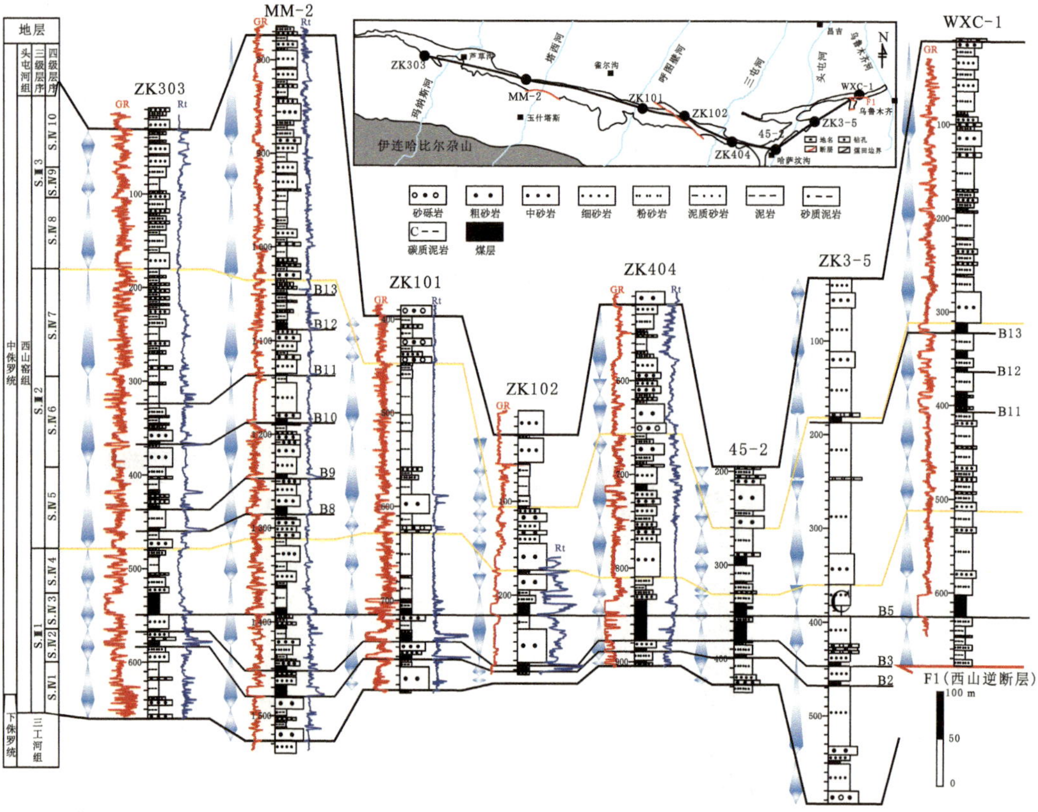

图 4-3 准南煤田中段西山窑组高分辨率层序地层及煤层对比

4.2 准南煤田中段西山窑组煤层对比

由于准南煤田中段西山窑组发育较多煤层且目前缺乏统一的划分对比方法，多个勘探单位在对小范围煤层命名时采用了不同的煤层编号方案，这常常使得刚涉及该地区的研究人员一头雾水。在研究区玛纳斯、呼图壁和乌西矿区时，大部分的煤炭地质勘探单位对西山窑组煤层命名采用字母＋数字的方式，自下而上编号依次增大，如 B1，B2，B3…，但在硫磺沟矿区，绝大部分煤勘单位则采用自上而下依次增大编号的方式对西山窑组煤层进行命名，同时有的单位采用数字直接编号，而有的单位则采用字母＋数字进行编号。针对以上煤层编号混乱的情况，本研究首先统一采用字母＋数字的煤层编号方法，且编号顺序从下而上依次增大（表 4-1），然后根据所建立的高分辨层序地层格架、主要煤层厚度、煤间距和煤岩煤质数据，综合建立实现全区煤层可对比的方法。

表 4-1　准南煤田中段西山窑组主要煤层煤厚、煤间距和煤岩煤质统计

区域	煤矿	原煤层号	拟改为煤层号	平均煤厚/m	平均煤层间距/m	煤厚和间距统计数	平均镜质组/%	平均惰质组/%	显微组分统计数	平均灰分/%	平均硫分/%	平均挥发分/%	煤质统计数
乌鲁木齐河西区块	西山煤矿	B14	B5	2.62		11	87.40	7.90	1	9.39	0.69	38.10	10
		B8	B3	5.20	57.09	10	69.20	27.50	1	10.74	0.46	30.14	10
		B7	B2	8.01	17.35	8	74.30	24.20	1	11.55	0.35	32.56	9
	马家庄煤矿	煤Ⅱ	B3	1.89	—	—	—	—	—	22.84	1.76	45.89	6
		煤Ⅲ	B2	12.97	15.56	1	—	—	—	9.84	0.50	31.25	31
硫磺沟区块	寿安煤矿	4-5	B5	8.28		9	72.50	14.40	3	8.46	0.70	43.99	5
		7	B4	2.23	17.20	6	74.90	15.10	2	11.89	0.67	42.81	5
		9-10	B3	11.11	14.69	7	56.40	27.20	3	19.14	0.58	42.37	6
		14-15	B2	12.17	8.44	5	47.40	39.10	2	18.23	0.55	40.81	5
	忠兴煤矿	4-5	B5	9.37		7	76.80	12.70	1	10.02	0.83	45.25	3
		7	B4	2.82	17.52	5	69.70	19.80	1	9.90	0.68	43.71	4
		9-10	B3	10.60	12.26	5	50.80	31.78	2	15.51	0.64	40.63	4
		14-15	B2	10.37	11.98	5	53.42	32.86	2	18.70	0.60	40.90	4
呼图壁区块	石梯子煤矿	B5	B5	1.90		5	47.20	42.20	3	9.27	0.54	31.55	6
		B2	B3	5.19	61.16	5	48.90	47.30	3	8.04	0.33	29.06	7
		B1	B2	4.56	24.82	5	55.20	35.80	3	18.85	0.30	35.52	10
	西沟煤矿	B3-B4	B5	3.83		2	51.20	43.50	2	7.14	0.27	26.73	3
		B2	B3	10.56	59.45	2	37.90	59.10	1	7.28	0.21	33.56	6
		B1	B2	7.27	27.29	2	37.00	58.70	1	6.03	0.39	30.34	4
	宽沟煤矿	B4-2	B5	2.40		19	49.30	46.25	2	9.52	0.30	32.39	15
		B2	B3	11.61	45.10	21	48.79	45.68	8	8.16	0.14	32.46	18
		B1	B2	6.77	25.96	24	49.11	44.78	6	9.53	0.17	33.65	17
		B0	B1	1.94	22.65	12	46.71	45.58	4	11.42	0.18	32.20	10

表 4-1(续)

区域	煤矿	原煤层号	拟改为煤层号	平均煤厚/m	平均煤层间距/m	煤厚和间距统计数	平均镜质组/%	平均惰质组/%	显微组分统计数	平均灰分/%	平均硫分/%	平均挥发分/%	煤质统计数
玛纳斯区块	涝坝湾子煤矿	B12+B13	B11	2.47+2.01		5	49.40	27.20	1	12.02	0.33	36.56	4
		B10	B10	5.19	32.39	5	45.00	34.90	1	19.33	0.38	34.76	4
		B9	B9	2.48	16.76	4	43.80	35.20	1	12.30	0.22	32.07	2
		B8	B8	2.43	20.95	5	37.60	35.80	1	11.33	0.25	33.61	3
		B6+B7	B5	8.62	44.31	5	43.20	39.60	1	12.98	0.25	34.40	4
		B3	B3	5.92	52.76	6	55.30	34.70	1	7.57	0.22	36.00	5
		B2	B2	7.65	3.28	6	51.20	35.90	1	8.55	0.22	33.85	5
		B1	B1	7.97	9.52	4	36.60	51.50	1	10.32	0.20	33.68	4
		B13+B14+B15	B11	1.19+1.15+2.18		18	58.89	22.42	3	11.89	0.49	37.88	13
玛纳斯区块	大白杨沟煤矿	B12	B10	3.04	39.72	21	59.30	25.00	5	11.94	0.44	37.27	20
		B11	B9	2.54	25.43	22	65.64	21.64	5	11.31	0.48	37.66	16
		B9	B8	4.00	37.19	26	58.35	28.24	5	13.95	0.48	35.73	26
		B5	B5	7.74	76.83	30	51.65	31.61	4	9.24	0.35	35.45	30
		B4	B3	3.00	12.19	27	50.31	35.54	4	11.72	0.40	35.52	25
		B3	B2	3.68	6.38	27	44.54	44.04	4	11.76	0.39	34.37	28

注:“—”表示无统计数据。

4.2.1 高分辨率层序地层与煤层对比

根据层序地层学中有关沉积速率和可容空间变化速率之间的关系,准南煤田中段西山窑组小层堆积样式可以分为三类:进积(底超)、加积和退积(顶超)样式(图 4-4)。进积式堆积样式是在沉积物沉积速率大于可容空间增长速率的情况下形成的,较年轻的沉积物依次向盆地中央方向推进(朱筱敏,2000)。垂向上水体不断变浅,对应的沉积物粒度不断变粗,砂泥比逐渐降低,湖退形成的砂岩和湖侵形成的煤层可横向对比[图 4-4(a)],根据煤层在盆地的不同位置,发现离沉积中心较近的 ZK102 可形成较厚的 B5 煤层。加积式堆积样式是在沉积物沉积速率基本等于可容空间变化速率时形成的(朱筱敏,2000),垂向上砂泥比值变化不明显,形成可横向对比的砂岩和煤层,且砂岩厚度和煤层厚度横向上几乎没有明显变化[图 4-4(b)]。退积式沉积物堆积样式是在沉积速率小于可容空间增加速率的情况下形成的(朱筱敏,2000),垂向上水体逐渐变深,砂岩单层厚度减薄,泥岩厚度加大,砂泥比值降低,整体上煤层并不十分发育[图 4-4(c)]。根据上述高分辨率层序地层格架内不同沉积物堆积样式,对整个研究区西山窑组各主要煤层实现了区域对比,并以区域内较厚的 B5 煤层作为对比线(图 4-3)。

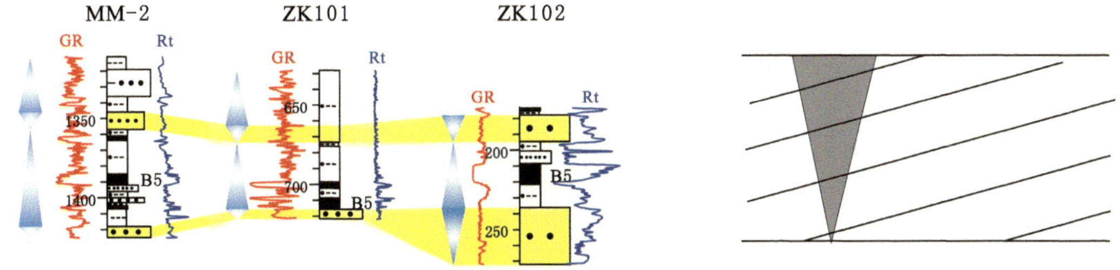

（a）进积

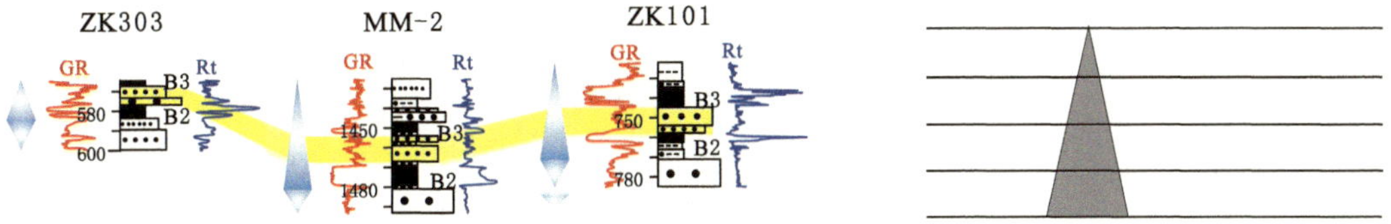

（b）加积

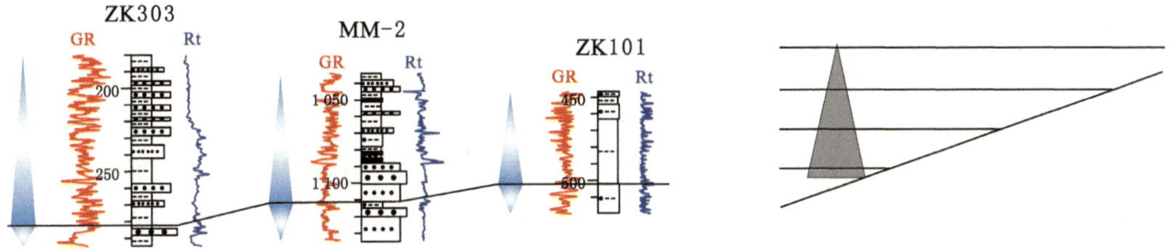

（c）退积

图 4-4　准南煤田中段西山窑组小层堆积样式分类

4.2.2　煤厚和煤间距特征及其对煤层对比的启示

根据图 4-3 中所建立的准南煤田中段层序地层格架以及表 4-1 所显示的各主要煤层的特征可知，整体上硫磺沟矿区和玛纳斯矿区是研究区两个主要厚煤层分布区。硫磺沟矿区主要含煤层集中在西山窑组下段，以单煤层厚度比较大为特点，而玛纳斯矿区厚煤层分布相对均匀，以中-厚煤层数量较多为特点。整体上，研究区西山窑组下段含煤性最好，中段其次，上段最差。从平面上看，研究区中部硫磺沟矿区西山窑组下段含煤性最好，东西两侧煤层厚度相对较薄；但对于中段和上段而言，中部硫磺沟矿区基本不含煤，但向东西两侧延展，含煤性逐渐增强（图 4-3，表 4-2）。

从下至上具体来说，西山窑组底部 B1 煤层发育规律不明显且厚度相对较薄，一般低于 5 m，在西部玛纳斯矿区和呼图壁矿区的西部较为发育，但在呼图壁矿区的东部、硫磺沟矿区和乌西矿区不甚发育。究其原因，从发育大面积的滨浅湖相三工河组刚刚进入河流-三角洲相的西山窑组，首先要对当时的沉积地形进行夷平化作用，因此会在低洼处或小型坳陷等可容空间较高的地区形成厚度相对较薄的 B1 煤层。B2、B3 和 B5 煤层是西山窑组下段主要含煤层，其在乌西矿区、硫磺沟矿区、呼图壁矿区和玛纳斯矿区的平均厚度依次为 10.49 m、11.27 m、6.2 m、5.67 m，3.55 m、10.86 m、8.4 m、4.46 m，2.62 m、8.83 m、2.71 m、8.18 m。这三层煤在整个研究区稳定分布且最厚煤层集中在硫磺沟矿区，聚煤中心有由研究区东部向研究区西部迁移的趋势。需要特别指出的是，在硫磺沟矿区，B3和B5煤层之间稳定发育着一层厚度在2～3 m之间的B4煤层，是煤层对比的有效标志之一。

表4-2　准南煤田中段西山窑组三级层序格架内煤层分布

层序地层	地区（按地层走向）								地区（按地层倾向）	
	玛纳斯矿区			呼图壁矿区				硫磺沟矿区		乌鲁木齐河西矿区	
	玛纳斯河西	玛纳斯河东	塔西河西	塔西河东	呼图壁河西	呼图壁河东	三屯河西	三屯河东	头屯河西	头屯河东	乌鲁木齐西
层序Ⅲ	薄层	薄层	薄层	薄层	无	无	无	无	无	无	薄层
层序Ⅱ	厚层	厚层	厚层	薄层	无	无	无	薄层	薄层	薄层	厚层
层序Ⅰ	厚层	中等	中等	中等	中等	中等	中等	厚层	厚层	薄层	薄层

研究区东西两侧和垂向上煤层厚度变化较大，在煤层对比时煤层层间距可能比煤层厚度更有效。B2和B3煤层的间距在乌西矿区、硫磺沟矿区、呼图壁矿区和玛纳斯矿区分别为16.46 m、10.21 m、26.02 m、4.83 m；B3和B5煤层的间距在乌西矿区、硫磺沟矿区、呼图壁矿区和玛纳斯矿区分别为57.09 m、30.84 m、55.24 m、32.48 m。除玛纳斯矿区B2和B3煤层间距较小外，B2和B3煤层间距一般集中在15～25 m之间，而B3和B5煤层间距则一般集中在30～50 m之间，B3和B5煤层间距一般是B2和B3煤层间距的3倍左右，该特征是该地区西山窑组下段煤层进行区域对比的主要标志之一。

对于研究区西山窑组中段和上段而言，主要含煤层集中在中段且平面上分布在东西两侧玛纳斯矿区和乌西矿区，由于乌西矿区资料较少，所以本次研究主要以西段玛纳斯矿区西山窑组中段含煤层段进行说明。玛纳斯矿区东部涝坝湾子煤矿和西部大白杨沟煤矿B8、B9、B10和B11煤层平均厚度分别为2.43 m、2.48 m、5.19 m、4.48 m，4.0 m、2.54 m、3.04 m、4.52 m，各煤层厚度均集中在2～4 m之间。玛纳斯矿区东部涝坝湾子煤矿和西部大白杨沟煤矿B8和B9、B9和B10、B10和B11之间在煤层平均间距分别为20.95 m、16.76 m，32.39 m、37.19 m，25.43 m、39.72 m，煤层间距稳定且呈现相同的变化规律（大→小→大），该特征是玛纳斯矿区西山窑组中段主要含煤层对比的有效标志。

4.2.3　地质构造对煤层发育和对比的影响

准南煤田玛纳斯矿区、呼图壁矿区和硫磺沟矿区典型的构造特征为：最南部发育边界逆断层，使得沿地层倾向方向大部分为褶皱构造（图4-5）。这类构造对于煤层的发育和后期的对比影响较小。

但对于乌鲁木齐矿区而言，由于发育多条近东西向逆断层，所以对该区域西山窑组煤层的发育起到了极大的破坏作用，其中F1逆断层为最主要断层，其走向长度20 km左右，断层面倾向为20°～340°，倾角为57°～80°，据钻孔控制断距落差为800 m左右。F1逆断层的存在，使得乌西矿区深部（煤层埋深大于300 m）地区B5以下煤层缺失（图4-6），影响到了区域上的煤层对比（图4-3）。

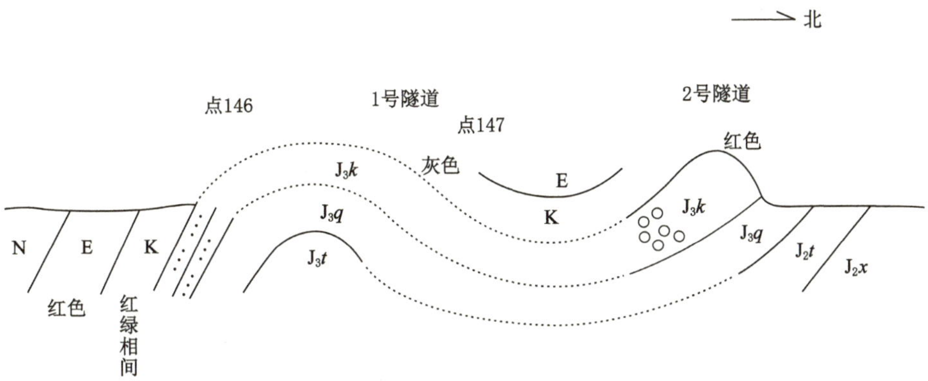

图 4-5　呼图壁河剖面南北向信手剖面图

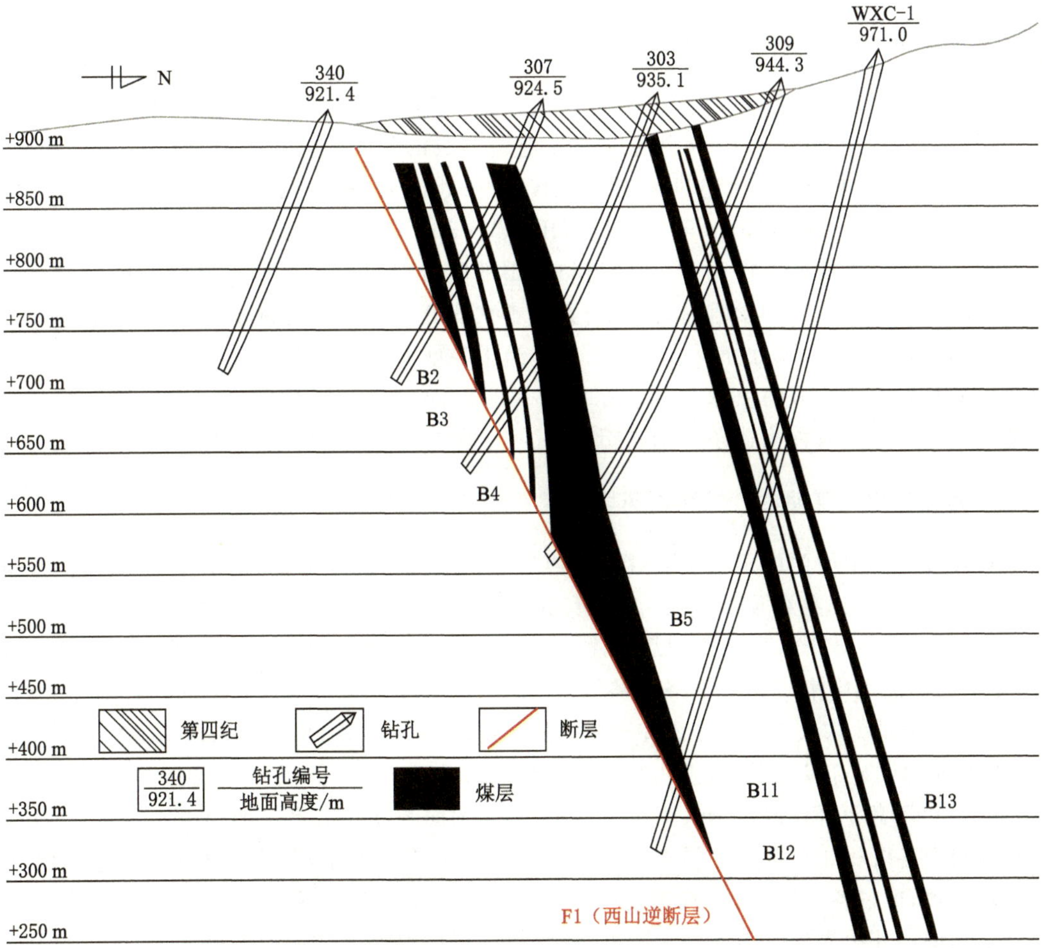

图 4-6　准南煤田中段乌鲁木齐河西矿区 F1 逆断层引起的煤层缺失

4.3 多煤层叠置发育条件下的古气候演变

煤层通常被认为是在温暖潮湿气候下形成的敏感沉积物层(Peterson et al.,2013),从成煤植物的生长、泥炭沼泽地的堆积到后期埋藏和成岩作用直至被其他岩层所替代等一系列过程均与当时的古气候和古环境息息相关(邵龙义 等,2013)。然而,在泥炭沼泽堆积的过程中,总会伴随着一些影响煤层持续形成的事件,导致煤层发育的中断(鲁静 等,2016)。对于准南煤田西山窑组而言,垂向上虽然发育多个煤层,但煤层中间多被陆源碎屑砂岩和泥岩所阻隔,这也暗示着整个西山窑组古气候存在着多个演变阶段。因此,可以间接地从多煤层中提取有关信息,这些信息的提取对于盆地分析,地层对比以及古地理、古气候、古植物重建均有重要的指示意义(Greb,2013)。同时,所重建的"深时"古气候不仅能够从地球演化的宏观尺度上了解气候变化过程,而且可以分析现今地球如何从冷变暖进入"温室"状态,并期望为未来气候演变提供预测(胡修棉,2005;吴怀春 等,2011)。

4.3.1 西山窑组地层形成的背景条件

前人指出,陆相盆地煤层的形成多受到古气候和古构造二者的双重影响(Opluštil et al.,2013),这也符合准南煤田西山窑组含煤地层形成的先决条件。对于古气候条件而言,西山窑组形成于侏罗纪阿连期和巴柔期,正好处于侏罗纪两个典型的干热期之间(Al-Suwaidi et al.,2010;Korte et al.,2015;Dera et al.,2011;Wierzbowski et al.,2011;肖良等,2014)。对于古构造条件而言,新疆博格达山的隆升对于研究区西山窑组沉积物源汇分析和煤层形成具有重要的影响,据前人研究和本次研究所测得到的古水流方向(孙国智 等,2009;Li et al.,2018),综合分析认为在西山窑组中晚期博格达山有一次明显的隆升过程,使得古水流和物源优势方向由原先的北东向转为北西向(图 4-7),因此准南煤田西山窑组煤层的形成正好处于这种构造条件的转折期。

4.3.2 西山窑组聚煤期古气候和古环境演变

对准南煤田中段西山窑组主要煤层的煤岩煤质进行了统计分析,结果表明,从西山窑组底部 B1 煤层至西山窑组顶部煤层,煤中镜质组含量呈阶段式上升,而惰质组含量呈阶段式下降,且每段变化转折点均处于三级层序边界。在每个三级层序内煤中镜质组呈上升趋势[图 4-8(a)],而煤中惰质组呈下降趋势[图 4-8(b)],这应该与层序内湖平面升降关系密切。煤中惰质组主要为古火灾事件中不完全燃烧的产物(Scott et al.,2007;Sun et al.,2017),垂向上煤中惰质组呈明显下降趋势,表明古火灾发生频率的强度不断降低,短时期导致煤燃烧所产生的 CO_2 浓度不断下降。但对于煤中灰分产率而言,垂向上变化关系不明显[图 4-8(c)],这估计与横向上各沉积相位置和沼泽类型有关。对于煤中硫分关系,其变化关系与煤中镜质组关系较一致,即在各层序内,随着湖侵范围不断扩大,硫分含量不断增大[图 4-8(d)],但在层序Ⅰ和层序Ⅱ边界处发生了较大降低,这可能与层序早期大范围的湖退有关。

平面上,以西山窑组三级层序Ⅰ内 B2、B3 和 B5 煤层为例进行说明,从研究区西侧至东侧(玛纳斯矿区至乌西矿区),煤中镜质组含量呈升高的趋势,而惰质组呈下降的趋势,灰分产率则变化不明显(图 4-9),这应该与层序Ⅰ时期研究区西部是主要物源区而东部则是沉

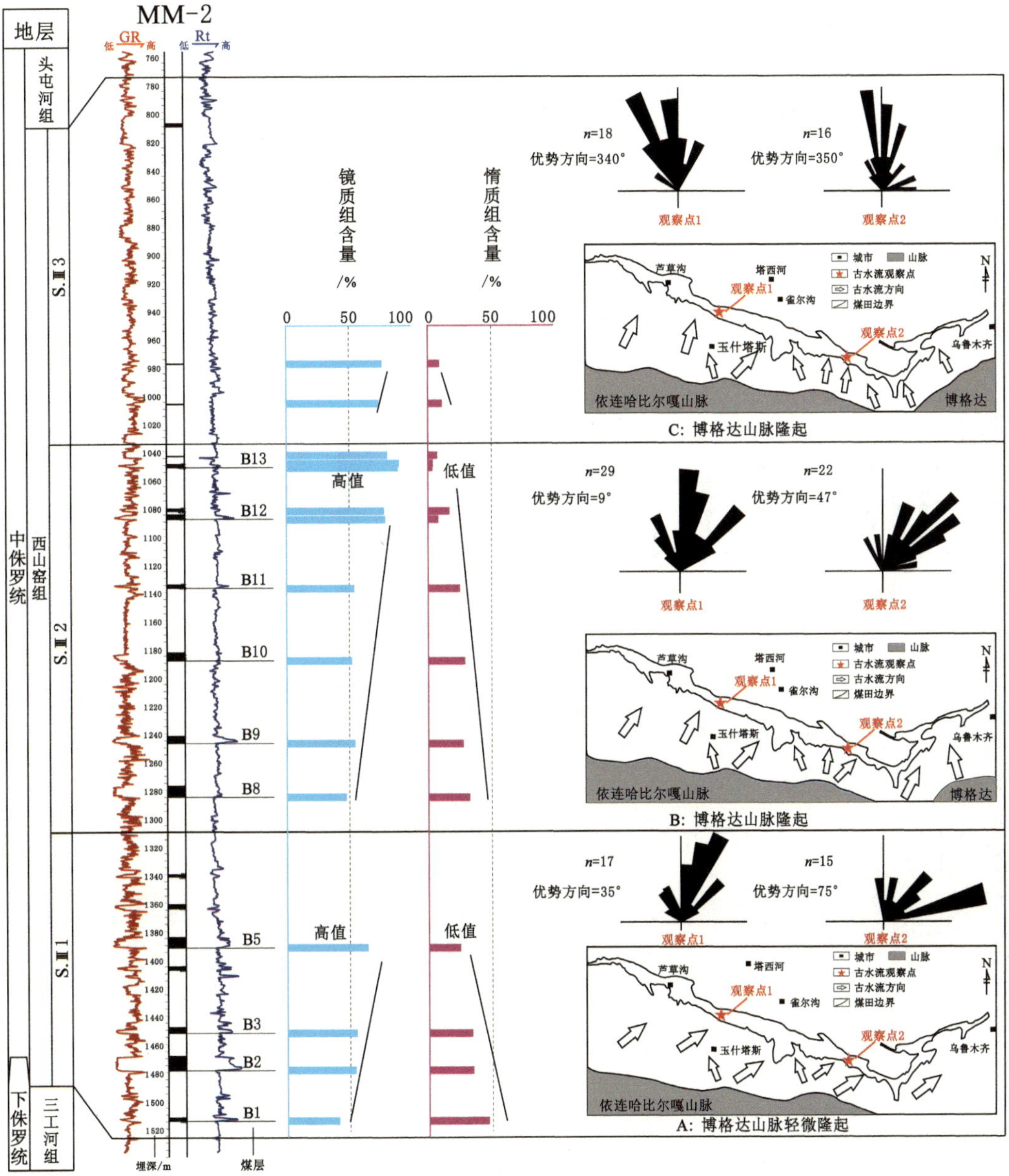

图 4-7 准南煤田中段西山窑组三级层序古构造和古水流变化

积区关系密切。但在层序Ⅱ时期，不同煤层中的镜质组含量在玛纳斯矿区西侧的含量要高于东侧的，而惰质组含量在西侧的含量要明显低于东侧的，这应该与博格达山隆起导致主要物源方向改变有关。

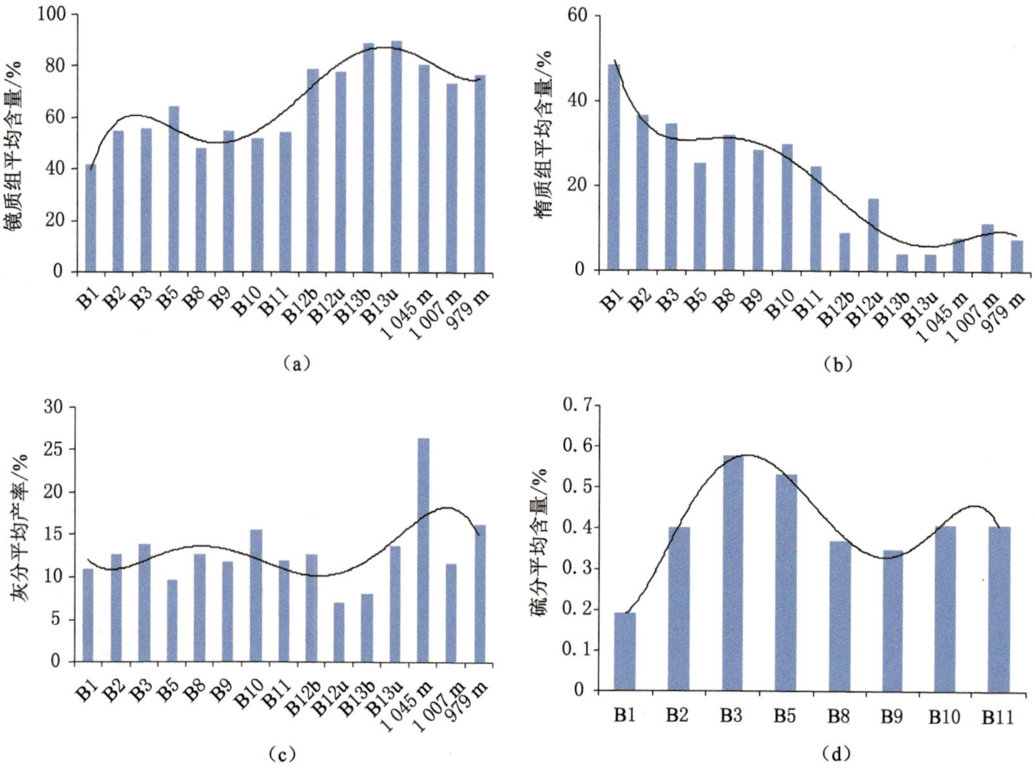

图 4-8　准南煤田中段西山窑组垂向上各煤层煤岩煤质演变

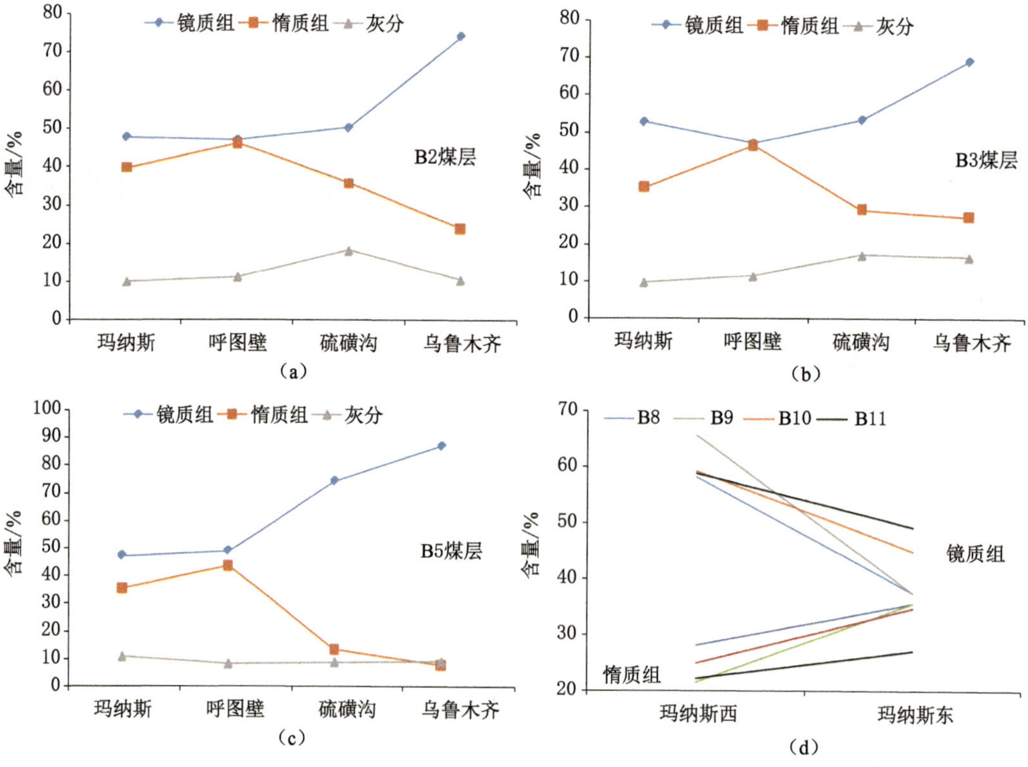

图 4-9　准南煤田中段西山窑组平面上各煤层煤岩煤质演变

4.4　本章小结

① 基于区域沉积环境演化规律分析，结合野外露头和钻孔岩心观察，在本区中侏罗统西山窑组共识别出区域不整合面、河流下切谷侵蚀面、沉积体系或岩性突变面等三类层序关键界面类型，最终将准南煤田中段西山窑组划分为 3 个三级层序和 10 个四级层序，建立了高分辨率层序地层格架。

② 在所建立起来的层序地层格架基础上，以小层堆积样式类型、主要煤层间距和厚度、煤岩煤质数据以及后期地质构造特征，实现了全区的煤层对比。结果表明，陆相盆地区域煤层对比需要将层序地层学、沉积学、煤岩学和构造地质学等多学科综合起来考虑。

③ 准南煤田中段 B2 和 B3 煤层间距一般集中在 15～25 m 之间，而 B3 和 B5 煤层间距则一般集中在 30～50 m 之间，B3 和 B5 煤层间距一般是 B2 和 B3 煤层间距的 3 倍左右，该特征是该地区西山窑组下段煤层进行区域对比的主要标志之一。B3 和 B5 煤层之间稳定发育着一层厚度在 2～3 m 之间的 B4 煤层，是硫磺沟矿区煤层对比的有效标志。B8、B9、B10 和 B11 之间具有稳定的煤层间距，是玛纳斯矿区西山窑组中段主要含煤层对比的有效标志。

④ 垂向上，煤中惰质组呈明显下降趋势，表明古火灾发生频率的强度不断降低；平面上，西山窑组早期与中晚期形成煤层中显微组分有明显不同的变化特征，这应该与博格达山在西山窑组中晚期隆起导致主要物源方向改变有关。

第5章 准南西山窑组古野火特征及其对古气候的影响

作为泥炭地的常见产物，煤炭不仅是一种重要的全球能源资源(Holdgate et al.,2000;Ruppert et al.,2002)，而且记录了成煤期古地理和古环境等独特信息(Greb,2013;Hou et al.,2019)。由于可供燃烧的物质基础丰富，所以野火通常发生在泥炭地(Shao et al.,2012)。野火不仅是深时地球系统中重要的组成部分，同时可以对聚煤期古气候进行更好、更深入的了解(Pausas et al.,2009)。煤的显微组分由镜质组、惰质组、壳质组以及各种矿物的无机组分组成(Scott,2002;Hou et al.,2019)，不同显微组分与成煤过程关系密切，可以很好地记录沉积环境演化和古气候演变(Petersen et al.,2011)。

古野火的研究方法主要包括多环芳烃(Marynowski et al.,2009)、煤岩学(Shao et al.,2012;Yan et al.,2019;Xu et al.,2020)、植物形态学(Belcher et al.,2010a)、碳同位素和古生物学(Petersen et al.,2013)。与其他方法相比，煤岩学被认为是较为有效的方法，特别是对于那些拥有大量植物化石的地层(Zhang et al.,2015)。前人基于煤岩学进行了古野火研究的探索，利用非线性正相关关系可以根据惰质组含量预测古氧气浓度(Glasspool et al.,2015)。燃烧温度(燃烧强度)则可以根据惰质体反射率进行预测(Jones,1997;Petersen et al.,2013)。在此基础上，野火可以根据燃烧温度被细分为多种类型(Petersen et al.,2012)。大多数惰质组显微组分在古火灾中被碳化，它们被认为是古火灾的副产物(Shao et al.,2012;Wang et al.,2019)，然而作为惰质组的主要成分，丝质体或半丝质体也被认为有其他成因模式，如氧化丝质体、煤化丝质体和原生丝质体(Teichmüller,1989)。事实上，氧化丝质体保存得很差(Scott,2010)，多数丝质体的反射率通常高于镜质组。因此，煤中所有观察到的丝质体都可以用野火活动来解释(Scott,2010)。控制野火的主要因素前人总结为燃料、热量、氧气和水分(Glasspool et al.,2015)。引发火灾的热源包括雷击、火山活动和自燃等(Cope et al.,1980)。所有大陆植被均有可能成为燃料，燃料是否可以点燃主要通过水分含量的非均质性来确定。燃料中的水分应该在燃料点燃之前首先被去除，因此，那些含水量更大的燃料需要更长的加热时间。根据木炭记录，燃料被点燃的氧气浓度通常在16%～30%(火窗)之间(Watson et al.,2013)。这表明，即使燃料的含水量非常低，当氧气水平低于16%时，野火也不易被点燃。此外，高氧浓度还可以促进燃料在高含水量的情况下燃烧(Watson et al.,2013)。

中侏罗统是全球CO_2含量较高的时期，准噶尔盆地南缘中侏罗统西山窑组拥有丰富的煤炭资源。在这个全球流行的温室期，在适合的燃烧条件(如丰富的燃料、高温和充足的氧气)下可以促进高频率的野火事件的盛行。中侏罗统西山窑组(174.1～168.3 Ma)是在侏罗纪托阿尔期和巴通期(两个典型的干热时期)之间形成的(Al-Suwaidi et al.,2010;Korte et al.,2015)。对阿连期和巴柔期的野火分析有利于理解全球中侏罗世古气候转变。本研究基于我国西北中侏罗统含煤地层煤岩学的详细分析,较为系统地评价了古野火发生的特征,恢复了成煤期大气氧浓度,为进一步分析全球中侏罗世古气候和古植物演变奠定基础。

5.1　采样位置及试验方法

靠近塔西河的 MM-2 井是中侏罗统西山窑组全取心的煤层气参数井。从 MM-2 钻孔岩心中共采集了 19 个煤样,深度从 970 m 至 1 450 m 不等,对应 MM-2-1 至 MM-2-19 连续编号。另外三个煤样分别取自 TXH 矿(塔西河附近)、KG 矿(呼图壁河附近)和 CXY 矿(乌鲁木齐河附近)。

为了分析和表征野火特性,本研究采样的试验方法包括工业分析、煤的显微组分鉴定、镜质体和丝质体反射率测定以及扫描电子显微镜分析。根据 GB/T 30732—2014 进行工业分析,得到煤中水分、灰分、挥发分和固定碳含量等参数。为鉴定和分析煤的显微组分和反射率,将煤样粉碎至直径小于 1 mm 的粉末进行显微观察。采用 Leitz MPV-3 型光度计显微镜按照 GB/T 8899—2013 对所有样品的 500 个有效点进行煤显微组分观察。最大镜质体反射率(R_{vo})和丝质体反射率(R_{fo})测量采用油浸法,在 23 ℃折射率为 1.518 条件下进行测量。其中,R_{vo}至少需要 50 个有效点,而 R_{fo}需要 25～40 个有效点,具体取决于丝质体和半丝质体含量。SEM 分析使用 FESEM JSM-7500F 型扫描电子显微镜进行,用于观察丝质体微观结构和表面特征。在真空、高压和通电后,样品大约为 1 cm×1 cm×1 cm 的立方体。

5.2　煤岩煤质特征

5.2.1　镜质体反射率测定和工业分析

中侏罗统西山窑组煤的 R_{vo}最低值为 0.49%,最高值为 0.85%(表 5-1),且镜质体反射率随着埋深从 979.3 m 到 1 445 m 逐渐增加(表 5-1)。R_{vo}与深度之间的这种正相关关系表明,镜质体反射率是由煤化程度决定的,而不是由野火决定的。空气干燥基下煤样的水分含量(M_{ad})在 1.11%～1.91%之间,平均为 1.43%(表 5-2)。水分含量与 R_{vo}之间存在负相关关系[图 5-1(a)],表明随着低阶煤的煤化程度增加,产生了一个很大的脱水阶段(Zhou et al.,2018)。煤样固定碳含量是衡量煤级和煤化程度的另外一个有效指标,该参数从 46.08%到 69.64%不等(平均为 59.72%)(表 5-2)。煤样品中的惰质组含量与空气干燥基的水分含量之间存在复杂的相关性[图 5-1(b)],这表明水分含量和惰质组含量没有直接关系。

5.2.2　煤的显微组分和丝质体反射率测定

对于中侏罗统西山窑组煤而言,镜质组是最主要的显微组分,含量从 44%到 92.7%不等,平均为 63.64%(表 5-1)。煤样中惰质组含量在 6.8%～55.2%之间,平均为 35.31%。壳质组是含量最低的显微组分,最大值出现在 MM-2-6 样品中,仅为 3.8%(表 5-1)。显微组分

表 5-1　准噶尔盆地南缘 MM-2 钻孔岩心和几个煤矿中侏罗统煤样煤岩显微组分特征

采样地点	样品编号	R_{vo} /%	煤层编号	TOM /%	矿物 /%	有机显微组分占比/%			惰质组各显微亚组分占比/%				
						镜质组	壳质组	惰质组	丝质体	半丝质体	粗粒体	微粒体	碎屑惰质体
MM-2 井	MM-2-1	0.55	—	93.4	6.6	74.2	0.5	25.3	35.2	64.8	0	0	0
	MM-2-2	0.49	—	84.4	15.6	92.7	0.5	6.8	64.3	28.6	0	0	7.1
	MM-2-3	0.64	B13	96.7	3.3	91.6	0	8.4	29.4	58.8	5.9	0	5.9
	MM-2-4	0.67	B11	98.8	1.2	72.1	0.4	27.5	35.2	57.9	0.7	2.1	4.1
	MM-2-5	0.80	—	98.0	2.0	68.0	0	32.0	29.9	62.3	0	0	7.8
	MM-2-6	0.69	—	99.5	0.5	58.2	3.8	38.0	38.3	51.9	3.7	0	6.1
	MM-2-7	0.70	—	98.2	1.8	69.5	0	30.1	32.8	65.7	0	0	1.5
	MM-2-8	0.76	B6	97.9	2.1	71.3	0	28.7	45.5	50.0	0	0	4.5
	MM-2-9	0.82	B5-1	96.7	3.3	54.0	0	46.0	29.4	67.0	0	0	3.6
	MM-2-10	0.81	B5-2	97.6	2.4	44.0	0.8	55.2	30.1	56.4	0	2.3	11.2
	MM-2-11	0.79	B5-3	96.7	3.3	53.4	0.5	46.1	35.4	60.4	0	0	4.2
	MM-2-12	0.80	B5-4	98.6	1.4	44.2	1.0	54.8	27.2	64.9	0	2.6	5.3
	MM-2-13	0.76	B5-5	98.5	1.5	59.2	1.9	38.9	41.0	54.0	1.0	0	4.0
	MM-2-14	0.80	B5-6	98.0	2.0	52.1	0	47.9	41.4	50.9	0.9	0	6.8
	MM-2-15	0.77	B5-7	98.4	1.6	52.5	1.7	45.8	41.8	52.7	0	0	5.5
	MM-2-16	0.85	B5-8	98.3	1.7	57.4	1.7	40.9	51.5	41.2	0	0	7.3
	MM-2-17	0.78	B5-9	98.3	1.7	64.2	0.4	35.4	37.5	46.3	1.3	1.3	13.6
	MM-2-18	0.80	B5-10	99.5	0.5	73.3	0	26.7	41.1	51.8	0	0	7.1
	MM-2-19	0.73	B3	99.0	1.0	65.8	1.5	32.7	34.3	56.7	1.5	0	7.5
塔西河煤矿	TXH	/	—	100.0	0	56.9	2.4	40.7	12.4	60.4	0	0	27.2
宽沟煤矿	KG	/	—	98.4	1.6	59.8	3.4	36.8	22.7	42.6	1.9	27.2	5.6
陈兴远煤矿	CXY	/	—	100.0	0	65.6	2.3	32.1	19.6	57.5	0	0	22.9

注：TOM—有机显微煤岩组分；“/”—无数据。

以镜质组和惰质组为主，因此具有高镜质组含量的煤样通常显示出较低的惰质组含量。由于大多数观察到的惰质组都可以用野火活动来解释(Scott，2002)，因此应单独分析惰质组的亚组类型。在煤样中观察到的惰质组亚组包括丝质体、半丝质体、粗粒体、微粒体和碎屑惰质体(表 5-1)。具体而言，惰质组以丝质体和半丝质体为主，煤样中很少发现粗粒体、微粒体和碎屑惰质体。丝质体和半丝质体的平均值分别为 35.27%和 54.67%，丝质体和半丝质体中观察到的孢腔大小从 50 μm 以上至 1 μm 以下不等(图 5-2)，这代表着西山窑组经历了不同规模的野火活动(Robson et al.，2015)。此外，这些部分孢腔还充满了方解石、黄铁矿和黏土等矿物[图 5-2(c)、(e)、(f)]，表明原始孢腔的形成与野火活动密切相关。图 5-2(a)和(b)中的细胞壁比其他的更薄，表明这两个样品受到了更高的火灾强度。需要说明的是，相比于镜质体反射率，丝质体和半丝质体的反射率具有显著的高值(图 5-2)，因此煤中丝质体和半丝质体是发生野火的有效证据。惰质体反射率可以很好地代表野火的燃烧温度(Glasspool et al.，2010；Petersen et al.，2012)。西山窑组煤中的惰质组反射率在 2.13%～3.54%之间，平均为 2.75%(表 5-2)。MM-2-1(深度为 979.3 m)和 MM-2-2(深度为 1 038.5 m)的惰质体反射率分别为最高值和最低值，表明野火强度可以在较短的沉积时间内发生很大变化。

表 5-2　准噶尔盆地南缘 MM-2 井煤的惰质组反射率测定及古野火燃烧温度预测

样品编号	煤层编号	水分/%	固定碳/%	有效点	惰质组反射率/%R_{fo}			古野火燃烧温度/℃	野火类型
					最小值	最大值	平均值		
MM-2-1	—	1.72	46.20	20	2.75	4.53	3.54	600.97	地表火（高）
MM-2-2	—	1.80	46.08	1	2.13	2.13	2.13	434.93	地面火（中）
MM -2-3	B13	1.91	52.47	4	2.16	3.65	2.87	522.07	地表火（低）
MM-2-4	B11	1.72	61.02	13	2.19	3.69	2.72	504.41	地表火（中）
MM-2-5	—	1.58	54.59	9	1.83	2.86	2.19	441.99	地面火（中）
MM-2-6	—	1.40	60.81	13	1.94	4.50	3.21	562.11	地表火（中）
MM-2-7	—	1.13	53.77	9	2.00	4.40	3.20	560.93	地表火（中）
MM-2-8	B6	1.11	53.05	14	1.69	5.15	3.35	578.60	地表火（中）
MM-2-9	B5-1	1.38	69.64	10	2.00	3.63	2.67	498.52	地面火（高）
MM-2-10	B5-2	1.24	63.88	11	2.13	3.41	2.61	491.45	地面火（高）
MM-2-11	B5-3	1.13	49.43	17	1.76	3.26	2.52	480.86	地面火（高）
MM-2-12	B5-4	1.42	69.08	7	2.21	3.67	2.62	492.63	地面火（高）
MM-2-13	B5-5	1.44	68.50	6	1.78	3.04	2.24	447.88	地面火（中）
MM-2-14	B5-6	1.40	68.46	11	1.98	3.33	2.49	477.32	地面火（中）
MM-2-15	B5-7	1.32	59.74	13	2.07	3.83	2.77	510.30	地表火（低）
MM-2-16	B5-8	1.36	68.32	12	2.28	4.23	2.78	511.47	地表火（低）
MM-2-17	B5-9	1.20	60.25	12	1.87	3.48	2.72	504.41	地表火（低）
MM-2-18	B5-10	1.24	66.27	14	1.68	5.41	2.92	527.96	地表火（低）
MM-2-19	B3	1.65	63.16	14	1.72	3.82	2.66	497.34	地面火（高）

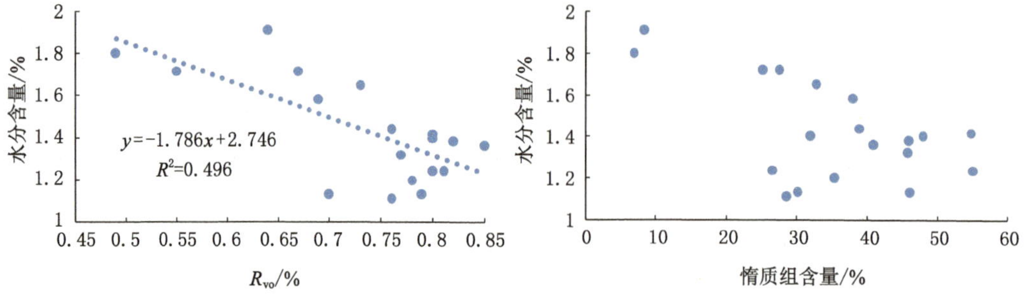

（a）　　　　　　　　（b）

图 5-1　中侏罗统西山窑组煤水分与镜质体反射率和惰质组含量的关系

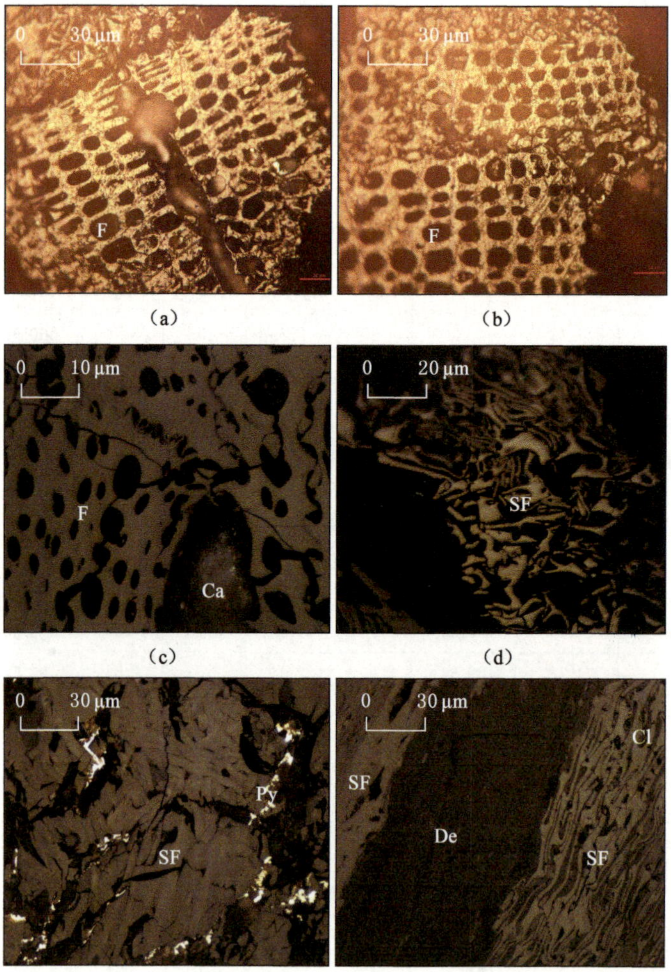

（a）　（b）　（c）　（d）　（e）　（f）

De—基质镜质体；SF—半丝质体；F—丝质体；Ca—方解石；Py—黄铁矿；Cl—黏土。

图 5-2　准噶尔盆地南缘中侏罗统西山窑组煤岩显微照片

5.3　宏观木炭和植物叶片特征

作为研究野火的重要指标，木炭可以在地层中得到很好的保存，这主要是因为其稳定的结构和较强的抗氧化性(Scott et al.,1991)。木炭可以进一步分为尺寸大于 180 μm 的宏观木炭和尺寸小于 180 μm 的微观木炭(Clark et al.,1998;Scott,2010)，这为分析植物进化和重建野火历史提供有效信息。基于对 MM-2 钻孔岩心和野外剖面的观察，很容易发现包括宏观木炭和植物叶片在内的炭化特征(图 5-3)。具体而言，植物叶片通常在泥岩上发现，而木炭常出现在砂岩上(图 5-3)。这表明，砂岩中的木炭大多通过流体或风的输送做较长距离搬运，而泥岩上的植物叶片应该是短距离运输离开原位沉积物(Hou et al.,2020)。裸子植物的碎片交叉并叠加在岩心上[图 5-3(a)、(b)]，还发现了少量蕨类植物碎片[图 5-3(b)]，且已经证实这两种植物类型在中侏罗统地层中广泛分布(黄嫔 等,2007)。应该注意的是，来自不同植物的叶片大小将与野火活动的各种特征密切相关(Petersen et al.,2013)。普遍观察到钻孔岩心的宏观木炭[图 5-3(c)、(d)]和野外剖面的微观木炭[图 5-3(e)、(f)]，这代表了中国西北部阿连期和巴柔期反复发生野火的直接证据。

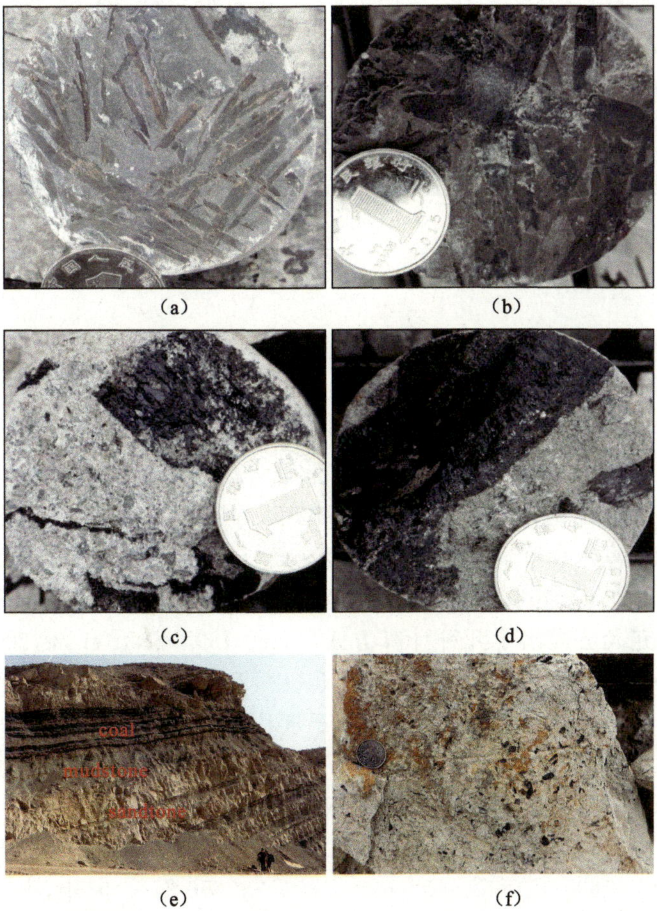

图 5-3　准噶尔盆地南缘中侏罗统西山窑组 MM-2 钻井岩心及野外剖面照片

西山窑煤中的丝质体呈均质或非均质的细胞壁[图 5-4(a)、(d)]和开放式细胞结构[图 5-4(b)、(c)]。在扫描电镜下可以观察到丝质体内纤维结构和细胞壁的剖面细节(图 5-4),这是进一步解释可能的植被来源和原始植物分类的基础。含煤地层形成后的构造活动导致丝质体中的孢腔可能发生了不同程度的形变[图 5-4(b)、(c)]。部分孢腔是开放的,其他的则充满了来自陆源碎屑的矿物质。横切面丝质体内部明显的纤维结构和孢腔也可以为野火的发生提供一定的证据[图 5-4(d)]。

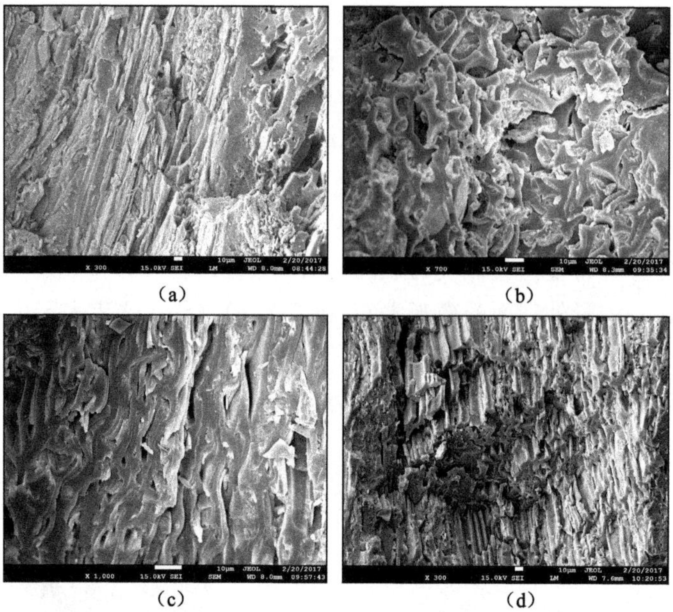

图 5-4　准噶尔盆地南缘研究区煤中丝质体扫描电镜照片

5.4　基于惰质体反射率的野火类型预测

燃烧温度可以在很大程度上代表野火的燃烧强度,具体可以根据丝质体反射率进行预测(Scott et al.,2007;Wang et al.,2019)。基于野火燃烧强度的分类,野火可分为三种类型:① 地面火,主要燃烧凋落物下方的树叶和杂草等有机物质,燃烧温度在 400 ℃左右;② 地表火,主要燃烧灌木和草本植物,燃烧温度在 600 ℃左右;③ 树冠火,主要燃烧大型灌木和树冠,燃烧温度在 800 ℃左右(Scott et al.,2007)。基于木炭燃烧温度与惰质体反射率之间的关系,不同的研究人员提出了几种计算方式(Jones,1997;Scott et al.,2005)。本研究采用 Jones(1997)提出的 $T^*=184.1+117.76\times\%R_o$(其中,$T^*$ 代表燃烧温度,单位为℃;R_o 代表平均最大惰质体反射率,单位为%)用于预测野火温度和野火类型。中侏罗统泥炭地野火的预测温度范围在 434.93~600.97 ℃之间,平均为 507.69 ℃(表 5-2)。因此,西窑组野火类型最多的是地面火和地表火。为了更好地划分研究区域的火灾类型,将地面火分为中强度(400 ℃$\leqslant T^*\leqslant$450 ℃)和高强度(450 ℃$<T^*<$500 ℃)。地表火可分为低强度(500 ℃$\leqslant T^*\leqslant$550 ℃)、中强度(550 ℃$<T^*<$600 ℃)和高强度(600 ℃$\leqslant T^*\leqslant$650 ℃)。其中,火灾类型以低强度地表火和高强度地面火为主,占总数的 52.6%(表 5-2)。从西山窑组底部到顶部,发现燃烧温度呈高→低→高的变化趋势,对应的野火类型为地表火→地面火→地表火。

5.5　古野火综合评价指标

尽管煤中的高惰质组含量代表了高燃烧频率，高惰质体反射率则代表了高燃烧温度(Petersen et al.,2013;Glasspool et al.,2015)。但是缺乏一个有效的评估指标来全面评估野火事件。在本研究中，我们引入了一个可以结合燃烧频率和燃烧温度来充分了解野火的新指标。这个无量纲综合评价指数 $CEI_x = S_x$ 的惰质组含量/所有样品中的最大惰质组含量 $+ S_x$ 的惰质体反射率/所有样品中的最大惰质体反射率，其中 S_x 表示第 x 个样品。因此，具有高燃烧频率和高燃烧温度的煤样品肯定具有较大的 CEI 值。对于中侏罗世煤而言，CEI 值范围介于 0.724～1.737 之间，平均为 1.412，与惰质组含量的各种趋势基本一致(图 5-5)。

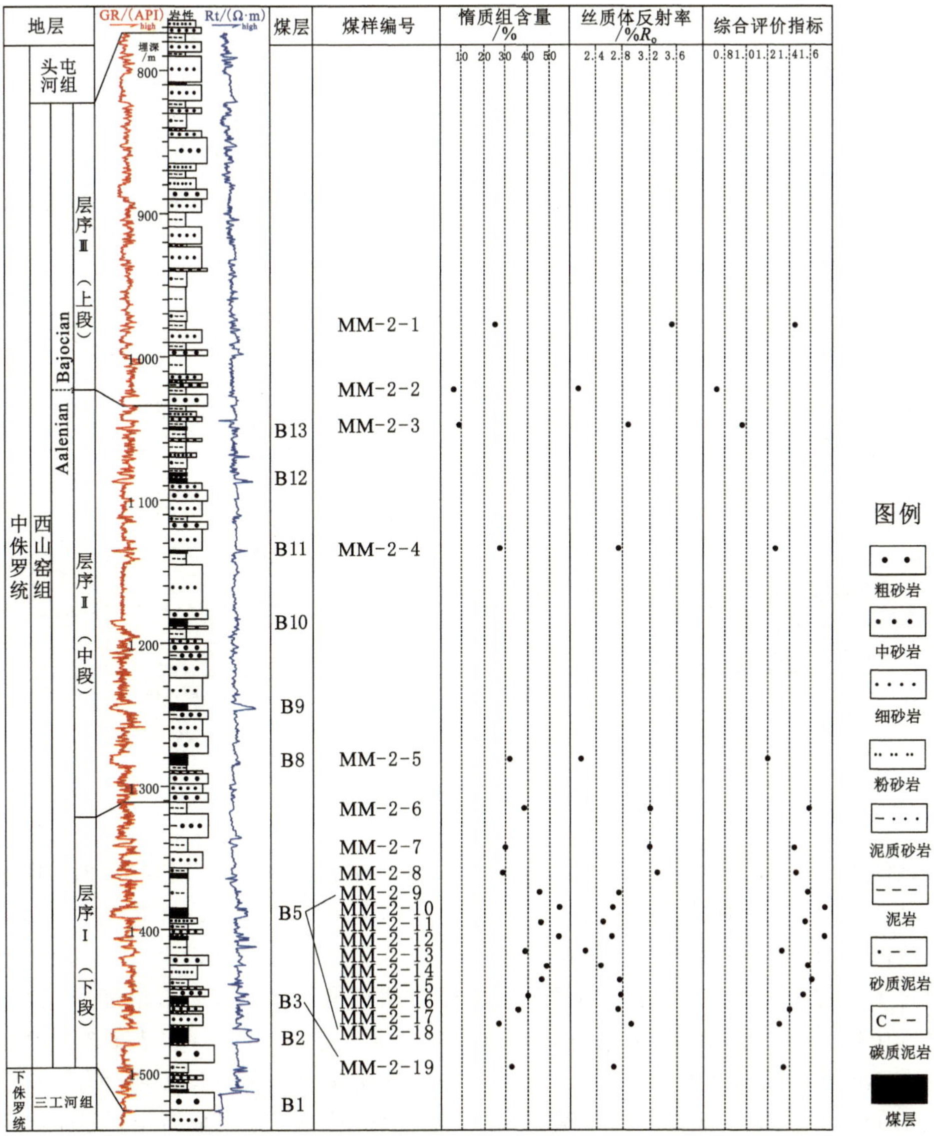

图 5-5　准噶尔盆地南缘 MM-2 井侏罗统西山窑组岩性柱状、惰质组含量、丝质体反射率和野火综合评价指标

垂向上，西山窑组煤的 CEI 值先增大后减小再增大，最大值和最小值分别对应于 MM-2-10 和 MM-2-2 样品(图 5-5)，这表明样品 MM-2-10 的燃烧频率最高和燃烧温度中等，而样品 MM-2-2 具有最低的燃烧频率和最低的燃烧温度。虽然在我们的研究中发现了惰质组含量与 CEI 值之间的相似变化趋势，但仍有必要提出该 CEI 参数，可以为深入分析野火特征提供参考依据。高 CEI 值也可出现在高惰质组含量、低惰质体反射率或低惰质组含量、高惰质体反射率的煤层中。

5.6 中侏罗世大气中的氧气水平

由于大多数煤中惰质组的产生可以用野火和炭化来解释(Scott，2002)，因此古大气中的氧含量可以根据煤中的惰质组含量来预测(Glasspool et al.，2010，2015)。它们之间的相关性可以描述为：$I=\{0.5\sim0.5\cos[\pi(o-o_{min})/(o_{max}-o_{min})]\}^n$，其中 o 是氧水平，I 代表无矿物基下的平均惰质组含量，o_{max}是惰质组达到 100%时的氧浓度，o_{min}是无惰质组的氧浓度(Glasspool et al.，2015)。西山窑组下段、中段和上段的无矿物基平均惰质组含量分别为 40.5%、22.6%和 16.1%(表 5-1)。因此，氧含量从底部逐渐下降到顶部，具体而言，西山窑组下段氧气浓度为 26.78%，西山窑组中段为 24.55%，西山窑组上段为 23.55%(图 5-6)，这种氧气浓度变化范围与前人研究结果较一致(Glasspool et al.，2010)。

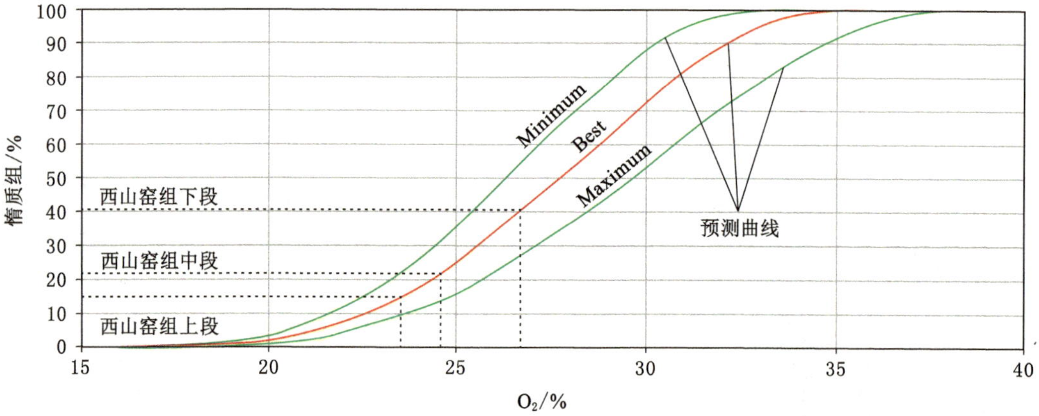

图 5-6　准噶尔盆地南缘中侏罗统西山窑期大气氧浓度预测

应该注意的是，最低氧含量 21.98%位于 MM-2-2 样品中，这接近阿连期和巴柔期之间的界限处(图 5-7)。这种低氧水平对于动植物的生存环境以及野火发展起着重要作用，如底栖动物的呼吸、代谢率和生物量密度(Graham et al.，1995)。同时，西山窑组的最低氧含量也超过了目前大气的 21%，这说明阿连期和巴柔期在全球存在着高氧浓度。此外，其他研究也为中侏罗世宏观木炭和惰质组的全球分布提供了进一步的证据(表 5-3)，这表明中侏罗世在不同的古大陆上确实存在广泛的古野火。火灾活动与氧气浓度密切相关，当氧气水平低于 18.5%时，火灾活动将被显著抑制，并且在低于 16%时完全停止(Belcher et al.，2010b)。前人根据有机物和海洋碳酸盐的碳同位素记录对古氧气浓度进行了估算，Falkowski 等(2005)和 Berner(2006)预测侏罗世氧气水平低于 16%。在如此低的氧气水平下燃烧是很困难的，这与丰富的惰质组和广泛燃烧的证据不一致。因此，Mills 等(2016)提出了修订后的预测模型，计算出的中侏罗世氧气水平范围为 20%～27%，这与我们的预测结果较一致。

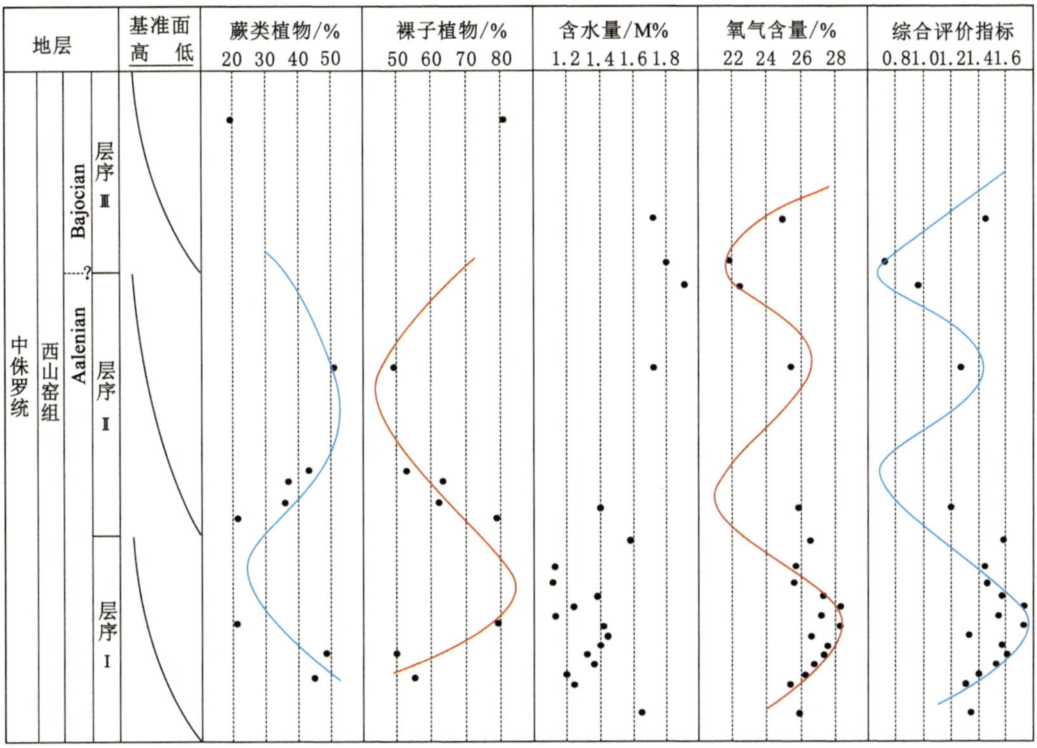

图 5-7　古野火燃烧影响因素分析

表 5-3　中侏罗世宏观木炭和惰质组的发表记录

位置	年代	木炭/惰质组	参考文献
准噶尔盆地西山窑组（中国）	中侏罗世	惰质组	Hou et al.,2020
鄂尔多斯盆地延安组（中国）	中侏罗世	木炭	Tanner et al.,2012
内乌肯盆地（阿根廷）	中侏罗世	木炭	Marynowski et al.,2011
马加拉地区 Safa 组（埃及）	巴通期	惰质组	Mostafa et al.,2001
埃罗曼加盆地 Birkhead 组（澳大利亚）	巴柔期	惰质组	Scott et al.,2007
Juandah 煤组（澳大利亚）	卡洛维期	惰质组	Scott et al.,2007
Taroom 煤组（澳大利亚）	巴通期	惰质组	Scott et al.,2007
苏拉特盆地（澳大利亚）	中侏罗世	惰质组	Salehy,1986
霍赫施泰特福兰盆地（格陵兰）	中侏罗世	惰质组	Petersen et al.,1999
丹麦北海索涅盆地（挪威）	中侏罗世	惰质组	Petersen et al.,1998

野火破坏地表植被的同时释放出大量温室气体，包括二氧化碳(CO_2)、甲烷(CH_4)和一氧化二氮(N_2O)，这将影响全球陆地和大气碳库。对于中侏罗世而言，全球反复发生的野火

可以直接影响古大气成分，短期内会提升 CO_2 水平，但长期会因煤炭埋藏而降低 CO_2 水平(Lehmann et al.,2006)。Seiler 等(1980)根据陆地生物量、碳比率和燃烧效率提出了计算碳排放量的公式。结合中国西北地区中侏罗世平均惰质组含量和煤炭资源总量，CO_2、CO 和 CH_4 的总碳排放量分别为 1 926 Gt、163 Gt 和 8.8 Gt(Xu et al.,2020)。因此，野火产生的碳排放是地质时期增加二氧化碳水平的重要途径之一。然而，仅仅根据野火的碳排放和氧气含量是很难预测全球二氧化碳浓度的变化，因为陆地和大气碳库之间的碳循环仅是全球碳循环的一部分。一般来说，CO_2 浓度受多种因素影响，包括(但不限于)不同碳储层中的碳循环、板块构造、火山活动、有机质埋藏和岩石风化(Graham et al.,1995;Berner,2006)。因此，高氧水平并不是造成低二氧化碳水平的直接和关键原因。

5.7 古野火影响因素分析

野火燃烧是一种放热氧化过程，其影响因素包括燃料、氧气浓度、水分和热量等(Glasspool et al.,2015)。对于燃料的燃烧来说，它与不同古植物的凋落物、叶片和根茎的类型密切相关。据前人调查，中侏罗统西山窑组古植物类型以蕨类植物和裸子植物为主(黄嫔 等,2007)。从西山窑组底部到顶部，蕨类植物有高→低→高→低的变化趋势，裸子植物则有低→高→低→高的变化趋势(图 5-7)。裸子植物含量与野火 CEI 值呈正相关关系，而蕨类植物含量与野火 CEI 呈负相关关系(图 5-7)，说明裸子植物含量高的地区会发生较高强度的野火。大多数裸子植物有针状、条状或鳞片状的叶片，且种子含油量较多，这将是这两种植物类型燃烧的主要区别。例如，埋深在 1 006 m 左右的窄叶植物 CEI 值高于埋深在 1 021 m 左右宽叶的植物[图 5-3(a)、(b)]。燃料可以在氧气浓度为 16%～30% 的情况下燃烧(Chaloner,1989)，氧气作为良好的助燃剂，氧气含量与燃料可燃性呈正相关关系(图 5-7)。因此，一个氧气含量高的地方通常有着高频率的火灾，高氧气含量会是导致中侏罗世野火频发的主要原因。除燃料的影响外，燃料的可燃性可以通过氧气含量和水分含量来确定。从燃料到燃烧，必须首先加热以去除水分(Glasspool et al.,2015)，先前的试验表明，当氧气含量低于 16% 时，燃料不会燃烧，而当氧气含量较高时，高水分含量的燃料也会被点燃(Belcher et al.,2010b)。空气干燥基水分含量与 CEI 值之间没有明显的相关性，因此惰质组含量和用于评估野火的 CEI 值不受煤中水分的控制，这是因为煤中的水分含量代表的是泥炭地保留的水分，而不是古大气中的水分。此外，野火可燃性还受到层序地层中基准面的广泛影响。具体而言，野火的 CEI 值随着基准面的升高先升后降，最高的 CEI 值通常对应于湖侵体系域(TST)。这表明在 TST 泥炭地内具有丰富的燃料得以进行连续燃烧。总体上，氧气水平对于影响古火灾发生是最重要的，此外中侏罗统西山窑组野火还受到湖平面和层序格架内古植物类型的影响。研究区高频火山事件发生在阿连期和巴柔期，这将严重影响中国西北地区现存的恐龙古环境，如蜥脚类恐龙和兽脚类恐龙(吴文昊 等,2013;Xing et al.,2014)。

5.8 本章小结

① 中国西北地区中侏罗统西山窑组煤中的显微组分以镜质组和惰质组为主。惰质组

中以丝质体和半丝质体为主要成分，占比分别为 35.27％和 54.67％。

② 阿连期和巴柔期出现高氧和频繁的古野火，氧含量自底部到顶部逐渐降低。西山窑下段、中段和上段的氧含量分别为 26.78％、24.55％和 23.55％，这应该是导致中侏罗世大面积野火的主要原因。

③ 火灾类型以低强度地表火和高强度地面火为主。在中侏罗统西山窑组自底部到顶部，燃烧温度具有高→低→高的变化趋势，对应的野火类型为地表火→地面火→地表火。

④ 提出了一个全面评价野火特征的新指数(CEI)，该参数可以很好地分析野火的燃烧频率和燃烧温度。除大气氧浓度外，中侏罗统西山窑组野火同时还受到湖平面和层序格架内古植物类型的影响。

第6章 煤储层物性定量表征及其煤化协同效应

根据国家《煤层气(煤矿瓦斯)开发利用"十三五"规划》要求,需要针对几个典型低煤阶含煤盆地进行煤层气有序开发。准噶尔盆地南缘为浅层(≤1 500 m)低煤阶富煤盆地,煤层气资源量约为 9 548.54×10^8 m^3(杨起 等,2005)。该区域以前的煤层气勘探开发工作主要集中在准噶尔盆地东南部沉积的下侏罗统八道湾组厚煤层,因此大部分的地面煤层气井均分布在乌鲁木齐河东部地区的阜康白杨河地区(Li et al.,2017)。近年来,阜康地区煤层气开发利用取得了一定的有效进展,该地区单井的最大日产量约为 1.7×10^4 m^3(Fu et al.,2016)。

因煤中孔隙和裂隙系统较为复杂,煤储层定量表征是相关科研人员一直探索的问题(Gan et al.,1972;Clarkson et al.,1999;Heriawan et al.,2015;Li et al.,2017)。国际纯粹与应用化学联合会(IUPAC)提出的孔隙分类是目前较为流行的方案。IUPAC 将孔隙细分为三种类型:微孔(<2 nm)、中孔(2~50 nm)和大孔(>50 nm)(Rouquerol et al.,1994)。根据孔隙类型对渗透率和煤层气吸附的影响,孔隙还可以分为微孔(<10 nm)、过渡孔(10~100 nm)、介孔(100~1 000 nm)和大孔(>1 000 nm)。微孔和过渡孔通常被认为是吸附孔,介孔和大孔则被归为渗流孔(Heriawan et al.,2015;姚艳斌 等,2007;Hou et al.,2017)。为了保证与其他研究的有效对比,本研究采用后一种孔隙分类方案。吸附孔隙主要影响煤层气的物理吸附和解吸,低温氮气吸附试验(LPNA)为研究其特征提供了依据(Mastalerz et al.,2008;Mohammad et al.,2012)。煤储层中渗流孔隙的发育程度常用压汞法(MIP)来评价(Friesen et al.,1988)。由于 LPNA 和 MIP 或多或少会破坏煤的原生结构孔-裂隙系统,所以近年来发展了用于表征煤储层孔-裂隙发育的核磁共振和 CT 扫描等无损检测技术(Guo et al.,2008;Mathews et al.,2017)。

煤化是一种有机质物理、化学和结构反应性的复杂非线性变化过程(Bustin et al.,1999;Kopp et al.,2000),一般对应于从低煤阶到高煤阶的脱水、沥青化、脱沥青化和石墨化四个基本阶段(Zhou et al.,2018)。煤化跃变对应的四个阶段的边界一般由最大镜质体反射率值($R_{o,max}$)定义,大致发生于 0.5%~0.6%、1.1%~1.3%、2.2%~2.5%与 3.7%~4.0%之间(Teichmüller,1989;Bustin et al.,1999;Tao et al.,2018)。第一次煤化跃变(FCJ)阶段对应于脱水结束和沥青化的开始。大多数研究表明,FCJ 通常发生在 $R_{o,max}$在 0.5%~0.6%之间(Shibaoka,1978;Tao et al.,2018),当 $R_{o,max}$小于 0.5%时,煤中的木质素主要产生 CO_2 和 H_2O;当 $R_{o,max}$达到 0.5%~0.6%时,脂肪族官能团和侧链开始剥离脱落产生以 CH_4 为主的挥发分(Tao et al.,2018;Zhou et al.,2018)。此外,第一次煤化跃变附近的煤孔隙结构也发生了变化，微孔和过渡孔含量增加，中孔含量减少(Li et al.,2017)。烟煤的孔隙体积、退汞效率和煤的孔隙率降低(Zhou et al.,2018)，在光学显微镜下发现亚烟煤细胞壁被充填的矿物严重粉碎(Tao et al.,2018)。探求第一次煤化跃变前后的孔-裂隙结构变化特征，对揭示低煤阶煤孔隙结构演化的复杂规律、分析 FCJ 对煤层气储层物性影响特征意义重大。

6.1　采样位置与测试方法

6.1.1　采样位置

根据中侏罗统西山窑组煤矿和煤层气井分布位置，对研究区各矿井和钻孔岩心共计采集煤样 28 个。采样地点自西向东依次为南山煤矿、永安煤矿、德翔煤矿、MM-2 井、塔西河煤矿、小甘沟煤矿、宽沟煤矿、二道水煤矿、红星煤矿、硫磺沟煤矿及陈兴远煤矿。

6.1.2　测试方法

采用宏观煤岩描述、工业分析、镜质体反射率、显微组分分析、低温氮气吸附(LPNA)、扫描电子显微镜(SEM)、压汞法(MIP)、核磁共振(NMR)等试验方法和相关孔隙分形理论对煤样的物性进行表征。

(1) 宏观煤岩描述

基于 GB/T 18023—2000 进行煤的宏观煤岩描述，根据描述可将煤样划分为光亮煤、半亮煤、半暗煤和暗淡煤四种宏观煤岩类型，且可将煤体结构划分为原生结构煤和构造煤两大类。

(2) 镜质体反射率测试、显微煤岩鉴定和工业分析

依据 GB/T 6948—2008 和 GB/T 8899—2013，使用 Leitz MPV-3 型显微光度计进行最大镜质体反射率测试和显微煤岩组分鉴定(500 点)。这两类测试分别在瑞华通正非常规油气技术检测(北京)有限公司与辽宁工程技术大学地质实验室完成，通过煤的显微煤岩组分定量观察可得到各煤样的镜质组、惰质组以及壳质组体积含量。煤的工业分析测试参照 GB/T 30732—2014 完成，所得参数主要包括水分、灰分、挥发分和固定碳含量等。

(3) 低温氮气吸附

基于 SY/T 6154—2019，使用美国康塔公司生产的 NOVA2000e(比表面积和孔径分布)型分析仪进行低温氮气吸附试验，其理论测试孔径范围为 2～200 nm，比表面积范围为 0.1～3 500 m^2/g。对于每个样品，均可以得到液氮温度 77 K，相对压力在 0.005～0.995 之间的氮气吸附-脱附等温线。比表面积和孔径分布数据则可分别通过 BET 和 BJH 模型求得。制样方法：选取各样品中光泽较强的部分，在实验室内经破碎、研磨后，分别筛选 40～60 目(0.42～0.28 mm)煤样 5～10 g，并置于 105 ℃的温度下干燥 8 h 以备测。

(4) 扫描电镜

选择煤样新鲜面，利用日本生产的 FESEM JSM-7500F 型场发射扫描电镜将煤样放大几百倍甚至上万倍后，观察煤中孔隙、裂隙以及附着在其表面或充填于内部的矿物及微观形貌，并借助 X 射线能谱(EDX)测定矿物的元素组成，结合形貌特征和元素组成确定矿物类型。此次测试工作于北京市理化分析测试中心完成，其测试条件为：工作电压 15 kV，电流

10 μA，放大倍数介于 30 万～100 万倍之间，观测样品最大分辨率 1 nm。

（5）压汞试验

基于 SY/T 5346—2005，使用美国康塔公司生产的 PoreMaster 33 型系列高压压汞仪（可探测孔径范围为 1 080 μm～5 nm，试验最高压力为 33 000 psi），获得了煤的孔隙度与孔隙结构及相关参数，该试验在中国石油勘探开发研究院毛细管压力实验室完成。制样方法：选取大块煤样，用 YBZS-200 型自动取心机沿煤层层理方向进行钻样取心，煤心直径 25 mm、长度 30 mm。

（6）核磁共振

参照 SY/T 6490—2014，使用 MicroMR12-025V 型核磁分析仪，获取横向弛豫时间 T_2 及与之相对应的振幅，进而对煤储层孔隙和裂隙特征进行表征。核磁共振测试条件：共振频率 11.854 MHz，温度(35.00±0.02) ℃。

（7）孔隙结构分形理论

根据低温氮气吸附（LTNA）的吸附曲线和压汞试验（MIP）的进汞曲线，分别运用相应的分形理论对吸附孔和渗流孔的分形特征进行分析。

基于低温氮气吸附数据的孔隙结构分形计算，LTNA 分形维数计算公式为：

$$\ln V = \text{constant} + A\left[\ln\left(\ln \frac{p_0}{p}\right)\right] \tag{6-1}$$

式中，V 为平衡压力 p 下的吸附气体体积；p_0 为饱和气体压力；A 为 $\ln V$ 与 $\ln\left(\ln \frac{p_0}{p}\right)$ 间的斜率。

D_{NA}是 LTNA 的分形维数 $D_{NA}=3+A$，其中 D_{N1}表示 p/p_0 在 0～0.5 之间的分形维数，D_{N2}表示 p/p_0 在 0.5～1 之间的分形维数。

基于压汞数据的孔隙结构分形计算，MIP 的分形维数计算公式为：

$$\lg \frac{dV}{dp} = \lg \frac{3-D_{MIP}}{p_{min}^{D_{MIP}-3}} + A\lg p \tag{6-2}$$

式中，V 是压力 p 下的汞累积体积；A 为 $\lg \frac{dV}{dp}$与 $\lg p$ 间的斜率；p_{min}为煤中汞的最小压力；D_{MIP}是 MIP 的分形维数，可通过 $4+A$ 算得。

6.2 西山窑组煤储层物性特征

6.2.1 煤岩学与工业分析

所采煤样的宏观煤岩类型多为半亮、半暗煤，有少量光亮、暗淡煤。煤主要呈原生与碎裂结构，部分呈碎粒和糜棱结构（表 6-1）。但由于构造应力不同，西部地区也存在局部的糜棱煤，呈层状分布，如 MM-2 井的 8 煤层。最大镜质体反射率（$R_{o,max}$）范围为 0.41%～0.74%，平均值为 0.62%，表明所研究样品正好处在第一次煤化跃变附近（Jian et al.，2015；Tao et al.，2018）。同时，煤样的 $R_{o,max}$值由西向东逐渐减小（表 6-1），从另一个角度说明研究区西部发生了较强的动力变质作用。

表 6-1　准噶尔盆地南缘中段煤样的宏观煤岩类型、煤体结构、最大镜质体反射率、工业分析和显微煤岩组分数据

编号	序号	宏观煤岩类型	煤体结构	$R_{o,max}$/%	工业分析/%				含矿物基显微煤岩组分/%			
					M_{ad}	A_{ad}	V_{ad}	FC_{ad}	镜质组	惰质组	壳质组	矿物
1	NS-1	半光亮	碎裂结构	0.62	4.74	13.87	31.10	50.29	45.61	48.92	5.47	0
2	NS-2	半亮煤	碎裂结构	0.59	4.54	10.92	32.98	51.56	54.61	38.32	7.07	0
3	YA-1	半暗煤	碎裂结构	0.69	2.64	3.79	29.07	64.50	58.20	35.25	6.23	0.33
4	DX-1	暗淡煤	原生结构	0.70	2.33	5.16	31.17	61.34	52.71	38.22	9.08	0
5	MC2-1	光亮煤	碎粒结构	0.58	2.29	16.38	37.73	43.60	77.23	7.67	10.89	4.21
6	MC2-2	光亮煤	碎粒结构	0.62	2.26	11.69	/	/	74.00	11.48	10.54	3.98
7	MC2-3	半光亮	碎粒结构	0.72	1.75	26.45	/	/	81.16	7.73	0.97	10.14
8	MC2-4	半亮煤	原生结构	0.64	2.08	13.69	37.73	46.50	90.32	4.15	4.61	0.92
9	MC2-5	光亮煤	原生结构	0.65	2.27	8.07	38.00	51.66	89.43	4.07	4.88	1.63
10	MC2-6	半暗煤	碎粒结构	0.66	2.10	7.00	34.15	56.75	78.28	17.21	4.51	0
11	MC2-7	半亮煤	碎裂结构	0.65	1.84	12.63	38.32	47.21	79.10	8.96	11.94	0
12	TXH-1	光亮煤	原生结构	0.68	3.59	6.94	30.02	59.45	56.93	40.67	2.40	0
13	TXH-2	半光亮	原生结构	0.69	2.44	17.44	35.43	44.69	61.42	33.71	4.87	0
14	TXH-3	半光亮	碎裂结构	0.69	3.02	4.03	27.91	65.04	59.60	37.80	2.60	0
15	XGG-1	光亮煤	碎裂结构	0.65	3.82	3.97	30.52	61.69	62.50	34.05	3.45	0
16	XGG-2	半暗煤	原生结构	0.74	2.17	9.38	22.46	65.99	57.84	37.08	5.08	0
17	KG-1-1	半暗煤	原生结构	0.59	3.35	5.74	35.23	55.68	58.85	36.21	3.29	1.65
18	KG-1-2	半亮煤	原生结构	0.64	3.49	3.03	34.19	59.29	53.38	42.62	1.48	2.53
19	KG-1-3	半亮煤	原生结构	0.64	3.79	2.57	32.62	61.02	49.80	44.80	2.80	2.60
20	KG-1-4	半亮煤	原生结构	0.60	3.69	2.80	32.95	60.56	59.50	38.39	0.58	1.54
21	KG-1-5	半暗煤	原生结构	0.58	3.78	5.48	32.79	57.95	53.80	43.41	1.30	1.48
22	EDS-1	光亮煤	碎裂结构	0.55	5.43	2.91	32.80	58.86	58.19	35.08	5.88	0.84
23	EDS-2	半暗煤	碎裂结构	0.59	4.47	6.00	33.94	55.59	62.28	36.62	1.10	0
24	HX-1	暗淡煤	碎粒结构	0.59	4.14	7.90	21.49	66.47	53.61	42.01	4.38	0
25	LHG-2	光亮煤	碎裂结构	0.49	4.29	5.70	36.63	53.38	59.58	33.14	7.28	0
26	LHG-3	半亮煤	碎粒结构	0.41	6.15	8.36	38.15	47.34	61.70	35.32	1.06	1.91
27	CXY-2	光亮煤	原生结构	0.57	2.24	5.08	34.15	58.53	65.62	32.08	2.31	0
28	CXY-3	半亮煤	原生结构	0.62	2.09	5.72	35.45	56.74	70.61	28.07	1.32	0

煤中空气干燥基水分为 1.75%～6.15%(平均为 3.29%)，灰分产率为 2.57%～26.45%(平均为 8.26%)。位于西部塔西河附近煤的平均灰分为 11.29%，而东部煤的平均灰分为 5.23%(表 6-1)。挥发分含量为 21.49%～38.32%(平均为 32.96%)，固定碳含量为 43.60%～66.67%(平均为 56.22%)。因此，准噶尔盆地南缘西山窑煤具有低含水率、低灰分(东部)、中低

灰分(西部)、高挥发分、中固定碳含量的煤质特征。煤样的镜质组、惰质组、壳质组及矿物含量分别为 45.61%～90.32%(平均为 63.78%)、4.07%～48.92%(平均为 30.47%)、0.58%～11.94%(平均为 4.55%)和 0～10.14%(平均为 1.21%)。镜质组是煤中最主要的显微组分,其次为惰质组、壳质组和矿物。值得注意的是,中侏罗统西山窑组煤中惰质组平均含量高于中国煤的惰质组平均含量。样品中惰质组的主要亚组分有丝质体、半丝质体、微粒体、粗粒体和碎屑惰质体[图 6-1(b)～(i)]。丝质体和半丝质体孢腔中多为黏土矿物充填,粗粒体多充填于结构镜质体的胞腔内。角质体是壳质组的主要组成部分,多呈平行分布[图 6-1(a)]。镜质组和惰质组中也存在部分裂隙,外生裂隙可以穿过不同显微组分,内生裂隙则多限制在镜质组中[图 6-1(b)、(c)]。

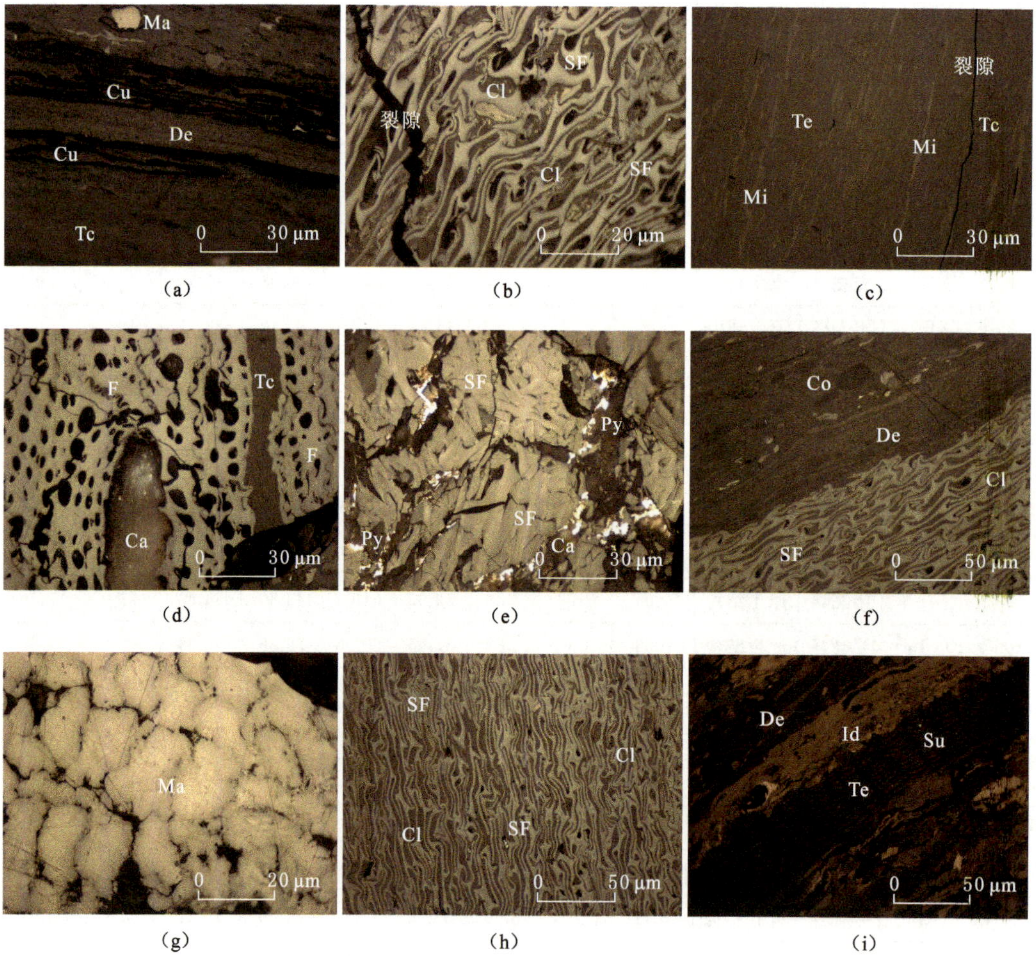

(a)和(b)取自样品 KG-1-1;(c)、(d)、(e)和(f)取自样品 KG-1-2;(g)和(h)取自样品 KG-1-3;(i)取自样品 HX-1;

Te—结构镜质体;Tc—均质镜质体;Co—团块镜质体;De—基质镜质体;SF—半丝质体;F—丝质体;

Ma—粗粒体;Mi—微粒体;Id—碎屑惰质体;Cu—角质体;Su—木栓质体。

图 6-1　准噶尔盆地南缘部分样品煤显微组分照片

6.2.2　扫描电子显微镜

由于煤中丝质体的力学强度要明显高于镜质体，因此在镜质体中部分发育的裂隙大多截止于丝质体[图 6-2(a)]；同时还发现了方解石脱落后在镜质体中留下的铸模孔[图 6-2(b)]和发育于均质镜质体中的气孔[图 6-2(d)]；另外在煤样中还发现了可见纹饰的后生菌藻体[图 6-2(c)]，表明研究区低煤阶煤有着次生生物气的证据；另外，研究区西山窑组煤样的惰质组含量较高，但部分丝质体由于构造作用发生形变，且胞腔中部分被碳酸盐、铁质矿物和黏土矿物所充填[图 6-2(e)、(f)]。

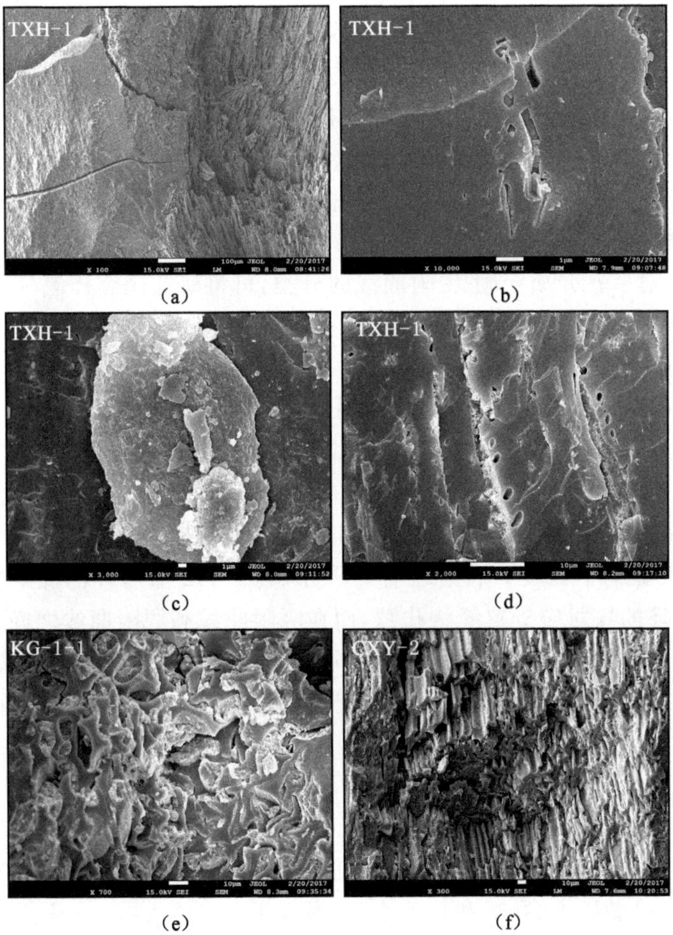

图 6-2　研究区部分煤样的典型孔-裂隙扫描电镜照片

6.2.3　低温氮气吸附

煤的比表面积、孔隙体积、孔隙结构与煤储层的吸附能力和渗透能力密切相关(Sakurovs et al.，2012；Connell，2016)。西山窑组煤的比表面积在 0.116～15.983 m^2/g 之间，平均为 1.759 m^2/g，低于大多数无烟煤的平均值，$R_{o,max}$介于 2.64%～3.46%之间和介于

3.74%～4.24%之间的无烟煤比表面积平均值分别为 2.638 m^2/g 和 4.128 m^2/g(Shan et al.,2015;Zhou et al.,2018)。煤样的总孔体积介于 0.365×10^{-3}～13.370×10^{-3} cm^3/g 之间,平均值为 2.591×10^{-3} cm^3/g,与比表面积呈正相关关系(表 6-2),即高比表面积的煤样往往具有较高的总孔体积。煤的最可几孔径和平均孔径分别代表其正态分布均值和基于圆柱形孔隙的孔径均值,根据其分布特征,位于塔西河和三屯河之间的煤样平均孔径整体较低,表明该区域煤的孔径结构较为复杂(Wang et al.,2015)。

对各煤样微孔、小孔和中孔的体积百分比进行统计,结果表明各样品以微孔和小孔体积比占绝对优势,中孔含量较低,微孔、小孔和中孔平均孔体积百分比分别为 48.7%、39.6%和 11.7%(表 6-2)。在各孔径段所占体积比计算过程中,各孔径段界线计算值并非与氮气吸附曲线中孔径分布完全对应,因此本研究提出了各孔径段单位纳米所占孔体积的新参数,如单位纳米微孔体积(MI)=微孔体积/微孔对应的孔径范围。同时,过渡孔和中孔单位纳米体积也可按该公式计算。微孔单位纳米所占孔体积(MI)与比表面积和总孔体积呈很好的正相关关系[图 6-3(a)、(b)],表明煤储层微孔对于比表面积和孔体积起到了主要的贡献作用,另外该参数与煤的平均孔径呈负相关关系[图 6-3(c)],表明煤样的平均孔径越小,单位纳米所占的孔体积越多。

根据 IUPAC 对多孔介质吸附-脱附曲线的分类,可将研究区煤样氮气吸附-脱附曲线划分为四种类型,即 A 型、B 型、C 型和 D 型(表 6-2)。具体来说,A 型具有Ⅳ型吸附曲线和 H3 型滞后环,各孔径段分布较为均匀(图 6-4,表 6-2);B 型、C 型和 D 型均具有Ⅱ型吸附曲线,但对于滞后环而言,B 型和 C 型分别具有 H3 和 H2 型滞后环,而 D 型具有比较特殊的滞后环,从而导致吸附-脱附曲线没有封闭。对于具有Ⅱ型吸附曲线而言,孔径分布以微孔含量占较大优势,而小孔和中孔则占较小比例(图 6-4)。煤样中存在三种类型的滞后环,可以代表不同类型的孔隙结构(Zhou et al.,2018)。与 H2 滞后环相比,H3 滞后环在相对高压力下没有表现出明显的平台段。根据之前的研究,具有 H2 滞后环的煤对应于墨水瓶状孔隙,具有 H3 滞后环的煤对应于狭缝状孔隙,而在吸附曲线和脱附曲线之间呈不闭合环的煤可以认为具有特殊的孔隙结构。西山窑组煤的吸附-脱附曲线以 A 型和 B 型为主,C 型和 D 型则较少分布。从煤孔隙结构的复杂程度、孔隙的连通性及煤层气的运移条件等方面考虑,对于以上四类曲线的优劣进行了排序,即 A 型>B 型>D 型>C 型。

6.2.4 压汞试验(MIP)

压汞法分析主要用于表征煤储层的渗流孔隙(>100 nm)特征,该试验可以得到氦气孔隙度、空气渗透率、排替压力、孔喉和孔隙半径、最大汞饱和度、总进汞量、退汞效率和孔隙分布等参数(表 6-3)。煤样孔隙度介于 3.17%～7.96%之间,平均为 5.22%。空气渗透率介于 0.001～151.660 mD(0.987×10^{-6}～0.149 μm^2)之间,变化在 5 个数量级以上,其中 NS-2 和 CXY-2 样品渗透率较高的原因应该是裂隙较多。

排驱压力代表煤样快速进汞时对应的压力,研究区煤样排驱压力介于 0.138～13.780 MPa之间,平均为 5.04 MPa。由于进汞压力与孔隙半径成反比,因此具有较低排驱压力的煤样往往对应较高的孔隙度(表 6-3)。孔喉半径中值和孔隙半径均值分别介于 0.009～0.027 μm 和 0.011～0.996 μm 之间,各样品退汞效率介于 47.86%～89.32%之间,平均为 70.65%。

表 6-2　准噶尔盆地南缘中部煤的低温氮气吸附及吸附-脱附曲线类型的试验结果

编号	样品编号	$R_{o,max}$ /%	比表面积 /(m²/g)	BJH 最可几孔径/nm	平均孔径/nm	总孔体积 /(10^{-3} cm³/g)	体积百分比/%			单位纳米孔隙所占体积比 [10^{-6} cm³/(g·nm)]			吸附-脱附曲线类型	D_{N1}	D_{N2}
							微孔	小孔	中孔	微孔	小孔	中孔			
1	NS-1	0.62	0.756	4.023	7.812	1.477	39.9	47.7	12.4	64.6	16.4	1.7	A	2.16	2.75
2	NS-2	0.59	0.731	4.040	10.491	1.917	38.0	45.0	17.0	83.9	19.8	2.2	A	2.19	2.71
3	YA-1	0.69	0.768	4.028	11.892	2.284	37.9	47.0	15.0	100.0	24.4	3.6	A	2.26	2.65
4	DX-1	0.70	1.307	4.028	9.838	3.214	36.9	48.2	14.9	130.0	37.6	1.7	A	2.33	2.73
5	MC2-1	0.58	1.922	4.034	7.235	3.477	78.0	17.0	4.9	334.0	15.1	1.9	C	2.40	2.75
6	MC2-2	0.62	0.283	4.073	13.036	0.922	47.7	36.3	16.0	54.5	8.5	1.3	C	2.25	2.64
7	MC2-3	0.72	0.264	4.060	11.581	0.763	38.5	44.0	17.5	33.6	8.4	0.9	A	2.16	2.68
8	MC2-4	0.64	0.116	4.063	15.864	0.461	23.5	49.1	27.4	12.4	5.7	1.1	A	2.12	2.58
9	MC2-5	0.65	0.283	4.059	7.722	0.546	56.2	32.6	11.2	34.3	5.1	0.4	B	1.92	2.76
10	MC2-6	0.66	0.284	4.070	9.435	0.671	35.2	49.1	15.7	25.6	8.9	0.7	A	2.18	2.72
11	MC2-7	0.65	0.177	4.048	8.236	0.365	41.3	41.1	17.6	16.7	4.2	0.4	B	1.96	2.74
12	TXH-1	0.68	1.417	4.025	8.456	2.995	47.3	37.7	14.9	154.0	28.7	3.6	B	2.30	2.74
13	TXH-2	0.69	0.489	3.842	9.501	1.161	38.6	47.2	14.1	49.8	12.6	1.7	A	2.25	2.70
14	TXH-3	0.69	2.287	3.810	7.590	4.339	48.9	38.7	12.5	220.0	36.9	3.9	B	2.34	2.76
15	XGG-1	0.65	1.811	4.018	6.317	2.860	64.8	33.2	2.0	194.0	19.5	0.5	B	2.20	2.80

表 6-2(续)

编号	样品编号	$R_{o,max}$/%	比表面积/(m^2/g)	BJH 最可几孔径/nm	平均孔径/nm	总孔体积/(10^{-3} cm^3/g)	体积百分比/%			单位纳米孔隙所占体积比[10^{-6} cm^3/(g·nm)]			吸附-脱附曲线类型	D_{N1}	D_{N2}
							微孔	小孔	中孔	微孔	小孔	中孔			
16	XGG-2	0.74	7.512	3.831	4.143	7.781	61.5	30.2	8.3	309.0	34.4	3.7	D	2.23	2.87
17	KG-1-1	0.59	1.114	4.040	7.585	2.113	50.8	42.7	6.5	118.0	23.1	1.1	B	2.29	2.75
18	KG-1-2	0.64	1.399	4.036	7.129	2.493	57.9	36.6	5.5	158.0	23.8	1.2	B	2.19	2.76
19	KG-1-3	0.64	1.950	4.020	6.850	3.340	60.1	34.7	5.2	214.0	25.7	0.6	A	2.18	2.82
20	KG-1-4	0.60	1.665	4.056	6.797	2.829	61.0	34.5	4.5	185.0	24.1	1.1	B	2.24	2.77
21	KG-1-5	0.58	1.342	4.044	6.411	2.151	59.1	35.8	5.2	133.0	18.1	0.6	B	2.27	2.79
22	EDS-1	0.55	1.985	3.818	7.429	3.687	49.2	37.9	12.9	183.0	32.2	2.0	B	2.32	2.79
23	EDS-2	0.59	1.249	3.812	7.946	2.481	51.1	36.9	12.0	135.0	19.6	3.1	B	2.25	2.73
24	HX-1	0.59	15.983	4.042	3.345	13.370	62.3	32.6	5.0	273.0	29.3	1.6	D	2.38	2.92
25	LHG-2	0.49	1.304	4.040	7.790	2.539	71.0	25.4	3.6	210.0	17.1	0.7	C	2.25	2.74
26	LHG-3	0.41	0.296	4.066	14.453	1.07	30.4	46.9	22.8	37.8	12.1	2.2	B	2.16	2.61
27	CXY-2	0.57	0.305	4.073	9.263	0.705	35.8	47.1	17.1	28.0	8.8	0.6	A	2.22	2.74
28	CXY-3	0.62	0.260	4.057	8.076	0.524	40.9	53.7	5.5	23.1	5.7	0.2	A	2.02	2.71

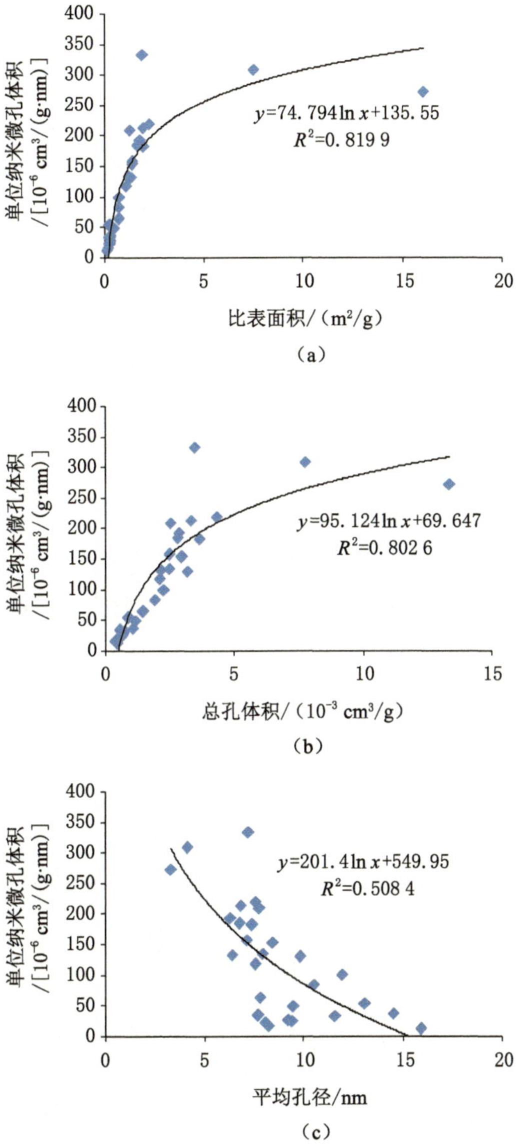

图 6-3　煤样比表面积、总孔体积、平均孔径与单位纳米微孔体积之间的关系

根据各煤样压汞曲线特征，并结合排驱压力、退汞效率和各孔径段分布特征等试验参数，将各样品压汞吸附-脱附曲线划分为三种类型，即 A 型、B 型和 C 型。A 型煤样具有非常低的排驱压力和较低的退汞效率，但是孔径分布较为平均[图 6-5(a)]；B 型煤样具有较低的排驱压力和中等退汞效率，大孔含量较 A 型低，但比 C 型要高[图 6-5(b)]；C 型煤样具有较高的排驱压力和较高的退汞效率，小孔含量占绝对优势，但大孔含量最低[图 6-5(c)]。整个研究区内煤样进汞和退汞曲线类型以 A 型和 C 型为主。从煤样的总进汞量、孔隙度和渗透性等方面考虑，对以上三类曲线进行排序，即 A 型≈C 型>B 型。

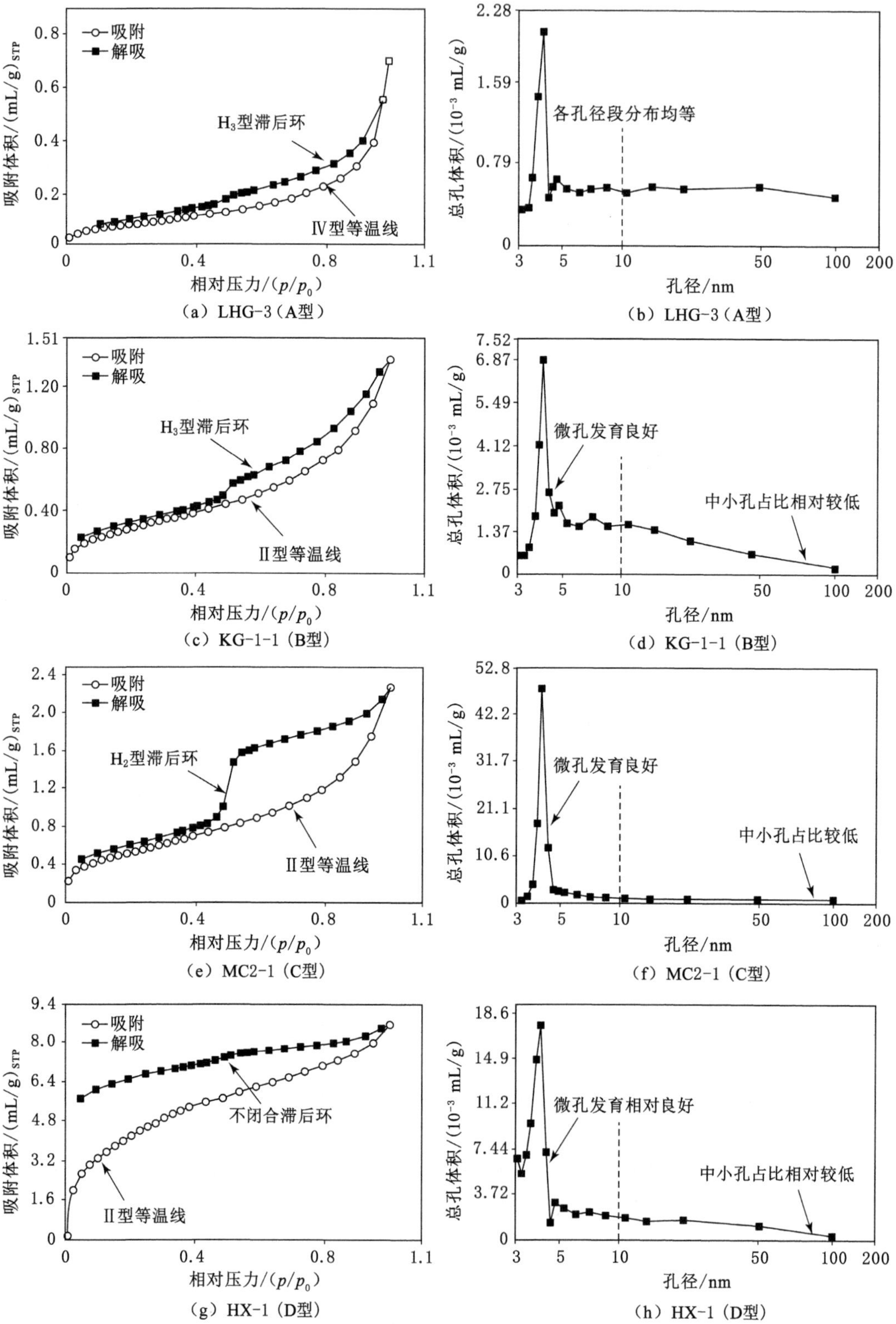

图 6-4 所采煤样典型氮气吸附-脱附曲线及孔径分布

表 6-3　准噶尔盆地南缘中部煤的高压压汞结果

编号	序号	孔隙度/%	渗透率/mD	排驱压力/MPa	饱和中值压力/MPa	孔喉半径中值/μm	最大汞饱和度/%	孔隙半径均值/μm	总进汞量/mL	退汞效率/%	孔隙分布/%			进汞/退汞曲线类型
											小孔	中孔	大孔	
1	NS-1	7.55	2.193	0.138	22.188	0.035	91.71	0.619	0.77	48.85	50.71	27.68	21.61	A
2	NS-2	5.43	151.660	0.138	62.590	0.012	88.49	0.689	0.55	67.76	63.63	13.81	22.56	A
8	MC2-4	4.48	0.010	0.138	49.000	0.015	90.917	0.996	0.43	64.69	58.31	9.47	32.22	A
12	TXH-1	6.97	2.448	0.265	28.110	0.027	91.55	0.340	0.75	50.39	55.24	27.75	17.01	A
13	TXH-2	7.96	0.052	0.682	38.740	0.020	94.05	0.122	0.81	47.86	66.39	24.34	9.27	C
14	TXH-3	5.59	0.181	0.673	45.740	0.016	93.95	0.133	0.63	58.34	67.65	23.05	9.30	C
15	XGG-1	4.77	0.051	0.262	80.050	0.010	90.21	0.333	0.45	77.89	75.41	9.83	14.76	B
16	XGG-2	6.35	0.001	2.744	59.023	0.013	92.99	0.046	0.73	58.91	73.86	18.93	7.21	C
17	KG-1-1	3.17	0.130	0.257	66.468	0.012	85.54	0.333	0.31	82.87	73.82	10.47	15.71	B
18	KG-1-2	4.34	1.080	5.496	73.585	0.010	94.45	0.024	0.50	73.77	78.66	14.18	7.16	C
19	KG-1-3	4.28	0.001	13.778	90.417	0.009	90.05	0.013	0.46	86.23	84.78	8.70	6.52	C
20	KG-1-4	4.31	0.005	13.774	82.969	0.009	93.07	0.012	0.49	82.48	80.35	11.09	8.57	C
21	KG-1-5	4.48	0.002	5.496	81.194	0.009	93.95	0.022	0.47	81.67	82.79	10.38	6.82	C
22	EDS-1	6.55	3.254	0.138	47.190	0.016	93.31	0.657	0.74	59.98	62.23	17.91	19.86	A
25	LHG-2	3.55	0.002	13.780	81.260	0.009	96.15	0.013	0.41	89.32	85.29	9.25	5.46	C
26	LHG-3	4.72	0.003	13.780	82.580	0.009	92.87	0.011	0.52	79.69	80.26	10.81	8.93	C
27	CXY-2	5.08	36.482	5.497	67.316	0.012	92.99	0.026	0.57	73.99	76.66	15.73	7.61	C
28	CXY-3	4.30	0.070	13.772	85.219	0.009	90.81	0.013	0.46	87.08	83.23	10.69	6.08	C

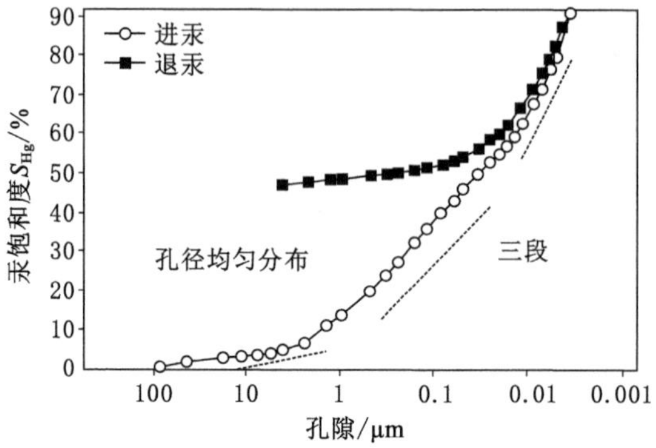

（a）NS-1（A型）

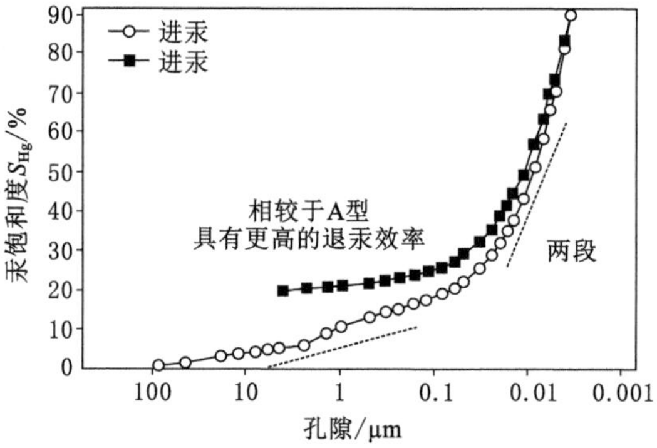

（b）XGG-1（B型）

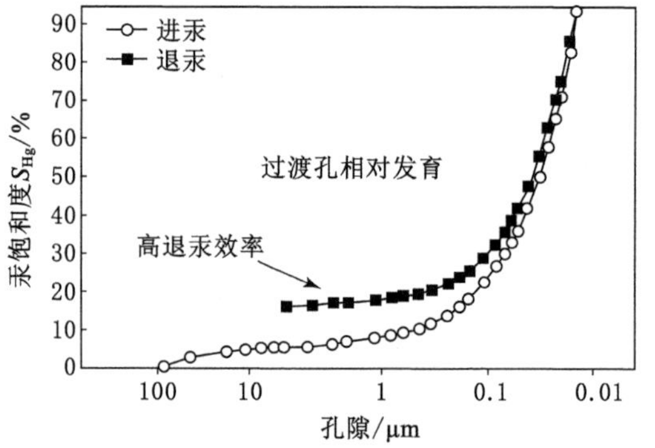

（c）KG-1-4（C型）

图 6-5　准噶尔盆地南缘煤样典型进汞-退汞曲线

6.2.5　核磁共振(NMR)

基于饱和水状态下煤的核磁 T_2 弛豫时间分布特征，可以得到煤储层孔-裂隙分布信息(Yao et al.,2010)。一般情况，T_2 弛豫时间小于 2.5 ms 的区间代表吸附孔隙，T_2 弛豫时间介于20～50 ms 之间代表渗流孔隙，而 T_2 弛豫时间大于 100 ms 的区域则指示着裂隙的发育(Yao et al.,2010)。对所采煤样共计 12 块柱状样品进行饱和水状态下核磁共振试验测试，结果表明核磁孔隙度介于 0.6%～6.6%之间，平均为 3.39%，饱和状态下 T_2 弛豫时间几何均值介于 1.44～174.72 ms 之间，平均为 52.71 ms。饱和状态下 T_2 几何均值越大，代表煤样中存在裂隙的可能性越大，因此对应其渗透率越高，两者呈明显的正相关关系(表 6-3、表 6-4)。将研究区内煤样的核磁 T_2 弛豫时间曲线类型划分为四种，分别为 A、B、C 和 D 型(图 6-6)。具体来说，A 型煤样具有较多的渗流孔和裂隙，且连通性最好，一般具有较好的渗透性[图 6-6(a)]；B 型与 A 型不同之处在于，T_2 弛豫图谱的几何均值偏向于吸附孔段，与 A 型煤样相比具有较多的吸附孔隙和较少的渗流孔和裂隙，因此 B 型的渗透性相对较差[图 6-6(b)]；C 型 T_2 弛豫图谱具有双峰和三峰的特点，具有中等的孔连通性和储层渗透率[图 6-6(c)]；D 型 T_2 弛豫图谱具有典型的单峰特点，以吸附孔占绝对优势，但连通性较差，因此具有较低的渗透率[图 6-6(d)]。综上所述，对于煤层气渗流和产出而言：A 型＞C 型＞B 型＞D 型。

表 6-4　准南煤田中段西山窑组部分样品饱和状态核磁共振试验结果

序号	样品编号	岩心长度 /cm	岩心直径 /cm	核磁孔隙度 /%	饱和状态 T_2 几何均值/ms	弛豫时间类型
1	NS-1	3.519	2.545	6.0	58.49	A
2	NS-2	3.672	2.541	3.5	174.72	A
12	TXH-1	3.820	2.552	4.7	53.50	A
13	TXH-2	3.299	2.540	6.6	5.92	C
14	TXH-3	3.563	2.558	4.6	38.68	A
15	XGG-1	3.762	2.560	0.7	64.88	A
16	XGG-2	3.616	2.558	3.4	13.10	B
22	EDS-1	3.786	2.548	4.1	27.21	C
25	LHG-2	3.618	2.545	0.6	1.44	D
26	LHG-3	3.508	2.546	0.6	2.58	D
27	CXY-2	3.827	2.572	4.7	100.27	A
28	CXY-3	3.790	2.574	1.2	91.67	A

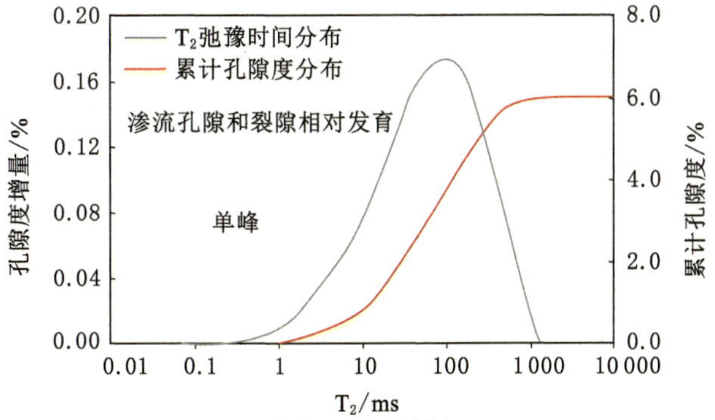

(a) NS-1 (A型)

图 6-6　准噶尔盆地南缘煤样典型 T_2 横向弛豫时间曲线分布特征

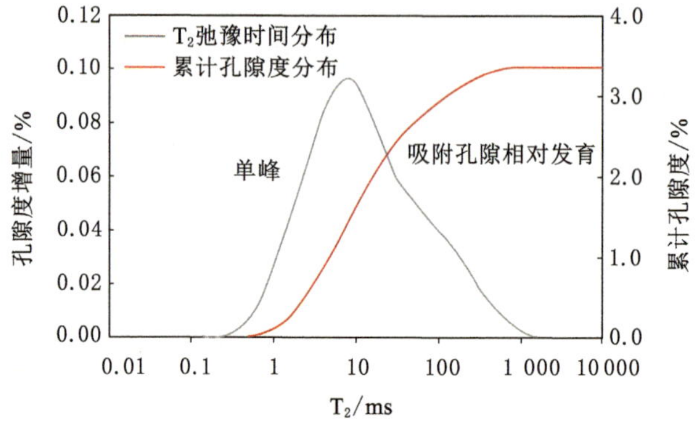

（b）XXG-2（B型）

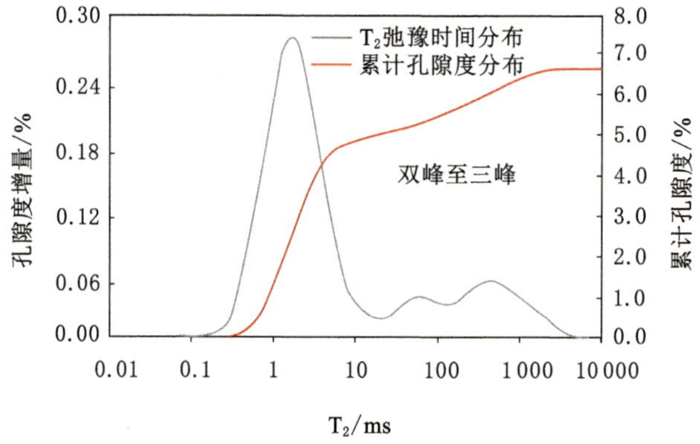

（c）TXH-2（C型）

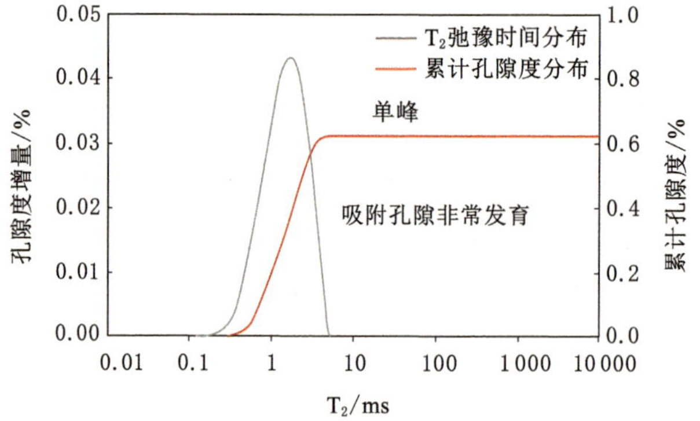

（d）LHG-2（D型）

图 6-6 （续）

6.3　各区块煤质对比分析

根据河流分布，将研究区域从西向东划分为7个区块，即玛纳斯河、塔西河、塔西-呼图壁河、呼图壁河、三屯河、头屯河和乌鲁木齐河区块。玛纳斯河区块至塔西河区块，煤的平均灰分产率为11.29%，明显高于东部地区煤的平均灰分产率(平均为5.23%，图6-7)，表明研究区西部成煤期可能处于低位沼泽，沼泽水体活动同时受到大气降雨和地下水的影响，由于沼泽覆水深度较大从而引起镜质组含量较高(图6-7)；而东部成煤期可能处于高位沼泽，水体活动以大气降雨为主，地下水潜水面低于沼泽表面，火灾频发，进而引起惰质组含量较高(Scott et al.,2007;Li et al.,2014b)。因此，含煤盆地灰分和显微组分的变化与古地理和古环境重建关系密切。

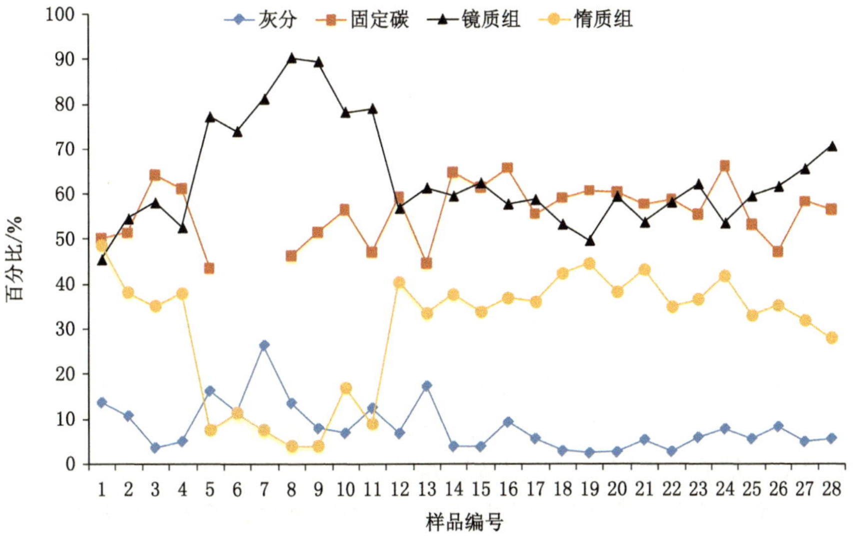

编号1～14位于玛纳斯河-塔西河之间；编号15～21位于塔西河-呼图壁河之间；
编号22～24位于呼图壁河-三屯河之间；编号25～26位于头屯河附近；编号27～28位于乌鲁木齐河附近。

图6-7　研究区所采煤样的灰分、固定碳、镜质组和惰质组含量变化

西山窑组煤显微组分以镜质组和惰质组为主，壳质组和矿物含量较低(表6-1)。值得注意的是，研究煤样的惰质组含量要高于准噶尔盆地南部及其他地区下侏罗统煤(Scott et al.,2007;Li et al.,2014b)，这表明相对于早侏罗世，中侏罗世存在更热、更干燥的古气候。在这样的古气候条件下，山火发生的频率和强度均得以增强，这是煤中火焚丝质体含量较高的原因。然而，高惰质组含量的煤通常会在一定程度上降低CH_4的吸附能力(Chalmers et al.,2007)，而塔西河区块样品具有高镜质组含量则表明该区块具有较高的生烃潜力。

固定碳含量代表着煤中除去水分、挥发分和灰分后的含碳量的高低，与煤的镜质体反射率有较好的正相关关系(Peeler et al.,1993)。对于研究区而言，煤样的固定碳含量变化不

大，平均为 56.22%；最低值(43.6%)来自塔西河区块内的一个煤样(图 6-7)。此外，煤的灰分与固定碳含量呈强的负相关关系[图 6-7、图 6-8(a)]，这说明大量的陆源碎屑破坏了成煤环境，致使煤的固定碳含量有所降低。由于矿物是灰分产率的主要组成部分，故煤中矿物含量的增多会引发灰分产率的增大[图 6-8(b)]。

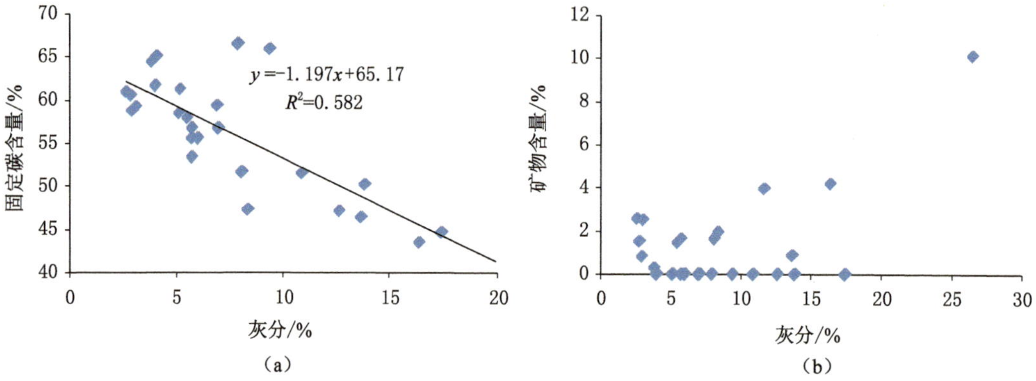

图 6-8　准噶尔盆地南缘煤样灰分与固定碳含量和矿物含量之间的关系

6.4　多尺度煤孔隙结构对比分析

低温氮气吸附和高压压汞试验探测到的主要孔径分别在 2～100 nm 和 20～10 000 nm 之间(Gaucher et al.,2011)，而核磁共振试验理论上可以探测出所有的孔径段，多种表征孔隙结构探测试验的综合使用可以在多尺度孔隙结构表征中收到较好的效果。此外，低温氮气吸附和高压压汞试验获得的孔径分布是否可以用核磁共振试验的孔径分布代替亦尚未得到证实(Yao et al.,2010)。在本研究中，基于低温氮气吸附和高压压汞试验分析测得的孔径分布与核磁共振试验得到的孔隙结构、连通性和渗透率数据基本一致(图 6-9)。

具有 A 型核磁 T_2 弛豫时间分布图谱的煤样(以 NS-1 为例)孔隙连通性好，渗透率高，T_2 弛豫时间平均值高[表 6-4、图 6-9(a)]，低温氮气吸附和高压压汞试验数据表明不同尺度的孔隙发育良好[图 6-9(a)、(b)]。具有 B 型核磁 T_2 弛豫时间分布图谱的煤样(以 XGG-2 为例)的微孔和过渡孔隙比例较高[图 6-9(c)、(d)]。具有 C 型核磁 T_2 弛豫时间分布图谱的煤样(以 TXH-2 为例)，以吸附孔为主，渗流孔隙占比次之[图 6-9(e)、(f)]。具有 D 型核磁 T_2 弛豫时间分布图谱的煤样(以 LHG-2 为例)，以吸附孔为主，渗流孔占比最低[图 6-9(g)、(h)]，孔隙连通性最差，T_2 弛豫时间平均值最小(表 6-4)。这些结果表明，低温氮气吸附和高压压汞试验估算的孔隙结构和尺寸分布在很大程度上可以被核磁共振数据所替代。另外，高压压汞试验中的氦气孔隙度与核磁孔隙度有很好的正相关关系(表 6-3、表 6-4)，但对于某一个样品而言，气测孔隙度的值要高于核磁(水测)孔隙度，这是因为核磁不能探测出未连通的孔隙。

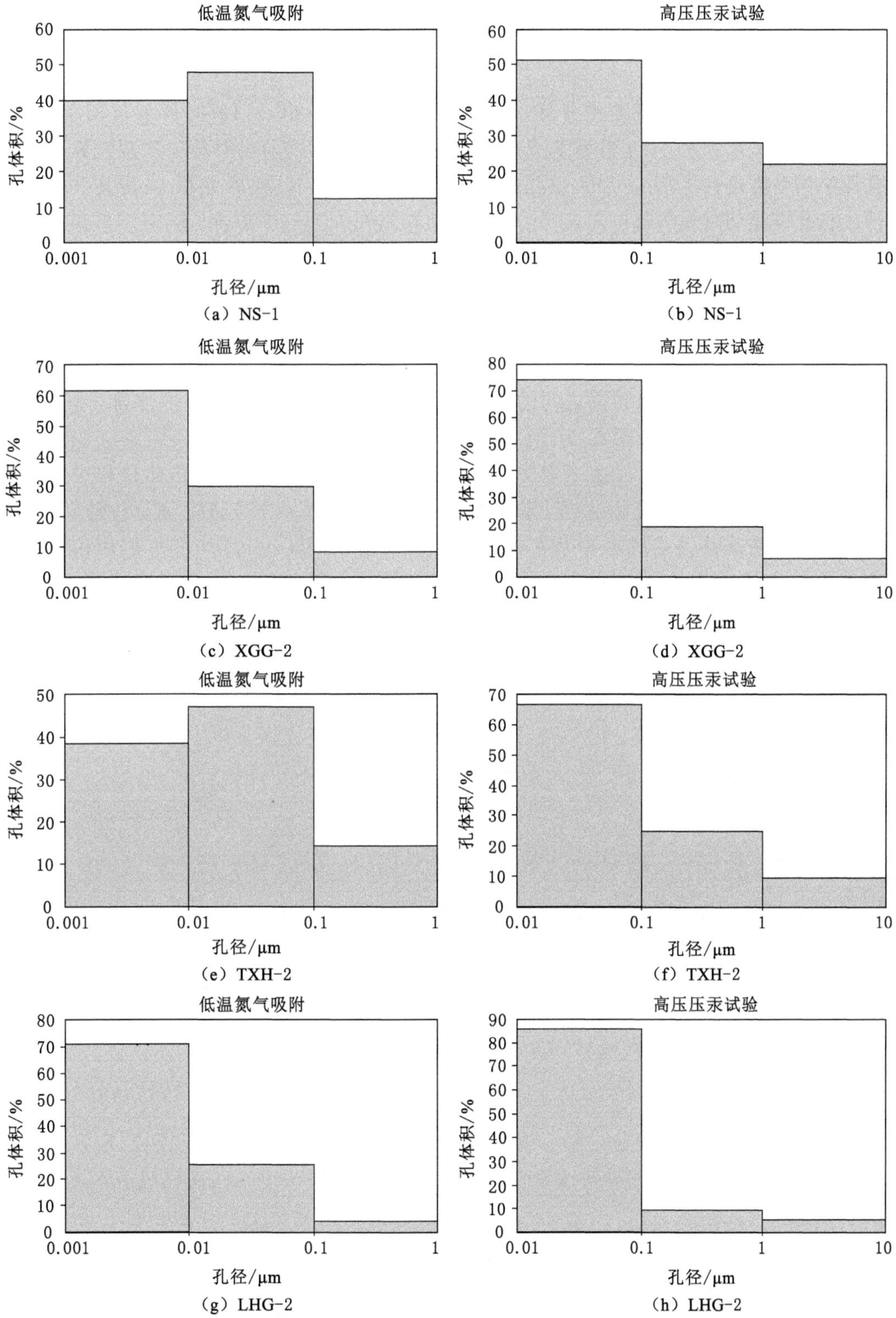

图 6-9　不同样品下低温氮气吸附和高压压汞试验所测煤储层孔隙分布

6.5 第一次煤化跃变前后煤岩组成和孔隙结构变化

由于沉积环境对显微煤岩组分分布的影响较大(Teichmüller,1989;Hou et al.,2017),本次研究了显微煤岩组分、水分和灰分产率随煤级变化规律。同时对第一次煤化跃变前后的孔隙结构参数进行了深入分析,这些参数具体包括孔径分布、比表面积、孔隙体积和分形特征。在孔隙结构定量表征的基础上,研究重点聚焦在以下三个方面:① 揭示低煤阶煤孔隙结构演化的复杂变化及 FCJ 对煤层气储层物性的影响;② 进一步确定 FCJ 对应煤级的具体边界;③ 寻找含气潜力大和渗透率高的煤层气储层,指导煤层气勘探开发。

6.5.1 煤物质组成

基于水分含量、灰分和煤级之间的相关性分析,研究发现随着煤级的增加,水分含量呈负相关变化,而灰分则无明显变化(图 6-10),这分别与煤变质作用和煤系沉积环境变化有关。随着煤级的增加,发生了较为严重的脱水过程[图 6-10(a)],在此过程中有机质中大量的羟基和羧基官能团脱落,亲水能力降低(Tao et al.,2018)。$R_{o,max}$在 0.5%～0.6%之间,通常被认为是脱水和沥青化之间的煤级边界(Shibaoka,1978),然而仅依靠水分含量的变化很难识别 FCJ 周围煤岩组分的各项特征。灰分产率与煤级的相关性表明[图 6-10(b)],灰分与泥炭地沉积环境有关,西部地区的高灰分煤主要位于三角洲-湖相沉积环境的河道附近(田继军 等,2011;Hou et al.,2019)。因此,尽管有学者认为显微组分与煤化作用之间存在很强的相关性(Li et al.,2017),但 FCJ 的确没有引起煤物质组成的显著变化。

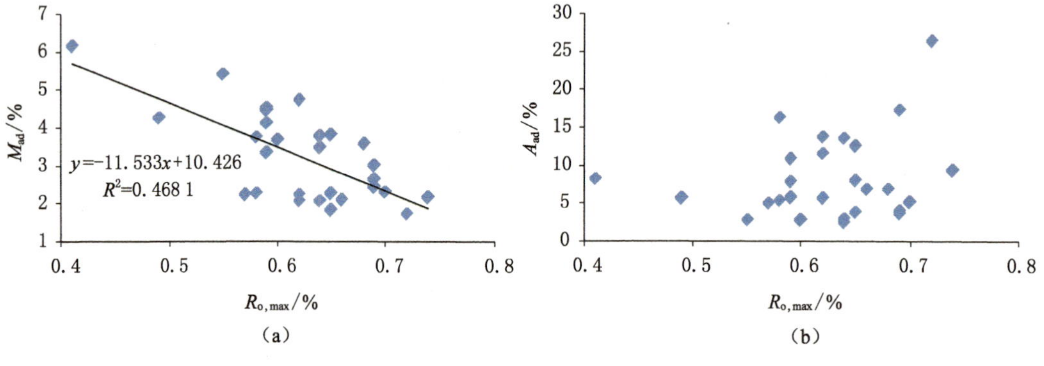

M_{ad}—空气干燥基水分;A_{ad}—空气干燥基灰分。

图 6-10 准噶尔盆地南缘煤样煤级与水分和灰分之间的关系

6.5.2 孔径和孔体积演化

单位纳米微孔和过渡孔体积随煤级的增加呈现出低→高→低→高交替的趋势(图 6-11)。变化曲线的峰值分别与 $R_{o,max}$在 0.58%～0.59%和 0.65～0.66%相对应,标志着第一次煤化跃变附近的两个转折点。有研究表明,当煤级在 FCJ($R_{o,max}$=0.5%～0.6%)过程中发生变

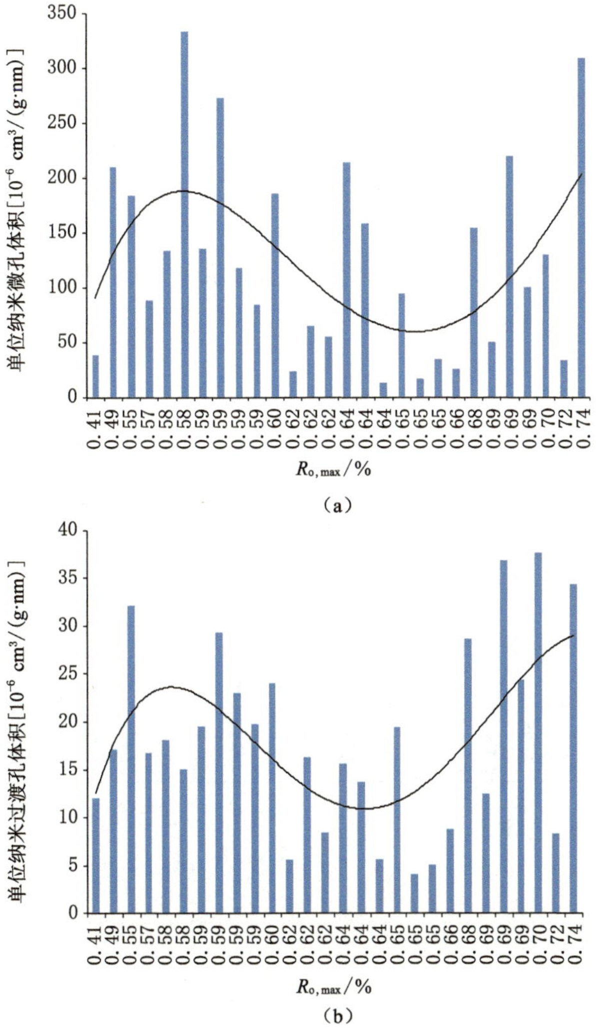

图 6-11　准噶尔盆地南缘煤样单位纳米微孔体积(a)和过渡孔体积(b)随煤级增大的变化规律

化，微孔和过渡孔占比随煤级的增加而减少(Pan et al.，2015；Li et al，2017)；然而也有相反的规律认识(Tao et al.，2018)。与以往的研究结果不同，本次研究的微孔和过渡孔体积在 FCJ 过程中的变化表现为倒 U 形曲线(图 6-11)。这种现象出现的原因可能是，伴随脱水过程中 CO_2 和 H_2O 的产生，单位质量有机质含量增加，进而导致单位纳米微孔和过渡孔体积的增加。煤化至沥青化时(FCJ 后)，有机质中脂肪族官能团开始脱落，导致单位纳米微孔和过渡孔体积减小，因此，基于孔径大小和孔体积占比演化分析，与 FCJ 相对应的 $R_{o,max}$ 的边界可由 0.5%～0.6%之间进一步限定在 0.58%～0.59%左右。第二个拐点接近低煤阶煤与中煤阶煤的边界(R_o=0.65%)，这说明煤化作用在低煤阶煤向中煤阶煤转化过程中可能促进了过渡孔和微孔的发育，即当第一次煤化跃变接近完成时，由于残留官能团的减小产生了更多更小的孔隙，因此单位纳米过渡孔和微孔体积参数将达到第二个最大值。对于中孔和大孔的演化，有研究表明 FCJ 前后中孔和大孔体积与煤级呈负相关性（Tao et al.，2018）。相反，大孔体积与煤级之间则存在弱正相关关系（Zhou et al.，2018）。在本研究中，当 $R_{o,max}>0.65\%$时，中孔体积呈增大趋势，而大孔体积呈减小趋势。当 $R_{o,max}<0.65\%$时，中孔和大孔的变化相关性不明确或趋势复杂（图 6-12）。这一复杂现象很难解释，可能要归因于煤级和构造活动的综合影响，因为煤中大孔发育与构造变形也有很强的关系（Pan et al.，2015；Qu et al.，2010）。因此，分析煤级对大孔（>100 nm）演化的影响需要考虑特定的构造条件。与其他低煤阶煤相比，$R_{o,max}<0.65\%$的煤中孔和大孔的演化规律并不普遍（Tao et al.，2018；Zhou et al.，2018）。

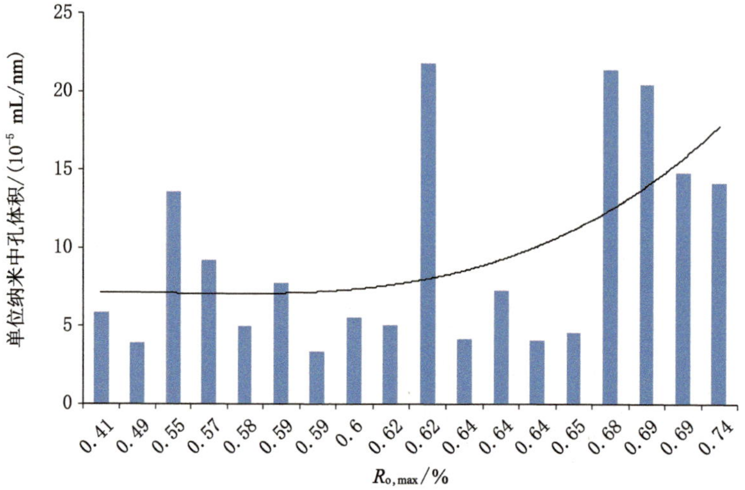

(a)

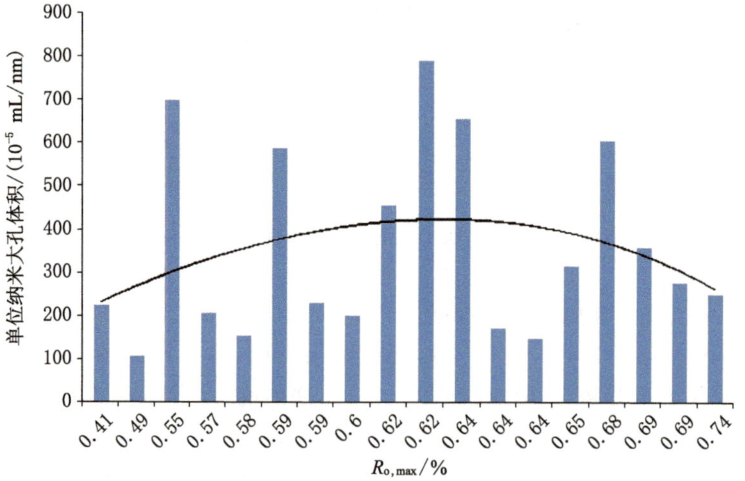

(b)

图 6-12 准噶尔盆地南缘煤样的中孔体积(a)和大孔体积(b)随煤级增加的变化规律

6.5.3　孔隙比表面积和孔隙体积

前人研究表明，BET 表面积和 BJH 孔体积在 FCJ 附近急剧下降，这种下降趋势一直持续至石墨化的后期(Zhou et al.，2018)。然而，第一次煤化跃变附近孔隙结构的具体变化特征还需要进一步揭示。在本研究中，随着煤级($R_{o,max}$=0.4%~0.74%)的增大，煤的比表面积和总孔隙体积先增大后减小最后再增大，最大和最小值分别对应于 $R_{o,max}$ 为 0.58%~0.59%和 0.65%~0.66%处(图 6-13)。具体变化趋势和转折点与单位纳米微孔体积和过渡孔体积的曲线趋势和转折点相一致。第一处转折点的煤样($R_{o,max}$=0.58%~0.59%)具有相对较高的比表面积和总孔隙体积，对应的平均孔径相对较小[图 6-13(a)、(b)]。而发育于第二个转折点附近的煤样($R_{o,max}$=0.65%~0.66%)具有较小的比表面积、总孔隙体积和较大的孔径。根据吸附与脱附分支差异计算了煤样的滞后环面积，随煤级的增加呈现出如比表面积和总孔隙体积相似的变化规律。滞后环面积最大值对应于 $R_{o,max}$=0.58%处，这要归因于墨水瓶孔等大量复杂孔隙结构的存在，也可以看出在这个转折点附近，孔隙结构发生了重大变化[图 6-13(c)]。此外，煤中墨水瓶状孔含量越高，孔隙连通性越差(Pan et al.，2015)、比表面积越大(Wang et al.，2015)、吸附能力越强(Hou et al.，2017)、气体扩散条件越差(Thommes et al.，2015)。

6.5.4　孔隙结构非均质性及其分形表征

利用低温氮气吸附和高压压汞试验获得的分形维数可以定量表征孔隙结构的非均质性(Wang et al.，2015；Mishra et al.，2018)。根据前人研究，D_{N1} 和 D_{N2} 作为低温氮气吸附试验的两个孔隙分形维数，分别代表孔隙表面粗糙度和孔隙结构复杂度(Wang et al.，2015；Tao et al.，2018)。在本研究中，比表面积与 D_{N1}、总孔隙体积与 D_{N2} 呈正相关关系[图 6-14(a)、(b)]，这是由于孔隙结构较复杂的煤能提供更多的比表面积和孔体积的缘故。平均孔径与 D_{N2} 呈显著负相关关系，线性拟合系数 R^2 较高，为 0.93[图 6-14(c)]。因此，D_{N1} 和 D_{N2} 值越高，煤的表面越粗糙，孔隙体积越大，孔径越小，孔隙结构越复杂，越容易吸附气体，但气体运移较困难。结合比表面积、总孔隙体积与煤级的关系[图 6-13(a)、(b)]，D_{N1} 和 D_{N2} 均随煤级的增大先增大后减小最后再增大[图 6-15(a)、(b)]。最高和最低值点对应的 $R_{o,max}$ 分别出现在 0.58%~0.59%和 0.65%处，表明在这两个转折点附近孔隙结构发生了较大变化。对于压汞试验得到的分形维数，孔隙度和渗透率随 D_{MIP} 的增大而减小[图 6-14(d)、(e)]，说明结构复杂的煤孔隙连通性较差，孔隙度和渗透率都较低。出现这些负相关关系的根本原因是煤中复杂的孔隙结构会有效降低孔隙连通性(Hou et al.，2018)，进而导致孔隙度和渗透率较低。需要注意的是，D_{MIP} 低于 3.4 的煤样主要分布在西部地区，而 D_{MIP} 高于 3.4 的煤样则分布于东部地区附近。西部煤样因受较强动力变质作用的影响，中孔和大孔含量较高，进而导致 D_{MIP} 相对较低[图 6-14(e)]。因此，构造形变对渗流孔隙结构的影响较大，对吸附孔隙结构的影响较小，导致 D_{MIP} 与煤级没有明显的相关性[图 6-15(c)]。

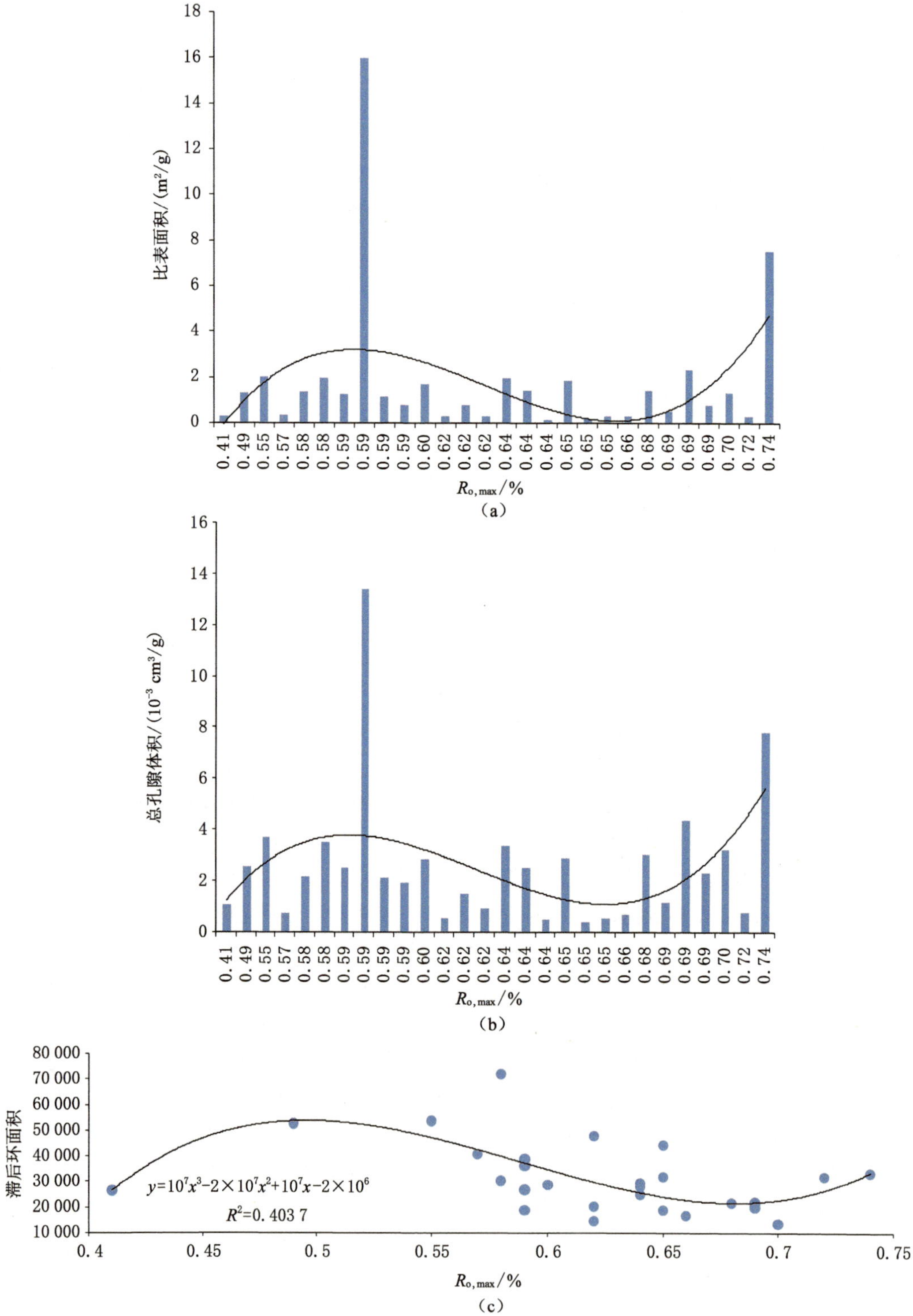

图 6-13　准噶尔盆地南缘煤样(a)比表面积、(b)总孔隙体积和(c)滞后环面积随煤级增加的变化规律

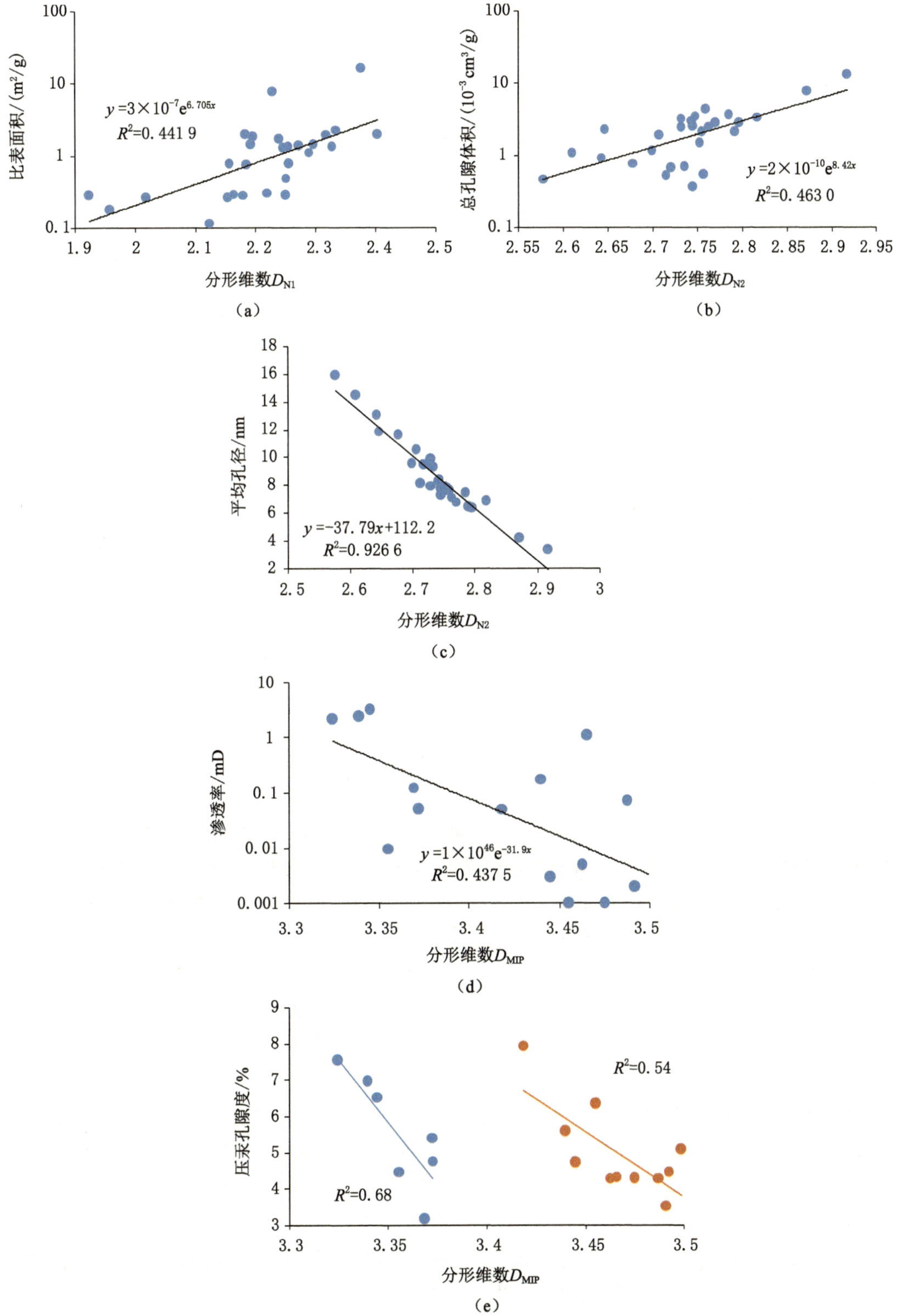

图 6-14　孔隙结构参数与相关分形维数的相关性

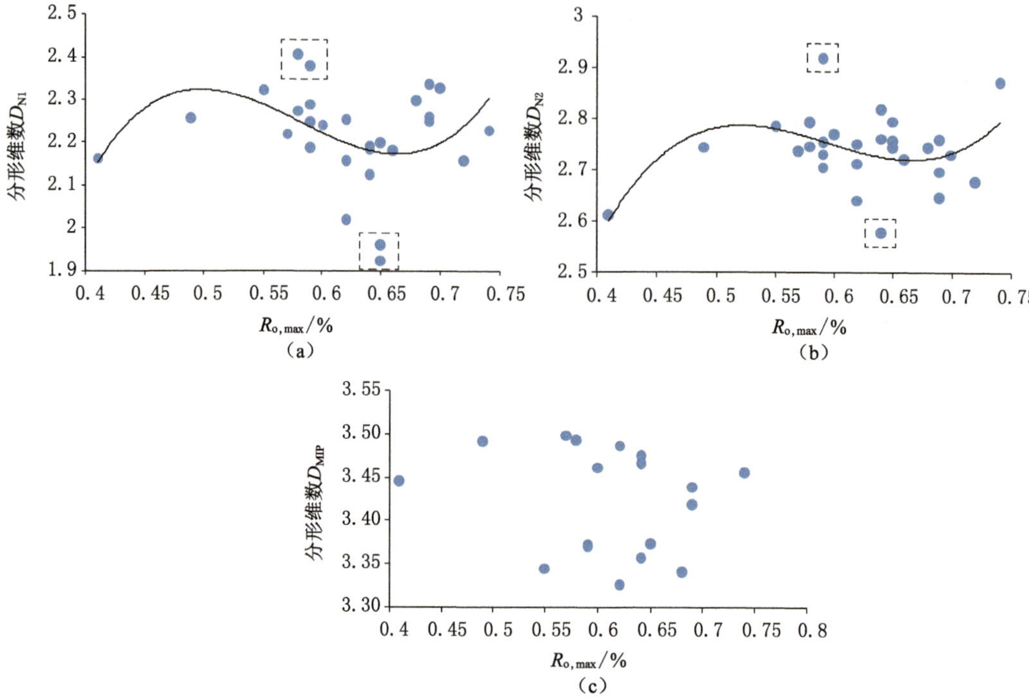

图 6-15 分形维数(D_{N1}、D_{N2}和 D_{MIP})随煤级增加的变化关系

6.6 本章小结

① 准噶尔盆地南部中侏罗统西山窑煤煤质以低水分、低灰分(东部)、低-中灰分产率(西部)、高挥发分、中等镜质组、高惰质组为特征;$R_{o,max}$在 0.41%～0.74%之间,平均为 0.62%。煤样空气干燥基水分、灰分、挥发分、镜质组和惰质组含量平均值分别为 3.51%、8.04%、32.96%、63.78%和 30.47%。

② 西山窑煤储层物性非均质性强,比表面积在 0.116～15.983 m^2/g 之间,总孔隙体积在 0.461～13.370×10^{-3} cm^3/g 之间,渗透率在 0.001～151.66 mD(0.987×10^{-6}～0.149 μm^2)之间,驱替压力在 0.138～13.78 MPa 之间,饱水状态下样品核磁共振 T_2 时间在 1.44～174.72 ms 之间。

③ 第一次煤化跃变对煤储层孔隙结构影响较大,单位纳米微孔和过渡孔体积、比表面积、总孔隙体积、D_{N1} 和 D_{N2} 均随煤级的升高先增大后减小最后增大,最大值和最小值分别出现在 0.58%～0.59%和 0.65%～0.66%处。因此,FCJ 相对应的 $R_{o,max}$的边界可由 0.5%～0.6%进一步缩小为 0.58%～0.59%。

④ 在 FCJ 前后,中孔含量、大孔含量、D_{MIP}与煤级的相关性不明显或趋势复杂。孔隙度与 D_{MIP}的关系受限于局部地质特征,表明较大孔隙(>100 nm)的演化受煤级和构造变形的双重影响。

第7章　宏观煤岩类型和煤体结构双重控制下的孔隙结构演变

煤储层孔隙参数与宏观煤岩类型和煤体结构关系密切，是决定煤层储集性能和煤层气(CBM)赋存与产出潜能的重要因素之一。煤储层孔隙结构受到宏观煤岩类型、煤体结构、煤变质程度及成煤环境等诸多因素共同制约(Li et al.,2014a;Fu et al.,2017;Wang et al.,2018a;Zhang et al.,2020)。宏观煤岩类型和煤体结构对煤储层孔隙特征的影响实质是在不同煤变质程度条件下由有机显微煤岩组分、无机矿物和微裂隙分布不均造成的(Zhao et al.,2016),不同宏观煤岩类型和煤体结构下孔隙结构的定量表征主要集中在煤比表面积、孔隙体积、孔隙分布、孔隙形态及连通性等方面(Ju et al.,2012;孟召平 等,2015);煤变质程度对煤孔隙结构的影响主要体现在煤储层孔隙形成与发育、孔隙结构及配置关系上(Xin et al.,2019;Han et al.,2021);成煤环境则是通过植物组成、覆水条件及物源补给等条件来综合控制显微煤岩特征,进而影响煤储层的孔隙结构特征(Zhang et al.,2020)。对于同一煤田同一成煤时期而言,煤的变质程度和成煤环境大体相似,不同的宏观煤岩类型和煤体结构对于控制煤孔隙结构就显得格外重要。

煤岩类型对煤储层孔隙结构特征的影响显著。前人对宏观煤岩类型与孔隙结构之间的关系做了相关研究,认为煤本身物质组成是影响其孔隙结构变化特征的主要原因(Qin et al.,2020)。具体而言,当宏观煤岩类型由光亮煤、半亮煤、半暗煤向暗淡煤过渡,镜质组含量逐渐减少,惰质组、灰分产率及无机矿物含量逐渐增加;与其他显微组分相比较,惰质组具有更多的原生孔隙,孔隙率、孔隙体积和比表面积随着惰质组的增加而增大(Adeboye et al.,2013;Teng et al.,2017;Keshavarz et al.,2017)。基于分形理论,有学者认为半暗煤与暗淡煤的孔隙结构较光亮煤与半亮煤更为复杂,光亮煤与半亮煤具有更好的孔隙连通性(Zhao et al.,2016;Hou et al.,2018;Wang et al.,2017)。对于孔隙形态而言,光亮煤与半亮煤多以开放型的圆柱孔和平行板状孔为主,而作为煤层气渗流不利因素的细颈瓶孔则多存在于孔隙结构复杂的半暗煤与暗淡煤中(喻廷旭 等,2013;Fu et al.,2017;Hou et al.,2020)。因不同煤体结构存在构造和煤岩差异,从而导致煤储层孔隙结构特征有所不同。“煤体结构”的提出是用来描述煤在不同构造变形及破坏程度下形成的煤结构特征,并可用原生结构煤与构造煤(碎裂煤、碎粒煤、粉粒煤、糜棱煤)的类型予以概括(Song et al.,2017a;Xu et al.,2019)。不同煤体结构的煤孔隙结构变化特征差异明显,随着煤体破坏变形程度增加,煤孔隙结构逐渐复杂,孔隙表面逐渐粗糙(曲闯 等,2017);复杂的孔隙结构使得储层渗透性变差,影响了甲烷运移和产出的通道,进而表现出更强的吸附性(Zhou et al.,2018)。煤体破坏对煤孔隙分布、孔隙形态及连通性也有一定影响(Sun et al.,2020;Hou et al.,

2020)，由原生结构煤到构造煤，其比表面积和总孔体积呈增大趋势，较大孔径中的开放型孔也有所增加，破坏程度较小的构造煤(如碎裂煤)较原生结构煤具有更好的孔隙连通性，但孔隙分布变化却较为复杂(孟召平 等，2015；Song et al.，2017b；Xu et al.，2019)。

本研究在准南中侏罗统西山窑组煤层中采集了具有多种宏观煤岩类型和煤体结构样品，基于一系列孔隙结构表征试验，分别研究了不同宏观煤岩类型、不同煤体结构及两者之间的差异组合对煤孔隙结构的影响规律，并最终探究了宏观煤岩类型与煤体结构双重控制下的储层孔隙结构特征，相关研究可以为煤储层孔-裂隙结构表征及其控制因素分析提供新思路。

7.1 采样与方法

7.1.1 采样

本次研究所采集的46个煤样分别取自研究区的13个煤矿和2个煤层气井。采样地点自西向东依次为南山煤矿、永安煤矿、德翔煤矿、MM-2井、MM-3井、塔西河煤矿、小甘沟煤矿、宽沟煤矿、二道水煤矿、腾达煤矿、大北煤矿、硫磺沟煤矿、白土窑煤矿、西山煤矿及陈兴远煤矿。其中，原生结构煤样与碎裂结构煤样各23个，且二者分别涵盖4种宏观煤岩类型(表7-1，图7-1)。所用煤样均采自中侏罗统西山窑组，现场描述完成后经分类包装，立即送往室内进行试验。

通过煤样颜色观察和层理发育、宏观裂隙发育、断口发育及手试强度情况，将所采煤样划分为原生结构煤与碎裂结构煤两种煤体结构类型。其宏观特征具体表现为：① 原生结构煤，具参差状、贝壳状断口，原生构造清晰可见，内生裂隙较发育；一般具有层状、块状及条带状结构，煤体坚硬[图7-1(a)～(d)]。② 碎裂结构煤，具阶梯状、贝壳状断口，原生构造保存较完整，多组裂隙切割，无明显位移，可发育构造滑面与擦痕；条带状结构可见，煤体较硬，手试强度较大，可掰成厘米级小块[图7-1(e)～(f)]。

7.1.2 方法

本次研究涉及的观察、试验和理论研究方法包括煤岩宏观描述、镜质体反射率测定、工业分析、显微煤岩组分观察、低温氮气吸附、高压压汞和孔隙结构分形理论等。

(1) 宏观煤岩描述

样品的宏观描述按GB/T 18023—2000进行。根据描述可将煤样划分为光亮煤、半亮煤、半暗煤和暗淡煤四种类型，分别对应的镜煤＋亮煤含量依次为：＞80％、50％～80％、20％～50％、＜20％。依据煤体内部破坏变形程度特征，通常将煤体结构划分为原生结构煤和构造煤两大类。对于构造煤而言，根据煤体的赋存状态、光泽、层理特征、煤体破碎程度、裂隙特征及手试强度，又可将其细分为碎裂煤、碎粒煤和糜棱煤。

(2) 镜质体反射率测试、工业分析和显微煤岩鉴定

以GB/T 6948—2008为依据，采用Leitz MPV-3型显微光度计在油浸反射光下完成煤镜质体反射率($R_{o,max}$)的测定。参照GB/T 30732—2014进行煤的工业分析，所得参数包括水分、灰分、挥发分和固定碳含量。水分和灰分产率可分别通过空气干燥法和快速灰化法得到。根据GB/T 8899—2013，进行煤的显微煤岩组分定量观察，得到各煤样的镜质组、惰质

表 7-1　所采煤岩煤体结构、宏观煤岩类型、最大镜质体反射率、工业分析和显微煤岩组分数据统计

编号	样品	煤体结构	宏观煤岩类型	$R_{o,max}$ /%	工业分析/%				含矿物基显微煤岩组分/%			
					M_{ad}	A_{ad}	V_{ad}	FC_{ad}	镜质组	惰质组	壳质组	矿物
I-1-1	BTY	原生结构	光亮煤	0.54	4.54	4.78	35.76	54.92	70.65	26.96	0.00	2.39
I-1-2	CXY-2	原生结构	光亮煤	0.57	2.24	5.08	34.15	58.53	65.62	32.08	2.30	0.00
I-1-3	MM2-5	原生结构	光亮煤	0.65	2.27	8.07	38.00	51.66	89.43	4.07	4.88	1.62
I-1-4	TXH-1	原生结构	光亮煤	0.68	3.59	6.94	30.02	59.45	56.93	40.67	2.40	0.00
I-2-1	MM2-4	原生结构	半亮煤	0.64	2.08	13.69	37.73	46.50	90.32	4.15	4.61	0.92
I-2-2	TXH-2	原生结构	半亮煤	0.69	2.44	17.44	35.43	44.69	61.42	33.71	4.87	0.00
I-2-3	KG-1-2	原生结构	半亮煤	0.64	3.49	3.03	34.19	59.29	53.37	42.62	1.48	2.53
I-2-4	B4-1	原生结构	半亮煤	0.64	1.70	3.24	28.12	66.94	76.84	18.25	2.11	2.81
I-2-5	KG-1-4	原生结构	半亮煤	0.60	3.69	2.80	32.95	60.56	59.50	38.39	0.58	1.53
I-2-6	B8-15	原生结构	半亮煤	0.59	1.32	15.34	42.73	40.61	81.89	15.35	1.97	0.79
I-2-7	CXY-3	原生结构	半亮煤	0.62	2.09	5.72	35.45	56.74	70.61	28.07	1.32	0.00
I-2-8	KG-1-3	原生结构	半亮煤	0.64	3.79	2.57	32.62	61.02	49.80	44.80	2.80	2.60
I-2-9	B5-1	原生结构	半亮煤	0.70	1.46	11.32	35.99	51.23	75.97	22.26	1.06	0.71
I-3-1	B9-18	原生结构	半暗煤	0.57	1.62	8.78	30.07	59.53	48.61	45.49	5.21	0.69
I-3-2	KG-1-1	原生结构	半暗煤	0.59	3.35	5.74	35.23	55.68	58.85	36.21	3.29	1.65
I-3-3	B9-1	原生结构	半暗煤	0.58	1.33	7.11	41.88	49.68	62.30	30.16	6.75	0.79
I-3-4	B8-1	原生结构	半暗煤	0.65	2.20	3.52	25.28	69.00	48.60	49.80	1.20	0.40
I-3-5	KG-1-5	原生结构	半暗煤	0.58	3.78	5.48	32.79	57.95	53.80	43.42	1.30	1.48
I-3-6	B8-18	原生结构	半暗煤	0.60	1.58	4.80	27.60	66.02	65.59	30.47	3.58	0.36
I-4-1	B10-1	原生结构	暗淡煤	0.63	2.13	24.69	26.03	47.15	50.18	45.45	3.28	1.09
I-4-2	XS	原生结构	暗淡煤	0.71	2.32	24.13	25.20	48.35	69.16	30.08	0.38	0.38
I-4-3	B7-3	原生结构	暗淡煤	0.63	1.34	40.06	24.64	33.96	76.39	20.37	2.78	0.46

表 7-1(续)

编号	样品	煤体结构	宏观煤岩类型	$R_{o,max}$ /%	工业分析/%				含矿物基显微煤岩组分/%			
					M_{ad}	A_{ad}	V_{ad}	FC_{ad}	镜质组	惰质组	壳质组	矿物
I-4-4	DX-1	原生结构	暗淡煤	0.70	2.33	5.16	31.17	61.34	52.71	32.22	9.07	0.00
Ⅱ-1-1	B10-9	碎裂结构	光亮煤	0.66	1.81	5.22	33.92	58.05	72.48	26.16	0.00	1.36
Ⅱ-1-2	B9-7	碎裂结构	光亮煤	0.64	1.78	6.89	36.47	54.86	81.78	16.53	0.42	1.27
Ⅱ-1-3	XGG-1	碎裂结构	光亮煤	0.65	3.82	3.97	30.52	61.69	62.50	34.05	3.45	0.00
Ⅱ-1-4	B2-1	碎裂结构	光亮煤	0.62	1.72	2.92	35.36	60.00	82.54	16.27	1.19	0.00
Ⅱ-1-5	B5-6	碎裂结构	光亮煤	0.63	1.56	3.12	36.37	58.95	78.18	18.91	1.82	1.09
Ⅱ-1-6	EDS-1	碎裂结构	光亮煤	0.55	5.43	2.91	32.80	58.86	58.19	35.08	5.88	0.84
Ⅱ-1-7	B9-13	碎裂结构	光亮煤	0.64	1.76	4.20	35.69	58.35	73.57	26.43	0.00	0.00
Ⅱ-2-1	MM2-7	碎裂结构	半亮煤	0.65	1.84	12.63	38.32	47.21	79.10	8.96	11.94	0.00
Ⅱ-2-2	TXH-3	碎裂结构	半亮煤	0.69	3.02	4.03	27.91	65.04	59.60	37.80	2.60	0.00
Ⅱ-2-3	NS-2	碎裂结构	半亮煤	0.59	4.54	10.92	32.98	51.56	54.61	38.32	7.07	0.00
Ⅱ-2-4	B2-4	碎裂结构	半亮煤	0.61	2.07	12.82	31.34	53.77	73.36	23.14	2.63	0.87
Ⅱ-2-5	LHG-3	碎裂结构	半亮煤	0.41	6.15	8.36	38.15	47.34	61.70	35.32	1.06	1.91
Ⅱ-2-6	NS-1	碎裂结构	半亮煤	0.62	4.74	13.87	31.10	50.29	45.61	48.92	5.47	0.00
Ⅱ-2-7	B4-5	碎裂结构	半亮煤	0.64	2.36	4.17	28.30	65.17	57.34	40.86	0.72	1.08
Ⅱ-2-8	B8-23	碎裂结构	半亮煤	0.66	1.55	5.42	30.28	62.75	56.86	42.75	0.00	0.39
Ⅱ-3-1	B10-3	碎裂结构	半暗煤	0.64	2.13	2.04	27.06	68.77	52.95	45.49	0.78	0.78
Ⅱ-3-2	YA-1	碎裂结构	半暗煤	0.69	2.64	3.79	29.07	64.50	58.20	35.25	6.23	0.32
Ⅱ-3-3	B8-4	碎裂结构	半暗煤	0.67	2.20	2.70	26.85	68.25	56.95	41.26	1.79	0.00
Ⅱ-3-4	EDS-2	碎裂结构	半暗煤	0.59	4.47	6.00	33.94	55.59	62.28	36.62	1.10	0.00
Ⅱ-3-5	B13-1	碎裂结构	半暗煤	0.65	1.98	30.30	25.24	42.48	70.13	26.23	1.64	2.00
Ⅱ-3-6	B10-12	碎裂结构	半暗煤	0.61	1.58	19.34	31.99	47.09	60.10	29.13	8.92	1.85
Ⅱ-4-1	DB	碎裂结构	暗淡煤	0.57	6.94	4.13	30.83	58.10	49.49	44.07	0.00	6.44
Ⅱ-4-2	TD	碎裂结构	暗淡煤	0.68	6.96	2.70	24.84	65.50	25.78	71.78	0.70	1.74

A(I-1)采自 CXY 煤矿(CXY-2),光亮型原生结构煤;B(I-2)采自 CXY 煤矿(CXY-3),半亮型原生结构煤;
C(I-3)采自 KG 煤矿(CXY-1-5),半暗型原生结构煤;D(I-4)采自 DX 煤矿(DX),暗淡型原生结构煤;
E(Ⅱ-1)采自 EDS 煤矿(EDS-1),光亮型碎裂煤;F(Ⅱ-2)采自 TXH 煤矿(TXH-3),半亮型碎裂煤;
G(Ⅱ-3)采自 EDS 煤矿(EDS-2),半暗型碎裂煤;H(Ⅱ-4)采自 DB 煤矿(DB),暗淡型碎裂煤。

图 7-1　准南中段西山窑组煤的典型煤体结构和宏观煤岩类型照片

组、壳质组以及矿物质体积含量。

(3) 低温氮气吸附

基于 SY/T 6154—2019,使用 Quantachrome NOVA 2000e(比表面积和孔径分布)分析仪进行低温氮气吸附试验。每个样品取约 5～10 g,在 105 ℃的温度下干燥 8 h,随后压碎至 40～60 目(0.42～0.28 mm)以备测。对于每个样品,均可以推导出液氮温度 77 K、相对压力介于 0.005～0.995 之间的氮气吸附-脱附等温线。比表面积和孔径分布数据可分别通过 BET 和 BJH 模型求得。

(4) 高压压汞

该试验执行 SY/T 5346—2005 标准,制备直径 25 mm、长度 30 mm 的煤心,使用 AutoPore Ⅳ 9505 型压汞仪进行压汞试验,以测试煤样的渗透率、孔隙结构和孔径分布。测试前，需要先测得煤的氦孔隙度。测试过程中，由计算机设定的平衡时间应不少于 30 s。该试验包括加压进汞与减压退汞两个过程，最高试验压力为 200 MPa。

7.2 工业分析与煤岩分析

煤样的煤体结构、宏观煤岩类型、工业分析、镜质体反射率和显微煤岩组分鉴定数据见表 7-1。所有样品中，半亮煤最多，半暗煤与光亮煤次之，暗淡煤最少；原生结构煤与碎裂煤数量相同，均为 23 个。最大镜质体反射率($R_{o,max}$)范围为 0.41%～0.71%，平均为 0.63%，煤样的 $R_{o,max}$ 值由西向东略有降低(表 7-1，图 7-1)，说明在相似埋深条件下研究区西部含煤地层可能发生了较为强烈的动力变质作用。其中，原生结构煤的 $R_{o,max}$ 范围为 0.54%～0.71%，平均为 0.628%，碎裂煤的 $R_{o,max}$ 范围为 0.41%～0.69%，平均为 0.624%，两者差异较小，因此可以忽略煤演化程度对孔隙结构的影响。另外，所取原生结构煤和碎裂煤大部分均来自不同采样点，因此很难具体对比分析动力变质对形成不同类型煤体结构的影响。

7.2.1 煤的工业分析

样品的空干基灰分(A_{ad})在 2.04%～40.06%之间变化，平均值为 8.74%；空干基水分含量(M_{ad})的变化范围为 1.32%～6.96%(平均为 2.82%)，挥发分含量(V_{ad})的变化范围为 24.64%～42.73%(平均为 32.23%)以及固定碳含量(FC_{ad})的变化范围为 33.96%～69.00%(平均为 56.20%)(表 7-1)。对于不同宏观煤岩类型而言，样品中光亮煤的灰分产率平均为 4.92%，半亮煤的灰分产率平均为 8.67%，半暗煤的灰分产率平均为 8.30%，暗煤的灰分产率平均为 16.8%。对于不同煤体结构而言，样品中原生结构煤的灰分产率为 2.57%～40.06%，平均为 9.98%；碎裂煤的灰分产率为 2.04%～30.03%，平均为 7.50%。可见，总体上，煤的灰分产率越高，宏观煤岩类型越趋向于暗煤；且相较于原生结构煤，碎裂煤具有较低的灰分产率。其中，Ⅰ-4 型样品的灰分产率最高，平均为 23.5%，Ⅱ-4 型样品的灰分产率最低，平均为 3.42%。同时，应该注意的是灰分产率较高的煤样中，对应的显微煤岩组分中的矿物质含量也普遍较高(表 7-1)。

7.2.2 显微煤岩组分鉴定

所有煤样的镜质组含量在 25.78%～90.32%之间(平均为 63.52%)，惰质组含量在 4.07%～71.78%之间(平均为 32.62%)，除试样Ⅱ-2-1(半亮煤)的壳质组含量达 11.94%外，其他样品均含少量壳质组。此外，矿物含量在 0～6.44%之间(平均为 0.98%)(表 7-1)。可见，研究区西山窑组煤的显微组分以镜质组为主、惰质组次之、壳质组和矿物质微量为特征。需要指出的是，煤中惰质组含量相比中国晚古生代的煤高得多(Wang et al.，2021)，意味着中侏罗世时期该地区发生了较大规模的古野火事件(Hou et al.，2020)。

光亮煤中镜质组和惰质组的平均含量分别为 71.99%与 26.10%，半亮煤中镜质组和惰质组的平均含量分别为 65.17%与 30.80%。光亮煤和半亮煤的镜质组主要由基质镜质体、均质镜质体及结构镜质体组成，惰质组则以半丝质体为主(表 7-1)。半暗煤中镜质组和惰质组的平均含量分别为 58.20%与 37.46%，暗淡煤中镜质组和惰质组的平均含量分别为 53.95%与 41.66%，半暗煤和暗淡煤的镜质组主要由基质镜质体与均质镜质体组成；惰质组则以丝质体与半丝质体为主(表7-1)。样品中原生结构煤的镜质组、惰质组、壳质组及矿物含量分别为48.59%~90.32%(平均为64.72%)、4.07%~49.80%(平均为31.35%)、0~9.07%(平均为2.92%)和0~2.81%(平均为1.01%);碎裂煤的镜质组、惰质组、壳质组及矿物含量分别为25.78%~82.54%(平均为62.32%)、8.96%~71.78%(平均为34.31%)、0~11.94%(平均为2.84%)和0~6.44%(平均为0.95%)。可见,总体上二者相应显微煤岩组分含量相差不大(表7-1)。

7.3 基于氮气吸附的孔隙特征分析

低温氮气吸附能够精确测定煤的吸附孔隙的比表面积,同时给出孔隙体积和孔隙结构分布特征。所有煤样的BET比表面积在0.116~19.336 m^2/g之间(平均为1.408 m^2/g);BJH总孔体积在0.365~16.040×10^{-3} m^3/g之间(平均为2.606×10^{-3} m^3/g),与比表面积呈正相关关系(表7-2);计算的煤样平均孔径在3.318~21.302 nm之间(平均为10.537 nm)。原生结构煤的比表面积在0.116~2.157 m^2/g之间(平均为0.910 m^2/g),总孔体积在0.454~16.040×10^{-3} m^3/g之间(平均为2.603×10^{-3} m^3/g),平均孔径在6.411~21.302 nm之间(平均为10.258 nm)。碎裂煤的比表面积在0.177~19.336 m^2/g之间(平均为1.906 m^2/g),总孔体积在0.365~16.040×10^{-3} m^3/g之间(平均为3.149×10^{-3} m^3/g),平均孔径在3.318~17.527 nm之间(平均为10.816 nm)(表7-2)。可见,碎裂煤的比表面积、总孔体积及平均孔径的平均值均高于原生结构煤,而原生结构煤的平均孔径最小值和最大值均要高于碎裂煤。

表7-2 准南中段煤样的低温氮气吸附试验结果及吸附-脱附曲线类型

样品	煤体结构	宏观煤岩类型	比表面积/(m^2/g)	总孔体积/(10^{-3} cm^3/g)	平均孔径/nm	孔隙体积占比/%			D_{N1}	D_{N2}	曲线类型
						V_{mic}	V_{tran}	V_{meso}			
BTY	原生结构	光亮煤	0.297	0.905	12.200	45.30	39.30	15.40	2.13	2.64	A
CXY-2	原生结构	光亮煤	0.305	0.705	9.263	35.80	47.10	17.10	2.22	2.74	A
MM2-5	原生结构	光亮煤	0.283	0.546	7.722	56.20	32.60	11.20	1.92	2.76	B
TXH-1	原生结构	光亮煤	1.417	2.995	8.456	47.30	37.70	14.90	2.30	2.74	B
MM2-4	原生结构	半亮煤	0.116	0.461	15.864	23.50	49.10	27.40	2.12	2.58	A
TXH-2	原生结构	半亮煤	0.489	1.161	9.501	38.60	47.20	14.10	2.25	2.70	A
KG-1-2	原生结构	半亮煤	1.399	2.493	7.129	57.90	36.60	5.50	2.19	2.76	B
B4-1	原生结构	半亮煤	0.437	1.093	10.010	35.90	46.40	17.70	2.15	2.70	B
KG-1-4	原生结构	半亮煤	1.665	2.897	6.797	61.00	34.50	4.50	2.24	2.77	B
B8-15	原生结构	半亮煤	0.177	0.454	10.281	41.20	42.40	16.40	1.94	2.71	A
CXY-3	原生结构	半亮煤	0.260	0.524	8.076	40.90	53.70	5.50	2.02	2.71	A
KG-1-3	原生结构	半亮煤	1.950	3.340	6.850	60.10	34.70	5.20	2.18	2.82	A
B5-1	原生结构	半亮煤	0.494	1.687	13.671	29.60	48.70	21.70	2.15	2.59	A
B9-18	原生结构	半暗煤	0.847	1.871	8.832	36.60	46.40	17.00	2.22	2.70	B

表 7-2(续)

样品	煤体结构	宏观煤岩类型	比表面积/(m^2/g)	总孔体积/(10^{-3} cm^3/g)	平均孔径/nm	孔隙体积占比/%			D_{N1}	D_{N2}	曲线类型
						V_{mic}	V_{tran}	V_{meso}			
KG-1-1	原生结构	半暗煤	1.114	2.113	7.585	50.80	42.70	6.50	2.29	2.75	B
B9-1	原生结构	半暗煤	0.206	1.097	21.302	27.40	44.30	28.30	2.12	2.55	A
B8-1	原生结构	半暗煤	1.348	2.917	8.658	40.60	43.40	16.00	2.29	2.73	A
KG-1-5	原生结构	半暗煤	1.342	2.151	6.411	59.10	35.80	5.20	2.27	2.79	B
B8-18	原生结构	半暗煤	1.038	3.319	12.793	34.10	46.00	19.90	2.29	2.68	A
B10-1	原生结构	暗淡煤	2.157	3.560	6.601	48.60	38.90	12.50	2.27	2.78	C
XS	原生结构	暗淡煤	1.098	5.077	18.493	36.50	42.00	21.50	2.24	2.57	C
B7-3	原生结构	暗淡煤	1.192	2.861	9.597	50.00	37.00	13.00	2.26	2.73	C
DX-1	原生结构	暗淡煤	1.307	3.214	9.838	36.90	48.20	14.90	2.33	2.73	A
B10-9	碎裂	光亮煤	0.373	1.578	16.915	25.50	48.90	25.60	2.22	2.56	A
B9-7	碎裂	光亮煤	0.237	0.861	14.341	28.10	46.90	25.00	2.18	2.60	A
XGG-1	碎裂	光亮煤	1.811	2.860	6.317	64.80	33.20	2.00	2.20	2.80	B
B2-1	碎裂	光亮煤	0.598	2.157	14.430	31.60	46.50	21.90	2.21	2.60	A
B5-6	碎裂	光亮煤	0.274	0.922	13.479	32.50	45.10	22.40	2.05	2.64	A
EDS-1	碎裂	光亮煤	1.985	3.687	7.429	49.20	37.90	12.90	2.32	2.79	B
B9-13	碎裂	光亮煤	0.366	1.124	12.269	29.50	47.30	23.20	2.17	2.63	A
MM2-7	碎裂	半亮煤	0.177	0.365	8.236	41.30	41.10	17.60	1.96	2.74	B
TXH-3	碎裂	半亮煤	2.287	4.339	7.590	48.90	38.70	12.50	2.34	2.76	B
NS-2	碎裂	半亮煤	0.731	1.917	10.491	38.00	45.00	17.00	2.19	2.71	A
B2-4	碎裂	半亮煤	0.593	2.589	17.476	29.30	47.20	23.50	2.21	2.57	A
LHG-3	碎裂	半亮煤	0.296	1.070	14.453	30.40	46.90	22.80	2.16	2.61	B
NS-1	碎裂	半亮煤	0.756	1.477	7.812	39.90	47.70	12.40	2.16	2.75	A
B4-5	碎裂	半亮煤	1.596	2.833	7.098	43.30	42.70	14.00	2.31	2.78	B
B8-23	碎裂	半亮煤	1.066	3.937	14.772	29.00	50.50	20.50	2.21	2.58	A
B10-3	碎裂	半暗煤	1.877	3.413	7.274	43.00	42.20	14.80	2.24	2.80	B
YA-1	碎裂	半暗煤	0.768	2.284	11.892	37.90	47.00	15.00	2.26	2.65	A
B8-4	碎裂	半暗煤	1.402	3.086	8.802	37.90	45.70	16.40	2.30	2.71	A
EDS-2	碎裂	半暗煤	1.249	2.481	7.946	51.10	36.90	12.00	2.25	2.93	B
B13-1	碎裂	半暗煤	1.225	3.977	12.983	47.60	37.90	14.40	2.30	2.64	C
B10-12	碎裂	半暗煤	0.780	3.418	17.527	35.40	44.10	20.50	2.22	2.59	C
DB	碎裂	暗淡煤	4.063	6.022	5.929	48.00	38.90	13.10	2.27	2.79	D
TD	碎裂	暗淡煤	19.336	16.040	3.318	53.80	34.90	11.30	2.22	2.91	D

注:平均孔径=4×总孔体积/比表面积;V_{mic}—微孔体积占比;V_{tran}—过渡孔体积占比;V_{meso}—中孔体积占比。

暗淡煤与其他宏观煤岩类型显著不同,其具有最高的比表面积(平均为 4.859 m^2/g)、最大的总孔体积(平均为 6.129×10^{-3} m^3/g)与最低的平均孔径(平均为 8.963 nm),而其他宏观煤岩类型的比表面积则分别在 0.237～1.985 m^2/g 之间(光亮煤)、0.116～2.287 m^2/g 之间(半亮煤)以及 0.206～1.877 m^2/g 之间(半暗煤)；总孔体积在 0.546×10^{-3}～3.687×10^{-3} m^3/g 之间(光亮煤)、0.365×10^{-3}～4.339×10^{-3} m^3/g 之间(半亮煤)以及 1.097×10^{-3}～3.977×10^{-3} m^3/g 之间(半暗煤)；平均孔径在 6.317～16.915 nm 之间(光亮煤)、6.797～17.476 nm 之间(半亮煤)以及 6.411～21.302 nm 之间(半暗煤)。

7.3.1　孔径分布和孔隙形态

基于氮气吸附试验结果，煤样孔隙体积以平均占比为 41.5%的微孔、平均占比为 42.8%的过渡孔以及平均占比为 15.7%的中孔为特征。原生结构煤的微孔、过渡孔以及中孔体积占比范围分别在 23.5%～61.0%(平均为 43.2%)、32.6%～53.7%(平均为 42.4%)与 4.5%～28.3%(平均为 14.4%)之间。碎裂煤的微孔、过渡孔以及中孔体积占比范围分别在 25.5%～64.8%(平均为 39.8%)、32.6%～50.5%(平均为 43.2%)与 2.0%～25.6%(平均为 17.0%)之间(表 7-2)。光亮煤、半亮煤、半暗煤及暗淡煤的微孔体积平均占比分别为 40.5%、40.5%、41.8%及 45.6%，过渡孔体积平均占比分别为 42.0%、44.3%、42.7%及 40.0%，中孔体积平均占比分别为 17.4%、15.2%、15.5%及 14.4%。较其他宏观煤岩类型，暗淡煤微孔体积占比最高，过渡孔与中孔体积占比最低。半亮煤具有最高的过渡孔体积占比，光亮煤具有最高的中孔体积占比，且二者的微孔体积占比均最低(表 7-2)。

低温液氮吸附试验中，不同煤样的孔径分布特征各有差异，表现为吸附曲线形态各有不同。由于毛细凝聚现象的存在，吸附分支和解吸分支会出现重叠和分离两种情况。吸附和解吸分支分开便会形成所谓的滞后回线，在一定程度上，滞后回线的形式反映了孔隙结构的实际特征(Zhou et al.,2018)。前人调查了多种物理吸附等温线，总体将其归纳为Ⅰ、Ⅱ、Ⅲ、Ⅳ、Ⅴ和Ⅵ等六种类型(Sing,1982)。国际纯粹与应用化学联合会(IUPAC)提出了四种滞后回线类型：H1 和 H4 为两种极端的类型，而 H2 和 H3 代表两种极端类型中间的过渡类型。

根据 IUPAC 多孔介质的分类，又将煤样的吸附-脱附曲线分为 A、B、C 与 D 四种类型(表 7-2)。所选煤样的典型吸附-脱附曲线由表 7-2 给出，样品的 A 型曲线为带有 H3 型滞后回线的Ⅳ型等温线，所代表的孔隙为典型的双峰孔隙结构，微孔和小孔含量均较高，各孔径所占比例相对均等，孔隙形态多为开放型的两端开口圆柱孔及四边开放平行板孔，也可能存在少量一端封闭的不透气孔隙[图 7-2(a)、(b)、(i)、(j)]。样品的 B 型曲线为带有 H3 型滞后回线的Ⅱ型等温线，存有明显的滞后环，但并未出现典型的平台段，所代表的孔隙结构以微孔发育为主，孔隙形态为开放型的两端开口圆柱孔、四边开放平行板孔及楔形孔[图 7-2(c)、(d)、(e)、(f)、(k)、(l)]。样品的 C 型曲线为带有 H2 型滞后回线的Ⅱ型等温线，存有明显的滞后环，表现出典型的平台段，所代表的孔隙结构以微孔占绝对优势，孔隙形态为典型的细颈瓶状毛细孔，当然也不排除一端封闭的不透气孔隙的存在[图 7-2(g)、(h)、(m)、(n)]。样品的 D 型曲线为带有特殊滞后回线的Ⅱ型等温线，所代表的孔隙结构以微孔发育为主，其孔隙形态较为复杂，尚待商榷，一般认为存在较多的两端开口狭缝孔和圆柱孔[图 7-2(o)、(p)]。所选典型吸附-脱附曲线中主要存在三种类型的滞后回线，与 H3 型滞后回线相比，H2 型滞后回线在相对高的压力下表现出平台段，D 型曲线因其对应的吸附-脱附曲线之间无明显滞后现象，可认为具有一种特殊的滞后回线(图 7-2)。总体而言，试验所得吸附-脱附曲线以 A 型为主，B 型次之，C 型较少，D 型最少(表 7-2)。

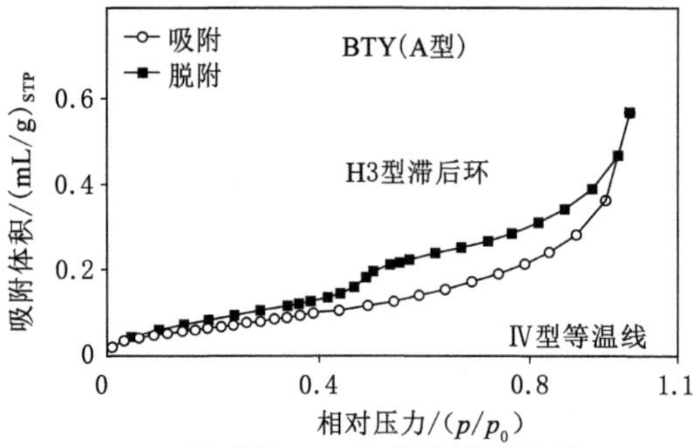

(a) 样品BTY，光亮型原生结构煤

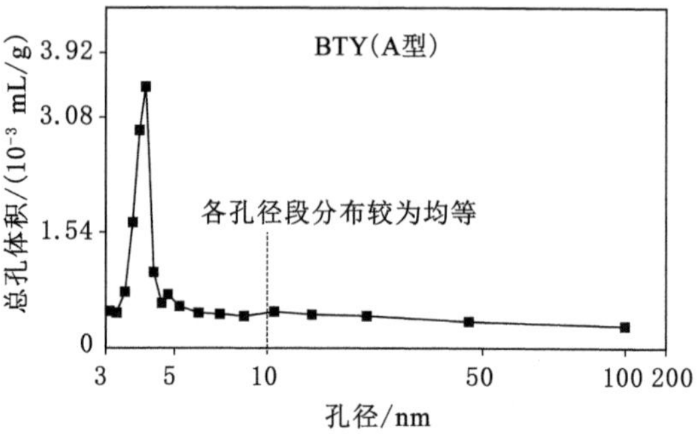

(b) 样品BTY，光亮型原生结构煤

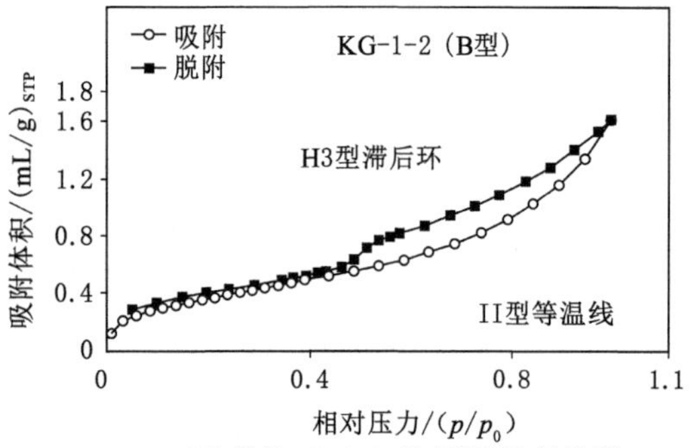

(c) 样品KG-1-2，半亮型原生结构煤

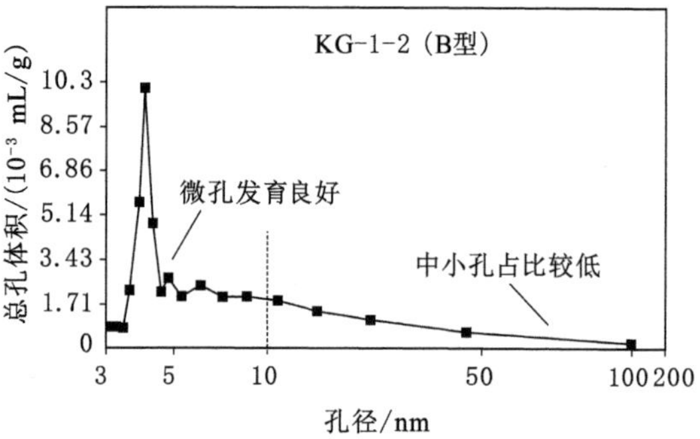

(d) 样品KG-1-2，半亮型原生结构煤

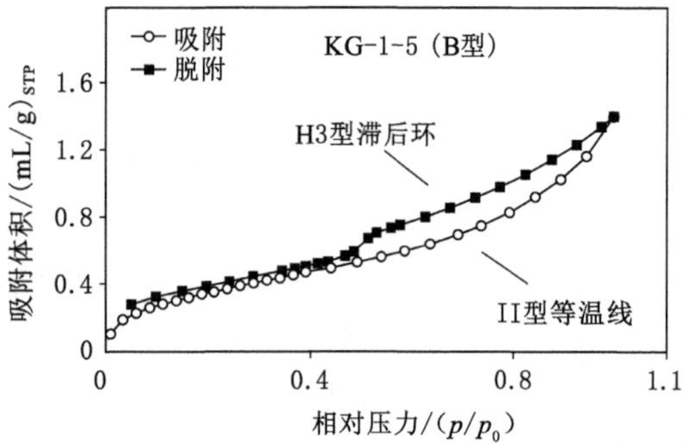

(e) 样品KG-1-5，半暗型原生结构煤

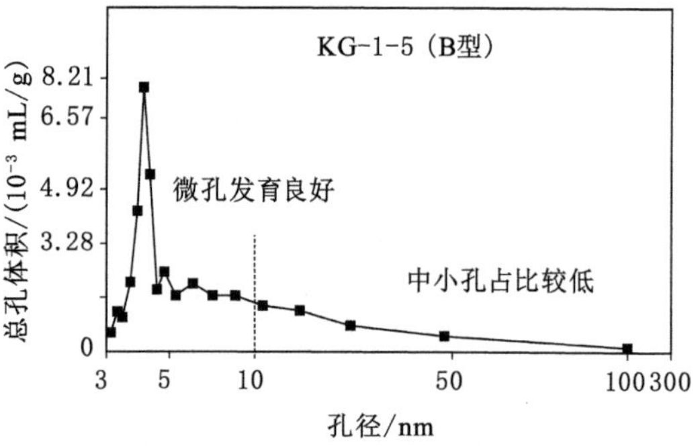

(f) 样品KG-1-5，半暗型原生结构煤

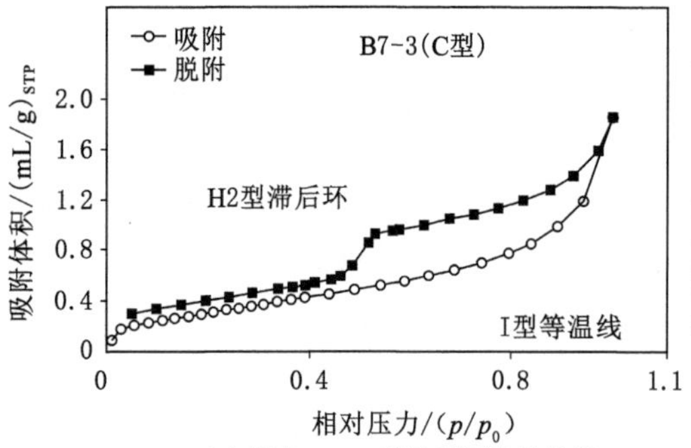

(g) 样品B7-3，暗淡型原生结构煤

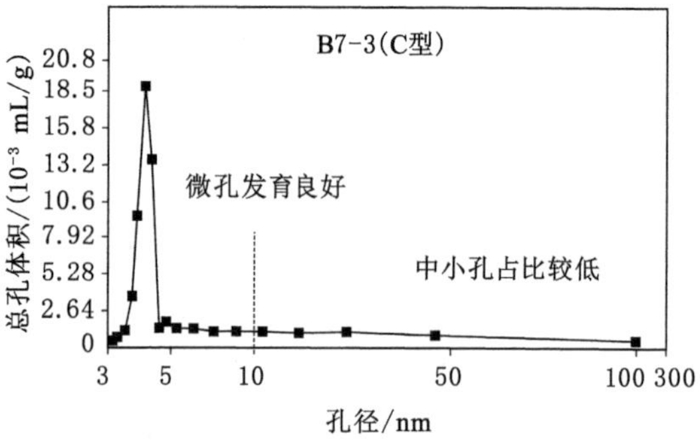

(h) 样品B7-3，暗淡型原生结构煤

图 7-2　基于 LTNA 的准南典型西山窑组样品氮气吸附-脱附曲线和孔径分布

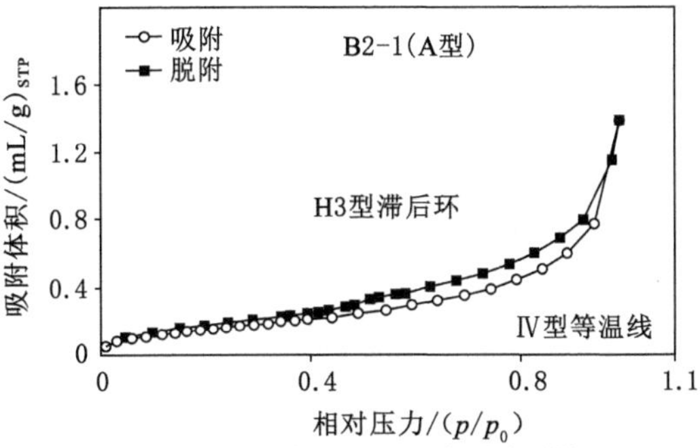

(i) 样品B2-1，光亮型碎裂煤

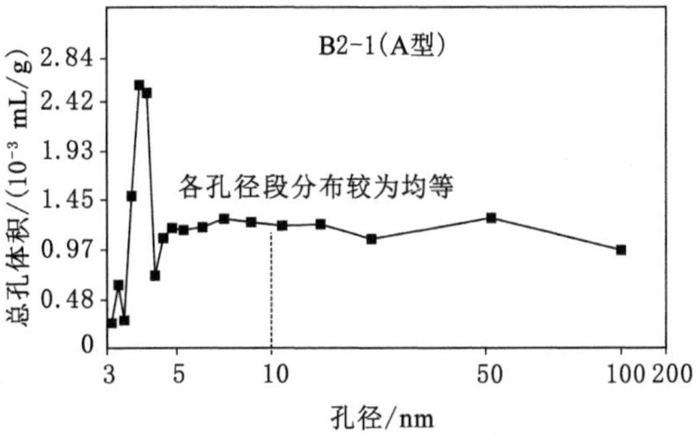

(j) 样品B2-1，光亮型碎裂煤

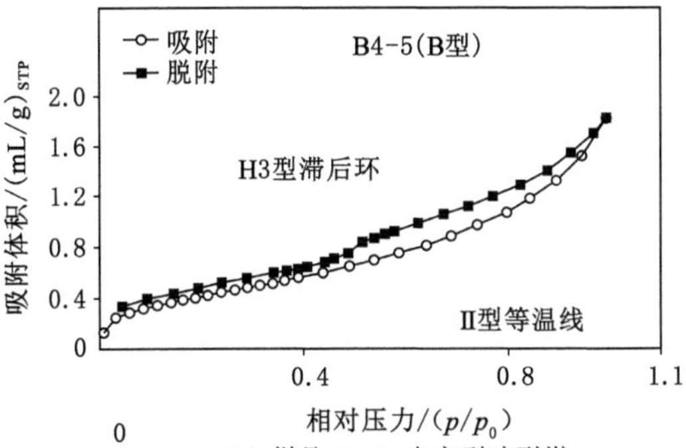

(k) 样品B4-5，半亮型碎裂煤

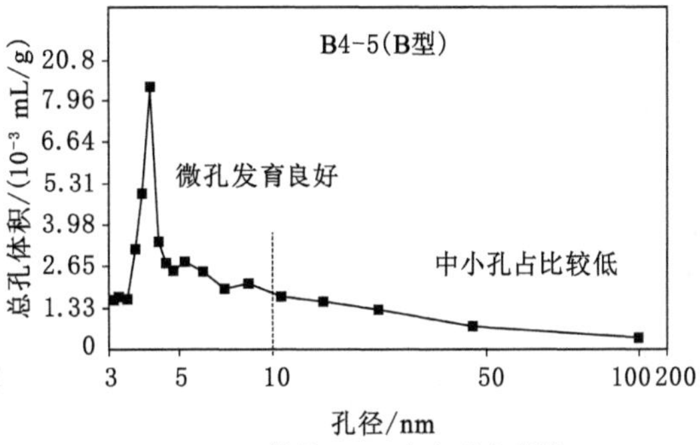

(l) 样品B4-5，半亮型碎裂煤

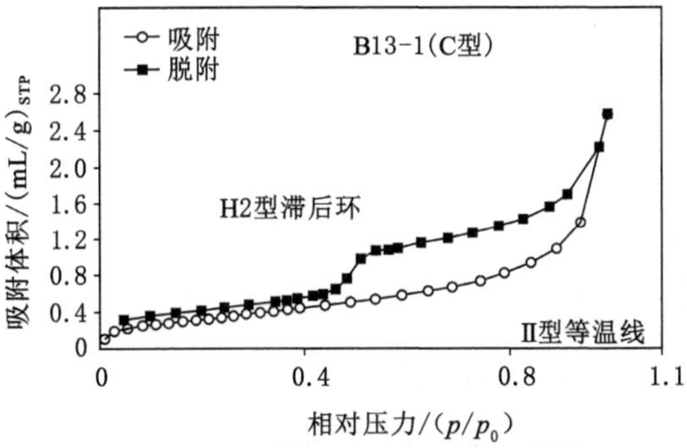

(m) 样品B13-1，半暗型碎裂煤

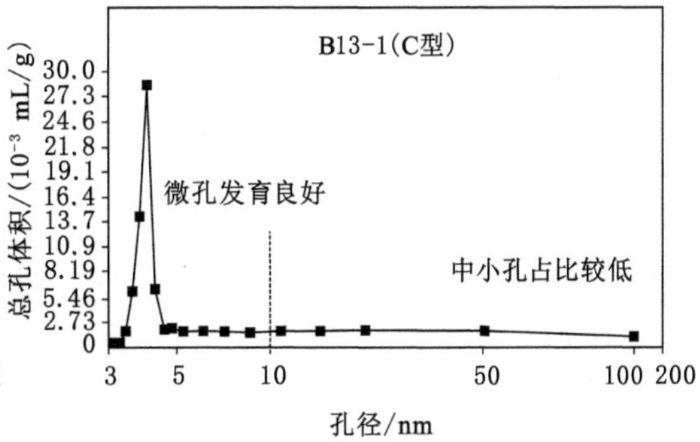

(n) 样品B13-1，半暗型碎裂煤

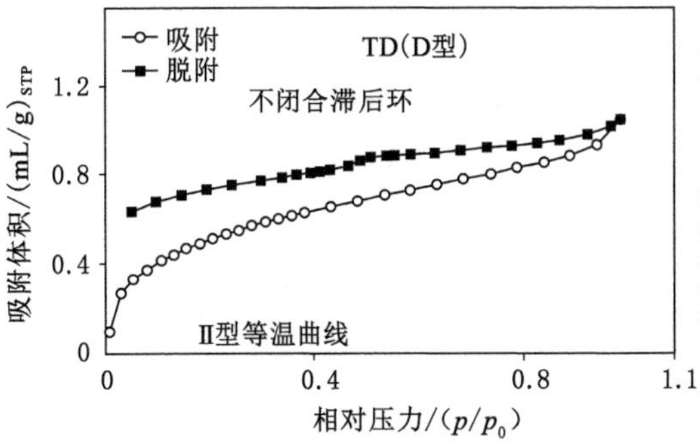

(o) 样品TD，暗淡型碎裂煤

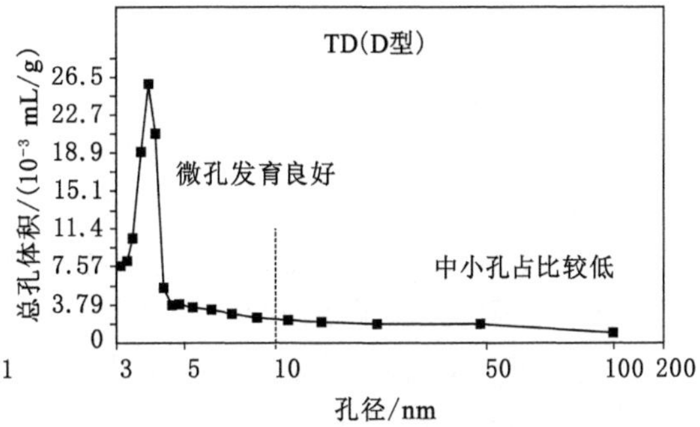

(p) 样品TD，暗淡型碎裂煤

图 7-2 （续）

7.3.2 孔隙结构分形表征

分形维数在一定程度上可用来定量反映煤孔隙结构的变化特征。因试验样品的吸附-脱附曲线均在相对压力值为 0.5 左右发生滞后现象，这反映了在此压力前后所测试的孔隙大小与孔隙形态均存有较大差异，故以相对压力值为 0.5 作为划分界限，应用式(6-1)来分别计算相对压力在 0～0.5 和 0.5～1 两段的孔隙分形维数。

在这两个相对压力段上，$\ln V$-$\ln\left(\ln \dfrac{p_0}{p}\right)$ 双对数关系曲线呈现不同的斜率，且两者之间拟合度较高(图 7-3)，说明在这两个相对压力段上确实存有两个不同的孔隙分形维数，即 D_{N1} 和 D_{N2}。作为反映煤的吸附孔表面分形维数的 D_{N1} 在 1.92～2.34 之间变化，平均为 2.20；反映孔隙结构分形维数的 D_{N2} 在 2.55～2.93 之间变化，平均为 2.70(表 7-2)。

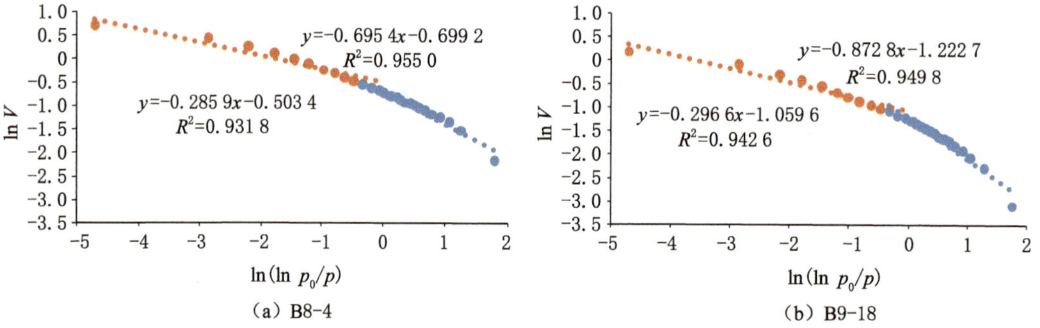

图 7-3　基于 LTNA 的准南典型西山窑组样品 B8-4 和 B9-18 的体积(V)与相对压力(p_0/p)双对数曲线

7.4 基于压汞试验的孔隙特征分析

高压压汞法是煤储层孔隙结构研究常用的一种试验手段，主要用于表征煤储层的渗流孔隙特征。所得试验参数主要包括氦孔隙度、空气渗透率、排驱压力、饱和度中值压力、孔喉和孔隙半径、(最大)进汞饱和度以及(最大)退汞效率等。所测煤样氦孔隙度为 3.17%～7.96%，平均为 5.25%，空气渗透率为 0.001～151.660 mD，平均为 12.351 mD，NS-2 和 CXY-2 样品裂隙发育良好，空气渗透率明显较高。对于原生结构煤，煤样的氦孔隙度为 3.17%～7.96%，平均为 4.94%，空气渗透率为 0.001～36.482 mD，平均为 4.028 mD。对于碎裂煤，煤样孔隙度为 4.72%～7.55%，平均为 5.77%，渗透率为 0.003～151.660 mD，平均为 22.224 mD(表 7-3)。可见，较原生结构煤、碎裂煤具有较高的孔隙度与渗透率。关于宏观煤岩类型，因野外所采暗淡煤样品脆性较大，未能制成柱状煤样进行压汞试验。

由光亮煤至半暗煤，其氦孔隙度平均值分别为 5.84%、5.30%和 3.83%。除具有较高空气渗透率的 NS-2 和 CXY-2 样品外，不同宏观煤岩类型的空气渗透率平均值与对应氦孔隙度也呈现出相同的变化特征，即由光亮煤至半暗煤，所测煤样氦孔隙度与空气渗透率均呈降低趋势(表 7-3)。煤样的排驱压力作为非润湿相开始进入岩样最大喉道的压力，其范围介于 0.138～13.780 MPa 之间，平均为 4.643 MPa。饱和度中值压力为 22.188～90.417 MPa，

表 7-3　准噶尔盆地南缘中段煤样的压汞试验结果

样品	渗透率/mD	氦孔隙度/%	孔喉半径/μm	孔隙半径/μm	排驱压力/MPa	饱和度中值压力/MPa	最大进汞饱和度/%	退汞效率/%	孔隙体积占比/%			D_{MIP}	曲线类型
									V_{tran}	V_{meso}	V_{mac}		
CXY-2	36.482	5.08	0.012	0.026	5.497	67.316	92.99	73.99	76.66	15.73	7.61	3.50	C
TXH-1	2.448	6.97	0.027	0.340	0.265	28.110	91.55	50.39	55.24	27.75	17.01	3.34	A
MM2-4	0.010	4.48	0.015	0.996	0.138	49.000	90.92	64.69	58.31	9.47	32.22	3.36	A
TXH-2	0.052	7.96	0.020	0.122	0.682	38.740	94.05	47.86	66.39	24.34	9.27	3.47	C
KG-1-2	1.080	4.34	0.010	0.024	5.496	73.585	94.45	73.77	78.66	14.18	7.16	3.42	C
KG-1-4	0.005	4.31	0.009	0.013	13.774	82.969	93.07	82.48	80.35	11.09	8.57	3.46	C
CXY-3	0.070	4.30	0.009	0.012	13.772	85.219	90.81	87.08	83.23	10.69	6.08	3.49	C
KG-1-3	0.001	4.28	0.009	0.013	13.778	90.417	90.05	86.23	84.78	8.70	6.52	3.47	C
KG-1-1	0.130	3.17	0.012	0.333	0.257	66.468	85.54	82.87	73.82	10.47	15.71	3.37	B
KG-1-5	0.002	4.48	0.009	0.022	5.496	81.194	93.95	81.67	82.79	10.38	6.82	3.49	C
XGG-1	0.051	4.77	0.010	0.333	0.262	80.050	90.21	77.89	75.41	9.83	14.76	3.37	B
EDS-1	3.254	6.55	0.016	0.657	0.138	47.190	93.31	59.98	62.23	17.91	19.86	3.35	A
TXH-3	0.181	5.59	0.016	0.133	0.673	45.740	93.95	58.34	67.65	23.05	9.30	3.44	C
NS-2	151.660	5.43	0.012	0.689	0.138	62.590	88.49	67.76	63.63	13.81	22.56	3.37	A
LHG-3	0.003	4.72	0.009	0.011	13.78	82.580	92.87	79.69	80.26	10.81	8.93	3.44	C
NS-1	2.193	7.55	0.035	0.619	0.138	22.188	91.71	48.85	50.71	27.68	21.61	3.32	A

注：V_{tran}—过渡孔体积占比；V_{meso}—中孔体积占比；V_{mac}—大孔体积占比。

平均为 62.710 MPa。排驱压力与饱和度中值压力呈正相关关系，而与孔隙半径呈负相关关系，其值越小反映煤样渗透性越好，即一个低驱替压力的样品往往具有较高的孔隙度(表 7-3)。煤样平均孔喉半径介于 0.009～0.035 μm 之间(平均为 0.014 μm)，平均孔径为 0.011～0.996 μm(平均为 0.271 μm)。用于表征孔隙连通性的退汞效率为 47.86%～87.08%，平均为 70.22%。进汞饱和度在 85.54%～94.45%之间变化，平均为 91.75%。

关于宏观煤岩类型，光亮煤的排驱压力和饱和度中值压力均值分别为 1.541 MPa 和 55.667 MPa，平均孔喉半径中值和平均孔径均值分别为 0.016 μm 和 0.339 μm，退汞效率和进汞饱和度均值分别为 65.56%和 92.02%。半亮煤的排驱压力和饱和度中值压力均值分别为 6.237 MPa 和 63.303 MPa，平均孔喉半径中值和平均孔径均值分别为 0.014 μm 和 0.263 μm，退汞效率和进汞饱和度均值分别为 69.68%和 92.04%。半暗煤的排驱压力和饱和度中值压力均值分别为 2.877 MPa 和 73.831 MPa，平均孔喉半径中值和平均孔径均值分别为 0.011 μm 和 0.178 μm，退汞效率和进汞饱和度均值分别为 82.27%和 89.75%(表 7-3)。可见，由光亮煤至半暗煤，所测煤样的饱和度中值压力和退汞效率均逐渐增加，而平均孔喉半径中值和平均孔径则均呈降低趋势。

关于煤体结构，原生结构煤的排驱压力为 0.138～13.778 MPa，平均为 5.916 MPa；饱和度中值压力为 28.110～90.417 MPa，平均为 66.302 MPa；平均孔喉半径中值为 0.009～0.027 μm (平均为 0.013 μm)；平均孔径为 0.012～0.996 μm(平均为 0.190 μm)；退汞效率为 47.86%～87.08%，平均为 73.10%；进汞饱和度为 85.54%～94.45%，平均为 91.74%。对于碎裂煤，煤样排驱压力为 0.138～13.780 MPa，平均为 2.522 MPa；饱和度中值压力为 22.118～82.580 MPa，平均为 56.723 MPa；平均孔喉半径中值为 0.009～0.035 μm(平均为 0.016 μm)；平均孔径为 0.011～0.689 μm(平均为 0.407 μm)；退汞效率为 48.85%～79.69%，平均为 65.42%；进汞饱和度为 88.49%～93.95%，平均为 91.76%(表 7-3)。可见，与原生结构煤相比，碎裂煤的排驱压力与饱和度中值压力相对较低，平均孔喉半径中值与平均孔径相对较大，退汞效率也相对较低。

7.4.1 孔径分布和孔隙形态

基于压汞试验结果，煤样孔隙体积以平均占比为 71.2%的过渡孔、平均占比为 15.4%的中孔以及平均占比为 13.4%的大孔为特征。原生结构煤的过渡孔、中孔以及大孔体积占比范围分别在 55.2%～84.8%(平均为 74.0%)、8.7%～27.8%(平均为 14.3%)与 6.1%～32.2%(平均为 11.7%)之间。碎裂煤的过渡孔、中孔以及大孔体积占比范围分别在 50.7%～80.3%(平均为 66.7%)、9.8%～27.7%(平均为 17.2%)与 8.9%～22.6%(平均为 16.2%)之间(表 7-3)。

光亮煤、半亮煤及半暗煤的过渡孔体积平均占比分别为 67.4%、71.4%及 78.3%，中孔体积平均占比分别为 17.8%、15.4%及 10.4%，大孔体积平均占比分别为 14.8%、13.2%及 11.3%(表 7-3)。总体而言，较原生结构煤，碎裂煤具有更高的中大孔体积占比；由光亮煤至半暗煤，过渡孔体积平均占比逐渐递增，中大孔体积占比逐渐减小。

根据排驱压力、退汞效率以及不同孔径体积占比，可将 MIP 的进汞-退汞曲线划分为 A、B、C 三种类型(Chen et al.，2012)。因不同煤样的进汞-退汞曲线对应的孔隙滞后环宽度以及进汞、退汞体积差有所不同，可对样品孔隙结构及其孔隙连通性做进一步分析(Hou et al.，2020)。

A 型曲线对应的样品以低排驱压力与低退汞效率为特征，压汞曲线孔隙滞后环宽大，进汞、退汞体积差很大，退汞曲线先下凹后上凸，表明压汞测试孔径范围内孔隙形态主要为开放孔，孔径分布较为均匀，孔隙连通性最好[图 7-4(a)、(d)]。至于 C 型曲线对应的样品，其排驱压力与退汞效率均较高，存在一定的进汞、退汞体积差，孔隙滞后环较宽，退汞曲线呈下凹状，表明压汞测试孔径范围内孔隙形态以开放孔为主，含一定的半封闭孔隙，但大孔比例低于 A 型曲线对应的样品，连通性较好[图 7-4(c)、(f)]。B 型曲线对应的样品具有较低的排驱压力和中等退汞效率，孔隙滞后环窄小，退汞体积差变化缓慢，退汞曲线均呈下凹状，表明压汞测试孔径范围内孔隙形态开放孔较多，同时包括相当数量的半封闭孔隙，大孔的比例又低于 C 型曲线对应的样品，孔隙连通性较差[图 7-4(b)、(e)]。总体而言，所测样品的进汞-退汞曲线以 C 型和 A 型为主，B 型较少(表 7-3)。

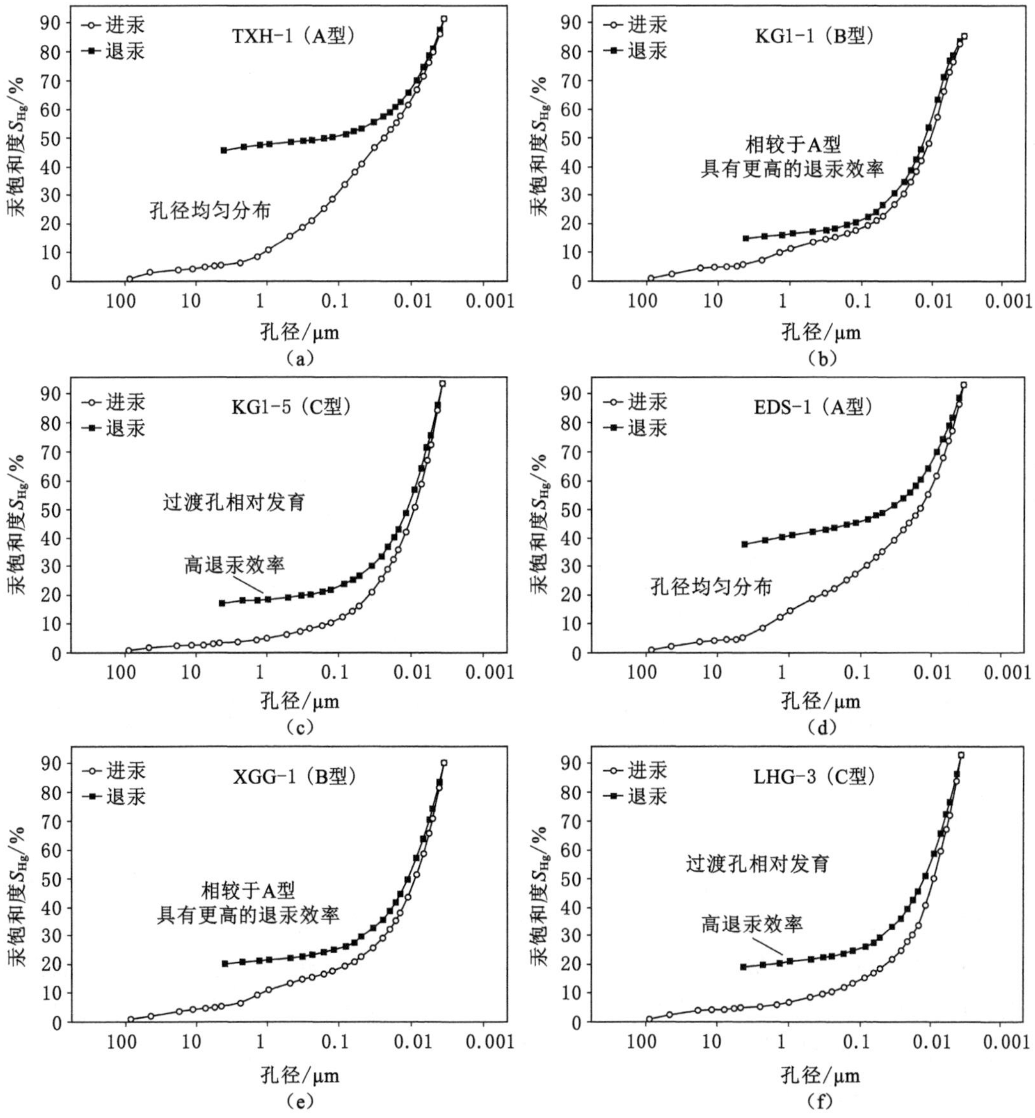

图 7-4　基于 MIP 的准南典型西山窑组样品进汞-退汞曲线

7.4.2 孔隙结构分形表征

本书基于 Menger 海绵分形模型，利用式(6-2)计算了表征渗流孔隙结构复杂性的分形维数 D_{MIP}(表 7-3)。绘出的 lg p-lg(dV/dp)双对数曲线的拟合度在 0.768 5～0.950 8 之间，平均拟合度达 0.882 4(图 7-5)，求得的分形维数为 3.32～3.50，平均为 3.42，其主要反映了样品中大孔和中孔的分形特征，表明所测样品渗流孔隙结构均较复杂。

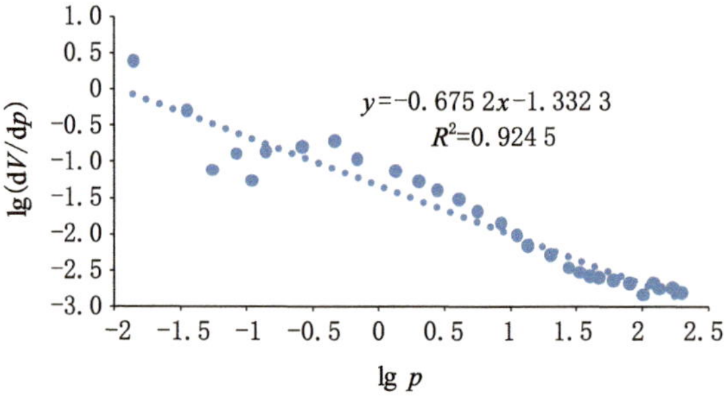

(a) NS-1

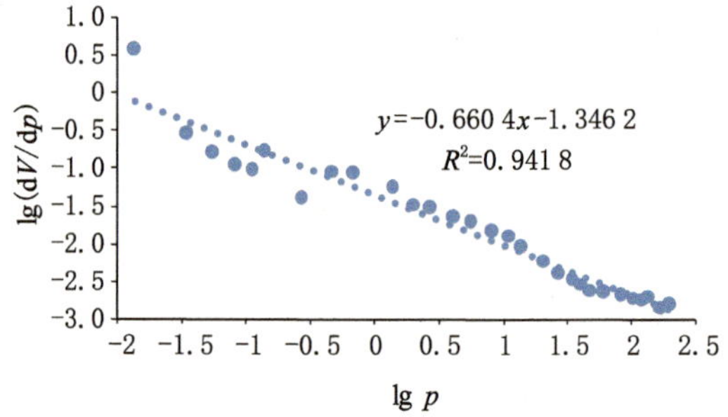

(b) TXH-1

图 7-5 基于 MIP 的准南典型西山窑组样品 NS-1 和 TXH-1 的注入压力(p)与进汞量(dV/dp)双对数曲线

7.5 显微煤岩组分发育特征及对宏观煤岩类型分布的控制

7.5.1 不同宏观煤岩类型和煤体结构下的显微煤岩组分发育特征

由表 7-1 可知，由光亮煤至暗淡煤，其显微煤岩组分具有镜质组含量由高变低，而惰质组与壳质组含量则呈现出由低变高的变化特征。由原生结构煤至碎裂煤，镜质组含量有所减少，惰质组含量有所增加，而壳质组与矿物含量几乎不变。煤样中镜质组的主要显微组分有均质镜质体和基质镜质体，惰质组的主要显微组分有丝质体与半丝质体，壳质组的主要显微组分为孢子体与角质体(图 7-6)。不同煤体结构下，煤中显微煤岩组分及孔-裂隙发育特征存有差异。碎裂煤中角质体近平行分布于镜质体当中[图 7-6(a)]，部分丝质体因外力作用稍有破裂[图 7-6(b)]，均质镜质体内发育有两条正交裂隙[图 7-6(c)]；过半丝质体和基质镜质体的裂隙具有明显的方向选择性，在半丝质体中沿植物孢腔连接方向延展，在基质镜质体中裂隙方向则有避开惰质组成分延展的趋势[图 7-6(f)]；也有相当数量的孢子体分布于基质镜质体当中[图 7-6(h)、(i)]。原生结构煤中外生裂隙在不同煤岩显微组分内延伸，均质镜质体内的裂隙遇到更大硬度的半丝质体发生终止[图 7-6(d)]；半丝质体发育良好，大部分被黏土矿物充填[图 7-6(e)]；由于团块镜质体的氧化和细菌分解，发现有大量粗粒体的存在[图 7-6(g)]。整体上，由于受到外部构造应力的影响，碎裂结构煤中的裂隙较原生结构煤更为发育，这使得碎裂结构煤中具有较高的比表面积、总孔体积、孔隙度和渗透率(表 7-2、表 7-3)。由于不同显微煤岩组分的物理化学特征不同，裂隙更容易在均质镜质体中发育，其次为基质镜质体，在丝质体和半丝质体中发育较差。另外，不能忽略丝质体和半丝质体中的原生或变形孢腔孔隙[图 7-6(b)、(d)、(e)]，这些孔隙在煤层气的富集和运移过程中也起到了重要的作用。因此，煤的显微组分与煤孔-裂隙结构和煤体结构发育关系密切(Xu et al.,2019)，光亮煤和半亮煤中具有较多的镜质组。镜质组强度低，在同等应力条件下，可以容易形成更多的构造孔隙和裂隙[图 7-6(c)、(d)、(f)]，因而原生结构煤中的光亮煤和半亮煤比半暗煤和暗淡煤更容易向构造煤转化。

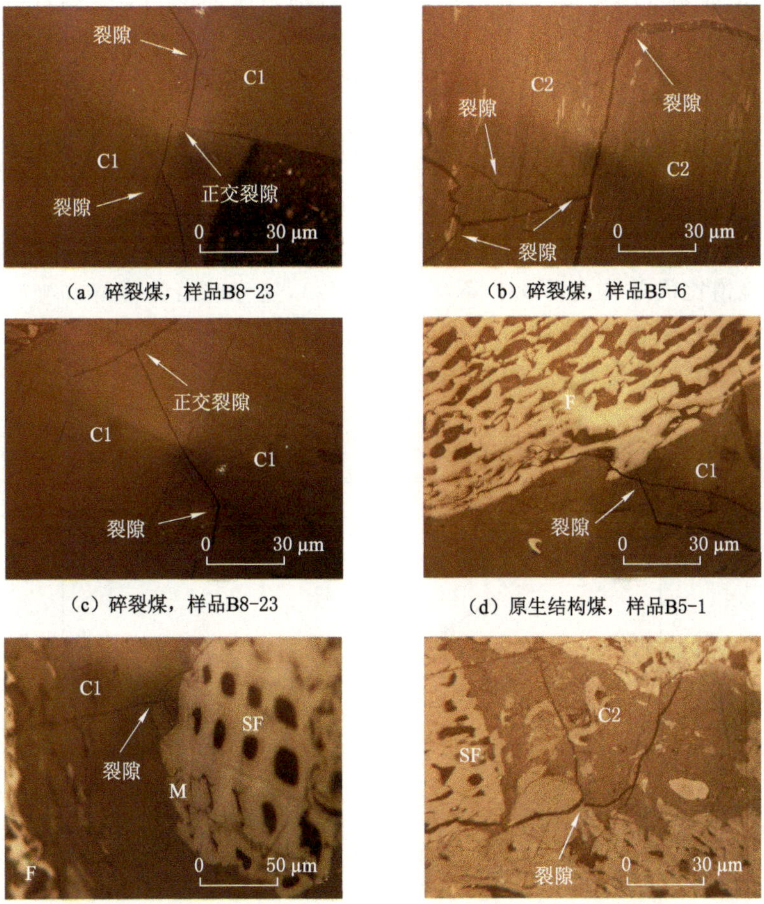

(a) 碎裂煤，样品B8-23　(b) 碎裂煤，样品B5-6

(c) 碎裂煤，样品B8-23　(d) 原生结构煤，样品B5-1

(e) 原生结构煤，样品B9-1　(f) 碎裂煤，样品B4-5

C1—均质镜质体；C2—基质镜质体；F—丝质体；SF—半丝质体；M—矿物。

图 7-6　发育于显微煤岩组分中的裂隙展示

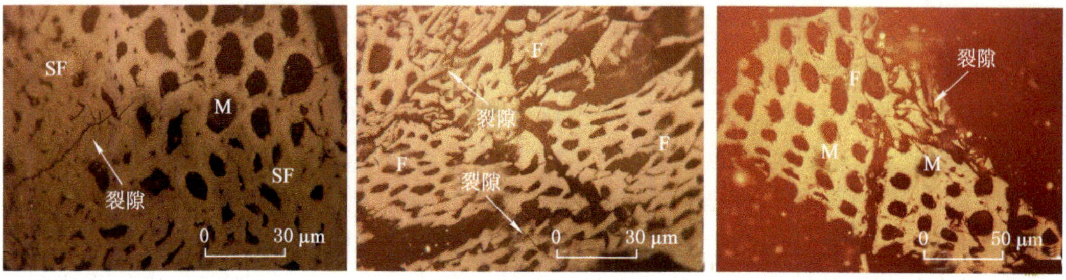

(g) 原生结构煤，样品B9-18　　(h) 原生结构煤，样品B5-1　　(i) 碎裂煤，样品B4-5

图 7-6 （续）

7.5.2　宏观煤岩类型分布的煤岩学控制模式

煤相即煤的原始成因类型，取决于泥炭形成时的沼泽环境。显微煤岩组分及显微煤岩类型的研究是划分煤相类型的主要指标，也是研究厚煤层成因的重要依据（邵龙义 等，2017）。在煤相研究中，前人提出了多种划分煤相类型的煤显微组分指标，主要包括镜质组/惰质组（V/I）、凝胶化指数（GI）、植物组织保存指数（TPI）、地下水流动指数（GWI）和森林指数（WI）。因煤相参数 GI、TPI、WI 和 GWI 在应用方面存在争议（Dai et al.，2020），故此次研究以 V/I 为主要参数来探讨不同煤体结构与宏观煤岩类型下的覆水条件和成煤沼泽环境。根据不同宏观煤岩类型/煤体结构和 V/I 之间的关系图可知，从光亮煤至暗淡煤，煤的镜惰比值总体上呈现下降趋势（图 7-7），这意味着光亮煤和半亮煤的泥炭沼泽富水深度大，凝胶化程度高，同一层位下其沉积位置趋向于盆地中心；而暗淡煤和半暗淡煤的泥炭沼泽覆水深度浅，凝胶化程度低，同一层位下其沉积位置趋向于盆地边缘（图 7-8）。

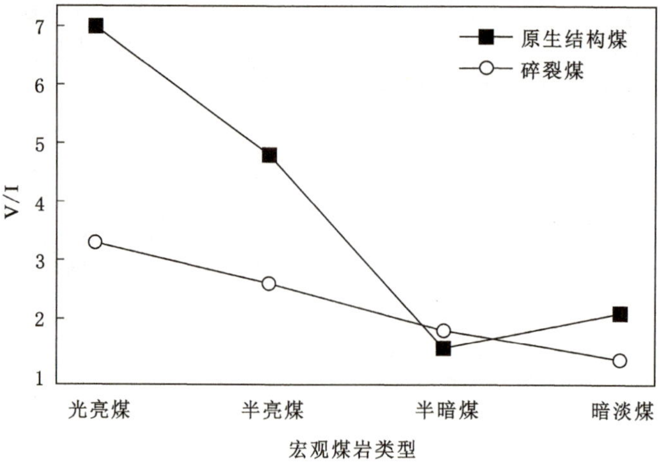

图 7-7　所测西山窑组样品不同宏观煤岩类型/煤体结构和 V/I 之间的关系

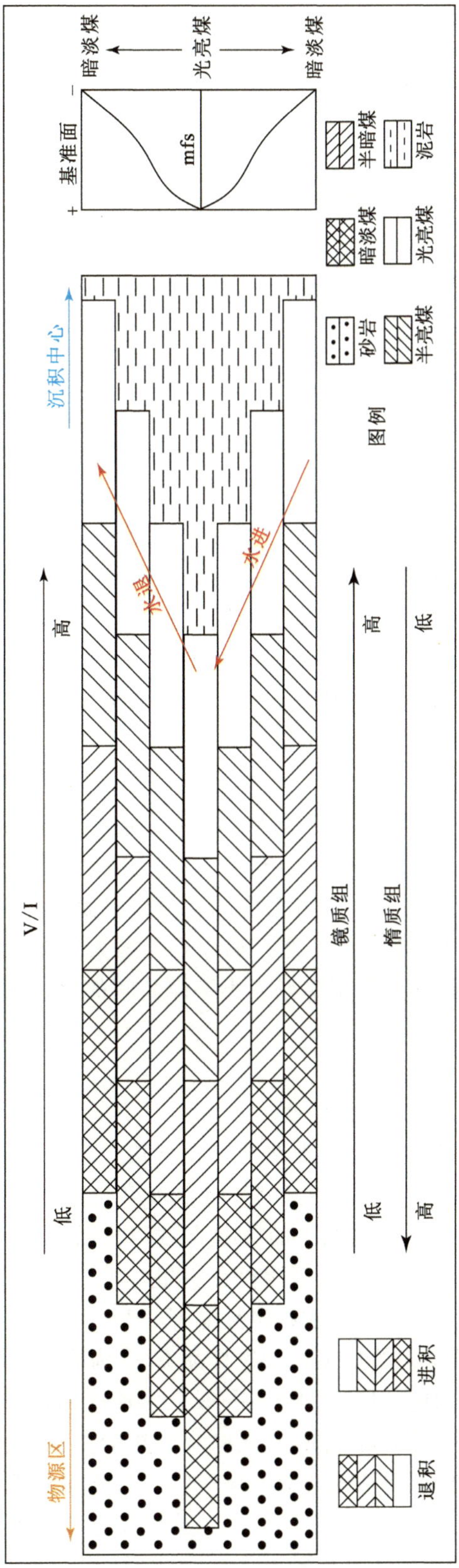

图7-8　不同宏观煤岩类型垂向沉积模式及相应显微煤岩组分特征

7.6 不同宏观煤岩类型下的孔隙结构特征

7.6.1 比表面积和总孔体积

该部分探究了同一煤体结构下不同宏观煤岩类型与孔隙结构之间的关系。对于原生结构煤而言，所测煤样的比表面积平均值有如下排序：光亮煤＜半亮煤＜半暗煤＜暗淡煤；碎裂煤中不同宏观煤岩类型的比表面积平均值也具有相同的变化特征[图 7-9(a)]。此外，相较其他宏观煤岩类型，暗淡煤拥有最大的比表面积，这说明煤体本身的物质组成对其比表面积的变化具有重要影响(Zhao et al.,2019)。鉴于 BJH 总孔体积与 BET 比表面积呈正相关关系，因而同一煤体结构不同宏观煤岩类型下煤的孔隙比表面积和总孔体积变化特征基本一致，所测样品的总孔体积平均值也有如下排序：光亮煤＜半亮煤＜半暗煤＜暗淡煤[图 7-9(b)]。同一煤体结构下，各宏观煤岩类型样品的比表面积与总孔体积平均值增量(ΔS 与 ΔV)均呈增大趋势，且较其他增量 ΔS_3、$\Delta S_3'$、ΔV_3 及 $\Delta V_3'$ 均具有更大数值，即半暗煤与暗淡煤样品间的比表面积与总孔体积平均值增量增加显著[图 7-9(a)]。究其原因：

① 前人认为惰质组具有最为丰富的孔隙(Wang et al.,2018a)。由表 7-1 和表 7-2 可知，不同宏观煤岩类型的惰质组含量、比表面积及总孔体积平均值变化特征相同：光亮煤＜半亮煤＜半暗煤＜暗淡煤。这是由于高惰质组含量会致使更多原生(植物组织)孔隙的产生[图 7-6(b)、(e)]，因而相同体积的高惰质组含量会提供更多的比表面积(Wood et al.,2017)。

② 同种煤体结构不同宏观煤岩类型下样品对应的 D_{N1} 变化特征均表现如下：光亮煤＜半亮煤＜半暗煤＜暗淡煤(表 7-2)，由于 D_{N1} 可以代表孔隙表面的粗糙程度(Hou et al.,2020)，其值越大，煤的孔隙粗糙度越大，因此对应的孔隙比表面积越大。

③ 暗淡煤的惰质组与灰分产率要比其他宏观煤岩类型大得多(表 7-1)，高的惰质组含量通常会产生更为丰富的孔隙，因而半暗煤与暗淡煤样品间的比表面积与总孔体积平均值增量最大。

7.6.2 孔隙形态和孔隙复杂度

实际上，吸附-脱附曲线形态变化与孔隙结构存在直接关系。所有样品中，光亮煤和半亮煤对应的吸附-脱附曲线多趋向于 A 型或 B 型，而半暗煤和暗淡煤对应的吸附-脱附曲线往往趋向于 C 型或 D 型(表 7-2)。光亮煤中的 A 型曲线以样品 B2-1 为典型，其对应的孔隙多为开放型的圆柱孔、平板孔及楔形孔，也可能存在少量一端封闭的不透气孔隙(如一端封闭的圆柱孔和狭缝孔)。半亮煤中的 B 型曲线以样品 KG-1-2 为典型，其对应的孔隙多为开放型的圆柱孔与平板孔。半暗煤中的 C 型曲线以样品 B7-3 为典型，其对应的孔隙一般为细颈瓶孔。暗煤中的 D 型曲线以样品 TD 为典型，一般认为该样品存在较多的两端开口狭缝孔和圆柱孔。总体而言，由光亮煤至暗淡煤，其显微煤岩组分中的镜质组含量逐渐减少、惰质组与矿物含量逐渐增加，灰分产率逐渐增加(表 7-1)。光亮煤和半亮煤因镜质组含量较高、灰分产率较低，孔隙形态多以圆柱孔、平板孔为主；而半暗煤和暗淡煤因惰质组含量较高、灰分产率较高，孔隙形态多以细颈瓶孔与狭缝孔为主，较富镜质组的光亮煤和半亮煤孔隙形态

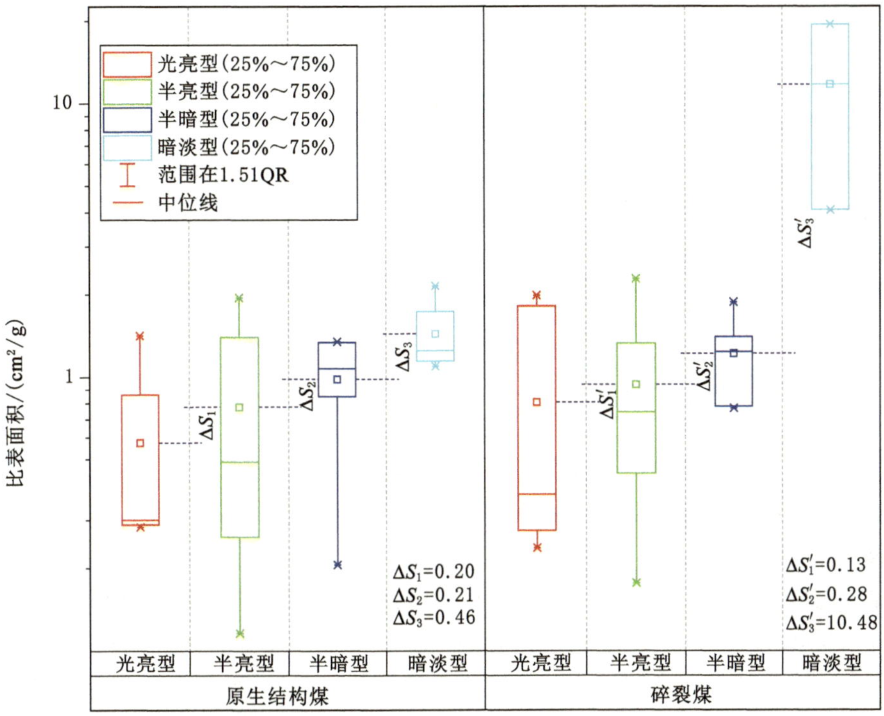

(a)

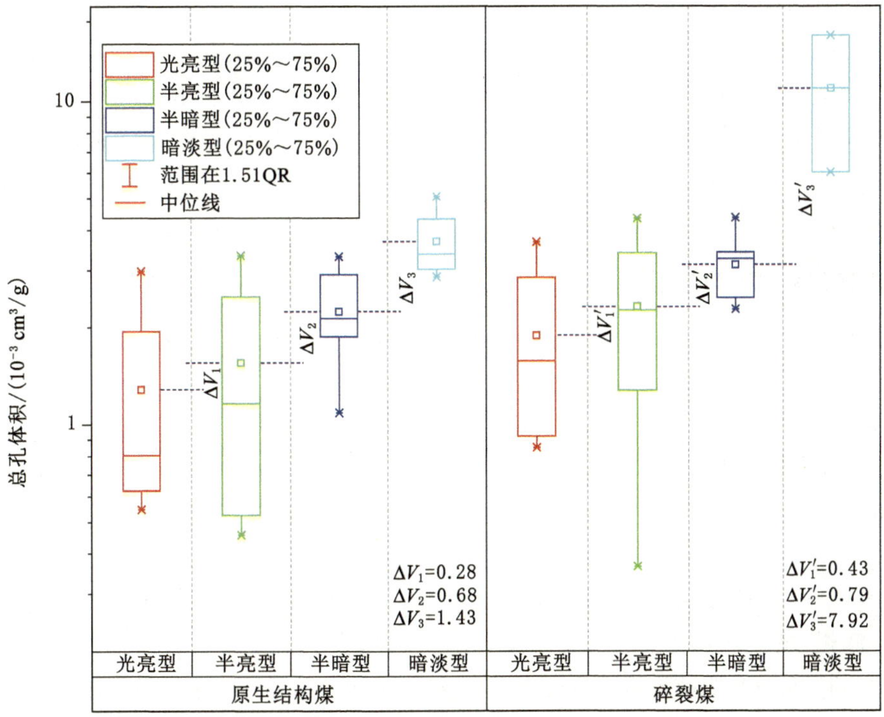

(b)

图 7-9　相同煤体结构、不同宏观煤岩类型下煤样的比表面积与总孔体积分布

更为复杂特殊，因而也可以认为显微煤岩组分在一定程度上决定了孔隙形态（单长安 等，2020）。由 A 型与 B 型曲线到 C 型与 D 型曲线对应的主要孔隙形态由圆柱孔、平板孔向墨水瓶孔等无定形孔隙转变，孔隙结构趋于复杂。

同样，压汞试验所得的进汞-退汞曲线形态变化也可以在一定程度上反映所测样品的孔隙结构特征（图 7-4）。样品中，光亮煤和半亮煤对应的进汞-退汞曲线多趋向于 A 型或 C 型，而半暗煤对应的进汞-退汞曲线则以 B 型或 C 型为主（表 7-3）。A 型和 C 型进汞-退汞曲线对应的孔隙主要为开放孔，但 C 型曲线还存在一定数量的半封闭孔隙；而 B 型曲线对应的孔隙除开放孔外，还具相当数量的半封闭孔隙。可见，由光亮煤至半暗煤，样品孔隙形态也由单一至多样转变，孔隙结构趋于复杂。

分形维数 D_{N2} 与煤体孔隙结构的复杂程度相关，其值越大，说明孔隙结构越复杂。对于不同宏观煤岩类型而言，由光亮煤至暗淡煤，D_{N2} 呈现增大趋势，也就是说暗淡煤和半暗煤比光亮煤和半亮煤的孔隙结构要复杂。暗淡煤的高 D_{N2} 值表明其中相对较高的矿物含量可能是致使吸附孔结构更为复杂的重要原因。吸附-脱附曲线作为孔隙结构的综合反映，其与分形维数 D_{N2} 之间存在一定的对应关系。考虑宏观煤岩类型与吸附-脱附曲线类型之间的对应规律，A 型与 B 型曲线对应的分形维数 D_{N2} 普遍大于 C 型与 D 型曲线对应的分形维数。也就是说，C 型与 D 型曲线对应的孔隙系统较 A 型与 B 型曲线更为复杂，复杂的孔隙系统也会在一定程度上增强储层孔隙结构的非均质性。此外，平均孔径进一步印证了这一事实（表 7-2），C 型与 D 型曲线对应的平均孔径较小、分形维数较大，较 A 型与 B 型曲线对应样品的孔隙结构更复杂（图 7-10）。

此外，分形维数 D_{MIP} 与渗流孔隙结构的复杂程度相关，其值越大，说明渗流孔隙结构越复杂。对于不同宏观煤岩类型而言，由光亮煤至半暗煤，D_{MIP} 呈现增大趋势（表 7-3），也就是说由光亮煤至半暗煤样品孔隙结构复杂程度依次增强。考虑进汞-退汞曲线及其对应的孔隙形态特征，由光亮煤至半暗煤，所测样品的孔隙系统逐渐复杂，这也与不同宏观煤岩下样品对应的渗流孔隙分形特征相吻合。

7.6.3 孔隙分布和孔隙连通性

不同宏观煤岩类型的孔隙分布略有差异，基于低温 N_2 吸附，煤岩总孔体积主要分布于过渡孔与微孔段。其中，光亮煤、半亮煤及半暗煤的过渡孔体积平均占比＞微孔＞中孔，暗淡煤的微孔体积平均占比＞过渡孔＞中孔（表 7-2），可见光亮煤和半亮煤的过渡孔体积占比要明显高于半暗煤和暗淡煤。总体上，光亮煤和半亮煤的孔隙连通性要优于半暗煤和暗淡煤。基于高压压汞，煤样的总孔体积主要分布于过渡孔段，其中光亮煤和半亮煤的过渡孔体积平均占比＞中孔＞大孔，半暗煤的过渡孔体积平均占比＞大孔＞中孔（表 7-3）。总体上，因光亮煤和半亮煤的中孔体积占比要明显高于半暗煤，故光亮煤和半亮煤的孔隙连通性要优于半暗煤（图 7-10）。

与此同时，从分形维数 D_{N2} 的角度出发，也给出了相同的孔隙连通性分析结果。因由暗淡煤至光亮煤，D_{N2} 值逐渐减小，孔隙结构趋于简单，故光亮煤和半亮煤较半暗煤和暗淡煤具有更好的孔隙连通性。同样的，从分形维数 D_{MIP} 的角度出发，因由半暗煤至光亮煤 D_{MIP} 值逐渐减小，孔隙结构趋于简单，故光亮煤和半亮煤较半暗煤具有更好的孔隙连通性（图 7-10）。

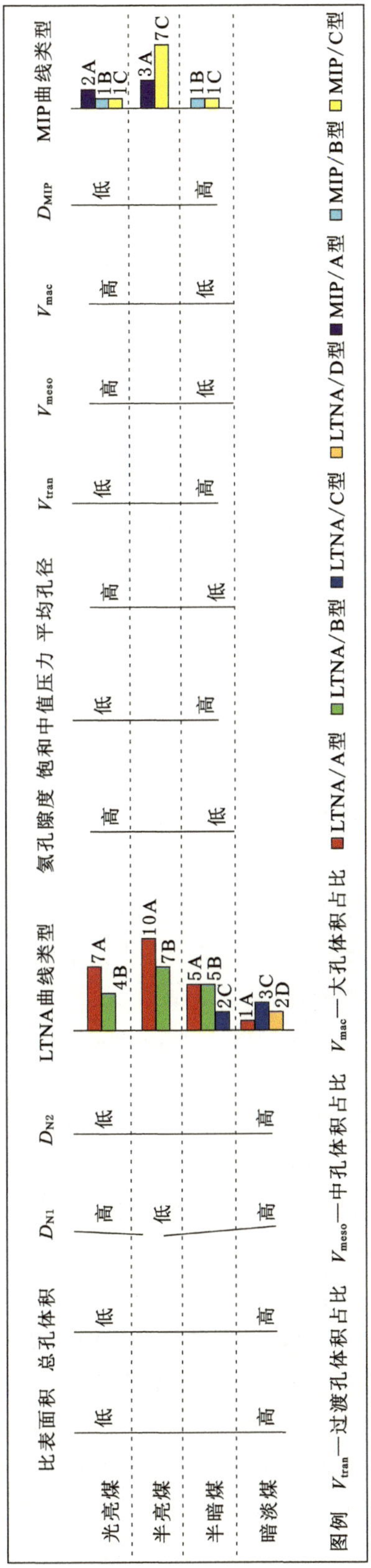

图7-10　不同宏观煤岩类型下孔隙参数变化特征

7.7 不同煤体结构下的孔隙结构特征

7.7.1 比表面积和总孔体积

对于相同宏观煤岩类型而言，所测煤样的比表面积和总孔体积的平均值均表现为：原生结构煤<碎裂煤(图 7-11)。需要指出的是，碎裂煤中暗淡煤的比表面积最大，这说明除煤体本身物质组成外，煤体所受的地应力也在一定程度上促使了煤中孔-裂隙的发育，进而影响着碎裂煤中暗淡煤的比表面积和总孔体积。由此可见，破坏程度越高且宏观煤岩类型越趋向于暗淡型的煤，其比表面积应该越大(Xu et al.，2019；Zhao et al.，2019)。

此外，同一宏观煤岩类型下，原生结构煤与碎裂煤间的比表面积与总孔体积平均值均存在增量；相较于其他宏观煤岩类型，暗淡煤中两种煤体结构间的比表面积平均值增量 ΔS_7 与总孔体积平均值增量 ΔV_7 均具有更大数值(图 7-11)，即暗淡煤中原生结构煤与碎裂煤间的比表面积与总孔体积平均值增量增加显著。究其原因：

① 不同煤体结构下所测煤样的比表面积与总孔体积均与镜质组含量呈负相关关系，与惰质组含量呈正相关关系(图 7-12、图 7-13)，可见同体积的高惰质组含量是样品具有高比表面积与总孔体积的重要原因(Wood et al.，2017)。

② 煤体一旦遭遇破坏，惰质组较其他显微煤岩组分更易发生二次破裂(Hou et al.，2020)，故会在半暗煤与具有高惰质组含量的暗淡煤之间产生一定程度的比表面积和总孔体积平均值绝对增量(图 7-11)。

③ 除暗淡煤外，各宏观煤岩类型下所测样品对应的 D_{N1} 变化特征均表现为：原生结构煤<碎裂煤(表 7-2)，由于碎裂煤的孔隙粗糙度要大于原生结构煤，故其对应的孔隙比表面积应高于原生结构煤，这与图 7-11 相吻合。

7.7.2 孔隙形态和孔隙复杂度

研究区西山窑组原生结构煤与碎裂煤对应的吸附-脱附曲线类型分布大体一致，均以 A 型和 B 型为主，C 型次之；故二者对应的吸附-脱附曲线类型与孔隙形态之间的对应关系也大体相同。需要指出的是，碎裂煤的暗淡煤中存在 D 型吸附-脱附曲线，原生结构煤中则仅存在前三种曲线类型(表 7-2)，因而，具有多种吸附-脱附曲线类型的碎裂煤较原生结构煤具更为复杂的孔隙结构。关于高压压汞，原生结构煤对应的进汞-退汞曲线以 C 型为主，碎裂煤则以 A 型为主(表 7-3)。因较 A 型曲线，C 型曲线对应的样品中还存在一定数量的半封闭孔隙，故较碎裂煤，原生结构煤具有更为多样的孔隙形态。

从分形维数 D_{N2} 的角度出发，原生结构煤与碎裂煤中暗淡煤的 D_{N2} 值差异明显，后者的 D_{N2} 值要比前者大得多(表 7-2)，可见碎裂煤较原生结构煤孔隙结构更复杂。此外，原生结构煤与碎裂煤的平均孔径与分形维数 D_{MIP} 相差不大，可见其对孔隙复杂度影响极小，故可不予考虑。

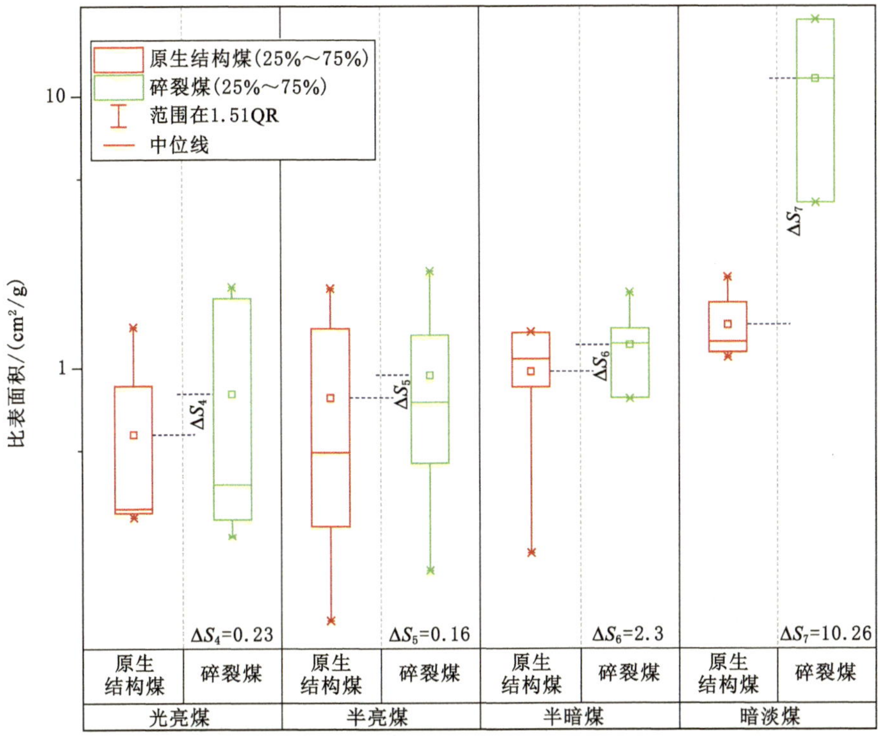

(a)

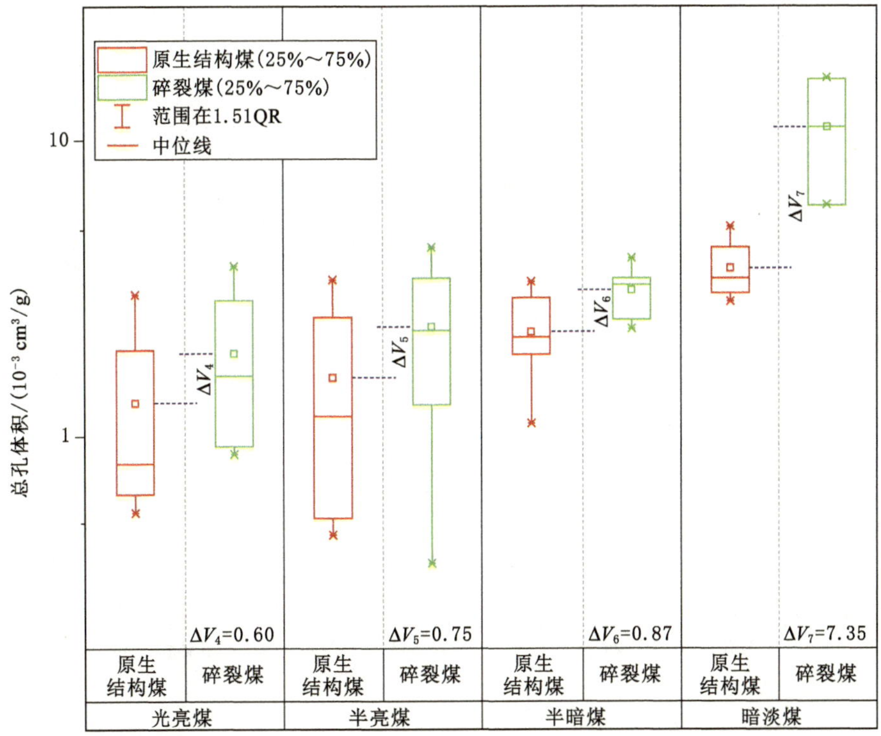

(b)

图 7-11　相同宏观煤岩类型、不同煤体结构下煤样的比表面积与总孔体积分布

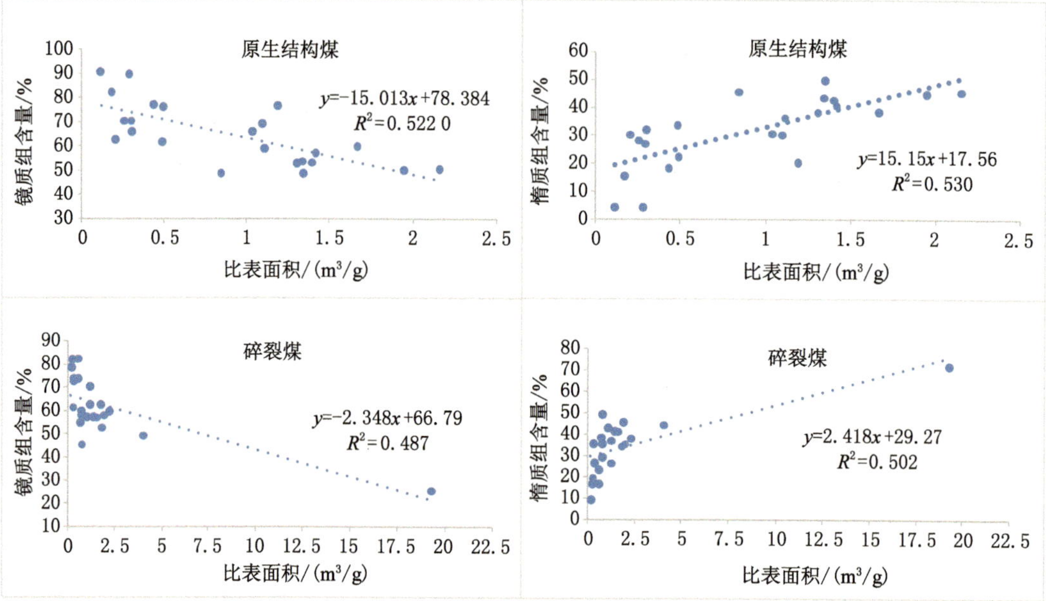

图 7-12 不同煤体结构下煤样比表面积与镜质组/惰质组含量之间的关系

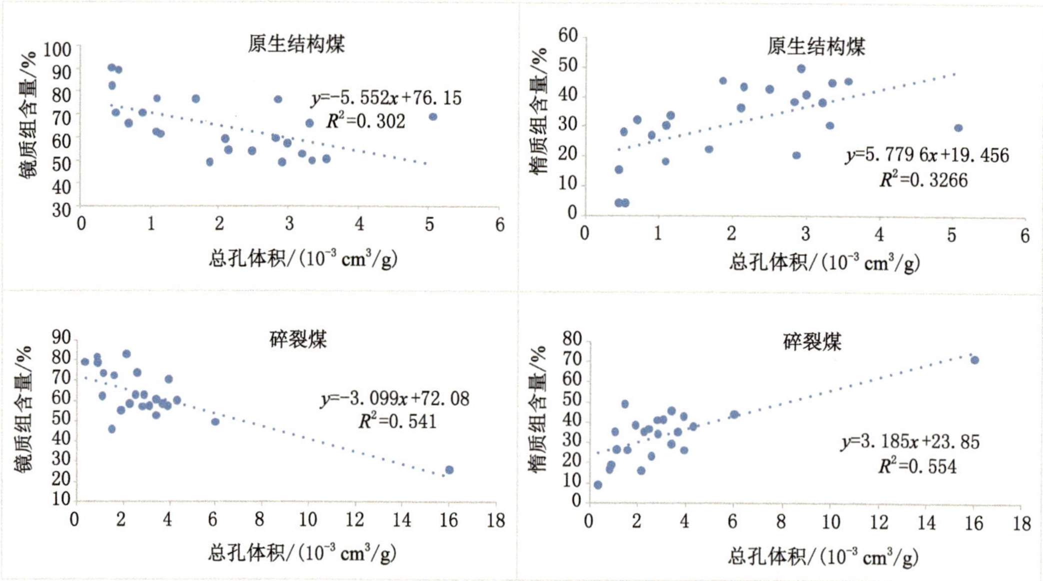

图 7-13 不同煤体结构下煤样总孔体积与镜质组/惰质组含量之间的关系

7.7.3　孔隙分布和孔隙连通性

不同煤体的孔隙分布略有差异，基于低温 N_2 吸附，煤岩总孔体积主要分布于微孔与过渡孔段。其中，原生结构煤的微孔体积平均占比＞过渡孔＞中孔，碎裂煤的过渡孔体积平均占比＞微孔＞中孔[图 7-14(a)]；因碎裂煤的过渡孔体积占比要高于原生结构煤，故碎裂煤具有较好的孔隙连通性。在一定范围内，压汞试验也可以有效表征煤储层孔隙的发育及连通情况。至于孔隙分布，煤岩孔隙体积主要以过渡孔贡献为主，中孔次之，大孔最低[图 7-14(b)]；且碎裂煤的中孔含量略高于原生结构煤，故相较而言，原生结构煤更有利于煤层气的储存与富集。良好的孔隙连通性意味着高的煤层气产量，碎裂煤与原生结构煤的退汞效率和进汞饱和度均较高，而碎裂煤的空气渗透率要比原生结构煤大得多(Hou et al.,2018)。二者退汞效率约在 50%～80%之间变化，平均进汞饱和度均大于 90%，可见二者孔隙连通性处于中等至较好水平，更高氦孔隙度的碎裂煤较原生结构煤具有更好的孔隙连通性。

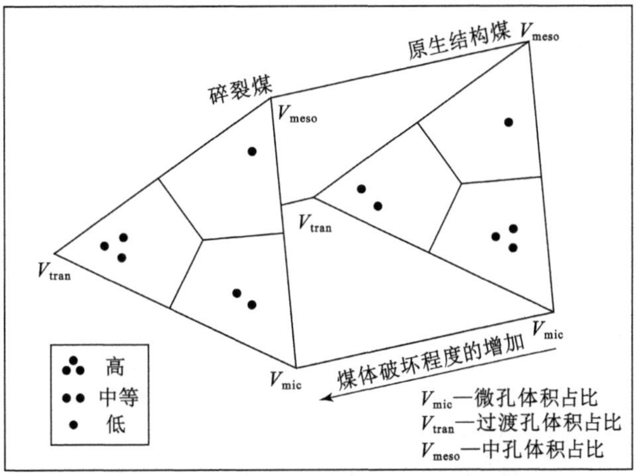

(a) 基于低温氮气吸附的样品孔径占比

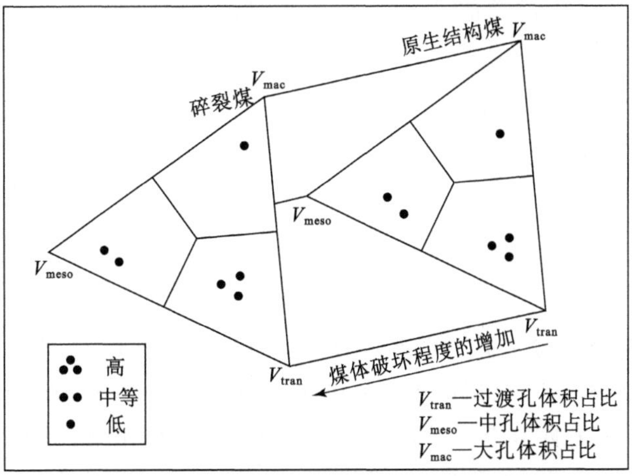

(b) 基于高压压汞的样品孔径占比

图 7-14　不同煤体结构样品的孔隙分布

此外，所得各类吸附-脱附曲线在不同煤体结构中的数量分布大体一致，难以探究其孔隙连通情况。然而，所得原生结构煤样品的压汞曲线以 C 型为主，碎裂煤样品则以 A 型为主(表 7-3)；因 A 型曲线较 C 型具有更大的滞后环与进汞、退汞体积差，孔径分布也较为均匀，从而 A 型曲线较 C 型具有较好的孔隙连通性，故碎裂煤较原生结构煤也具有更好的孔隙连通性。

综上，较原生结构煤，碎裂煤具有更大的比表面积、总孔体积及分形维数 D_{N1}，表明碎裂煤具有更为复杂的孔隙结构。同样，较原生结构煤，碎裂煤亦具有较大的氦孔隙度和平均孔径，较小的排驱压力和分形维数 D_{MIP}。对比不同煤体结构的孔隙分布和压汞曲线类型，均表明碎裂煤比原生结构煤具有更好的孔隙连通性。

7.8 煤体结构与宏观煤岩类型双重控制下的孔隙结构特征

基于上述讨论，对 2 种煤体结构和 4 种宏观煤岩类型组合下的 8 类煤样孔隙结构特征进行分析。煤的比表面积和总孔体积与孔隙结构和煤层气的吸附、富集密切相关(Connell, 2016)；样品总孔体积与比表面积具有较高的一致性，二者数值越大，孔隙表面越粗糙，吸附能力越强。考虑煤层气的吸附能力，主要基于比表面积和总孔体积(表 7-4)，准南中段所采西山窑组 8 类煤样有如下排序：Ⅱ-4＞Ⅰ-4＞Ⅱ-3＞Ⅰ-3＞Ⅱ-2＞Ⅰ-2＞Ⅱ-1＞Ⅰ-1，这是煤体结构与宏观煤岩类型共同作用的结果。总体而言，相较于煤体结构，宏观煤岩类型对孔隙表面特征和总孔体积的影响更为显著。

表 7-4 准南中段所采西山窑组 8 类煤样主要孔隙参数均值

类别	比表面积 /(m^2/g)	总孔体积 /(10^{-3} cm^3/g)	D_{N1}	D_{N2}	氦孔隙度 /%	排驱压力 /MPa	D_{MIP}
Ⅰ-1	0.576	1.288	2.14	2.72	6.03	2.881	3.42
Ⅰ-2	0.776	1.568	2.14	2.70	4.95	7.940	3.45
Ⅰ-3	0.983	2.245	2.25	2.70	3.83	2.877	3.43
Ⅰ-4	1.439	3.678	2.28	2.70	/	/	/
Ⅱ-1	0.806	1.884	2.19	2.66	5.66	0.200	3.39
Ⅱ-2	0.938	2.316	2.19	2.69	5.82	3.682	3.36
Ⅱ-3	1.217	3.110	2.26	2.72	/	/	/
Ⅱ-4	11.700	11.031	2.25	2.85	/	/	/

孔隙复杂度和连通性与煤层气的运移、产出关系密切(Hou et al.，2020)。所测样品的分形维数 D_{N2} 和 D_{MIP} 值越小，对应的吸附-脱附曲线越趋向于 A 型或 B 型、进汞-退汞曲线越趋向于 A 型或 C 型，其孔隙复杂度越低。所测样品的孔隙度越大、排驱压力越小，中间段孔隙体积占比越大，其孔隙连通性越好。一般情况下，煤的孔隙结构复杂度越低，其连通性越好，煤层气的渗透能力越强。考虑煤层气的运移和产出能力，主要基于分形维数 D_{N1}、D_{N2}、D_{MIP} 和氦孔隙度等孔隙参数(表 7-4)，准南中段所采西山窑组 8 类煤样有如下排序：Ⅱ-2＞

Ⅱ-1＞Ⅰ-2＞Ⅰ-1＞Ⅰ-3＞Ⅰ-4＞Ⅱ-3＞Ⅱ-4（表 7-4）。煤体结构的轻微破坏可以促进煤的孔-裂隙连通性变好，起到积极作用，但随着光泽变暗，煤的孔-裂隙连通性变差，又起到消极作用，积极作用和消极作用共同决定了煤层气的渗流能力。相较于宏观煤岩类型而言，煤体结构对孔隙复杂程度和连通性的影响更为显著。

此次研究虽然已对准噶尔盆地南缘中段西山窑组不同煤体结构和宏观煤岩类型组合下的 8 类煤样孔隙结构特征做了较为详尽的阐述，但因所用样品煤体结构类型相对较少，故不同煤体结构对孔隙结构的作用在研究深度上有所削弱。若将各类煤体结构收集齐全，煤体结构对孔隙结构的控制及其内在因素分析较现有的研究将会更为深入，煤体结构与宏观煤岩类型对孔隙结构的双重控制效果应该会更为全面。

7.9　本章小结

① 准南中段西山窑组煤的 $R_{o,max}$ 介于 0.41%～0.71%之间，空气干燥基水分、灰分及挥发分的平均含量分别为 2.82%、8.74%及 32.23%，镜质组和惰质组的平均含量分别为 63.52%和 32.62%，可见研究区西山窑组煤具有低水分、低灰分、高挥发分、高镜质组和中等惰质组含量的特点。

② 所测煤样的比表面积和总孔体积均呈现规律性，从光亮煤至暗淡煤不断增加；至于煤体结构，相同宏观煤岩类型下的碎裂煤较原生结构煤具有更大的比表面积和总孔体积。研究表明，所测样品的孔隙连通性整体处于中等至较好水平，光亮煤和半亮煤较半暗煤和暗淡煤具有更小的孔隙复杂度和更好的孔隙连通性，且碎裂煤较原生结构煤具有更高的孔隙复杂度和更好的孔隙连通性。

③ 对 2 种煤体结构和 4 种宏观煤岩类型组合下的 8 类煤样孔隙结构特征进行分析。从煤层气的吸附能力角度对所测煤样进行了排序：Ⅱ-4＞Ⅰ-4＞Ⅱ-3＞Ⅰ-3＞Ⅱ-2＞Ⅰ-2＞Ⅱ-1＞Ⅰ-1；从煤层气的渗流能力角度对所测煤样进行了排序：Ⅱ-2＞Ⅱ-1＞Ⅰ-2＞Ⅰ-1＞Ⅰ-3＞Ⅰ-4＞Ⅱ-3＞Ⅱ-4。

第8章 准南西山窑组煤储层压力分布特征及成因分析

新疆准南西山窑组煤层众多，含气系统的研究不仅可以在垂向上有效预测含气量的变化规律，深入分析低煤阶煤层气的富集主控因素，还可以为后期压裂施工提供重要的参考。据前人研究结果，可将西山窑组大致分为三段，较厚煤层主要分布在中下部，其沉积环境则主要以三角洲和滨浅湖为主(田继军 等，2011；Li et al.，2018)。根据煤炭和煤层气勘探结果，西山窑组主要煤层发育情况大致如下：头屯河一带(硫磺沟地区)共含煤16层，煤层总厚8.36～49.14 m，煤层平均总厚为32.1 m；呼图壁河至塔西河一带含煤6～12层，煤层总厚21.94～51.87 m，煤层平均总厚为38.22 m；塔西河至玛纳斯河一带含煤21～40层，煤层总厚25.18～50.18 m，煤层平均总厚为39.62 m(唐跃 等，2020)。

8.1 西山窑组主要含水层识别与划分

垂向上，准南地区中新生代地层由上至下可以划分出五个主要含(隔)水层，具体包括第四系透水不含水层、第四系冲洪积孔隙潜水含水层、中侏罗统西山窑组孔-裂隙含水层、下侏罗统三工河组相对隔水层和火烧层裂隙透水不含水层，除断裂影响外，这些含(隔)水层之间相互独立，纵向上无水力联系。

对于目标层位中侏罗统西山窑组而言，岩性由砾岩、砂岩、泥岩及煤层组成，该层位孔-裂隙含水层大面积出露于研究区内，主要接受大气降水和上覆孔隙潜水的渗漏补给，地下水化学类型有 $HCO_3 \cdot Cl\text{-}Na$、$HCO_3 \cdot SO_4\text{-}Na$、$SO_4 \cdot HCO_3\text{-}Ca \cdot Na \cdot Mg$、$HCO_3 \cdot SO_4\text{-}Ca \cdot Na \cdot Mg$ 型，矿化度明显高于第四系含水层，其值介于493.0～3 705.0 mg/L之间，pH值则介于7.75～8.40之间。根据研究区内所施工的多个煤层气井钻探涌漏水情况，共识别出西山窑组内三层主要含水层：① 西山窑组底部砂岩层，即三工河组顶部至B1煤层之间的砂砾岩段；② 西山窑组中段次要含煤段底部砂岩层；③ 西山窑组上段不含煤段底部砂岩段(图8-1)。通过层序地层边界的分析，发现西山窑组内三个主要含水层均与三级层序的底部边界垂向位置高度吻合，这是由于层序底部具有冲刷面的砂岩往往粒度相对较粗且与下伏高位体系域发育的泥岩段水力联系较弱，该层位含水性相对较强(图8-1)。因此，层序地层格架对于准南西山窑组垂向上主要含水层的发育具有一定程度的控制作用。

以高程600 m为基准线，将各钻孔西山窑组含水性进行分析，三个主要含水层东西向流动方向和滞水特征如图8-2所示。根据以上研究结果，本次将研究区分为四个富水中心(图8-2)，分别位于玛纳斯河、呼图壁河、三屯河和头屯河附近，其中钻孔ZK101和钻孔ZK404两个富水中心以呼图壁河至昌吉河逆断层为界线。

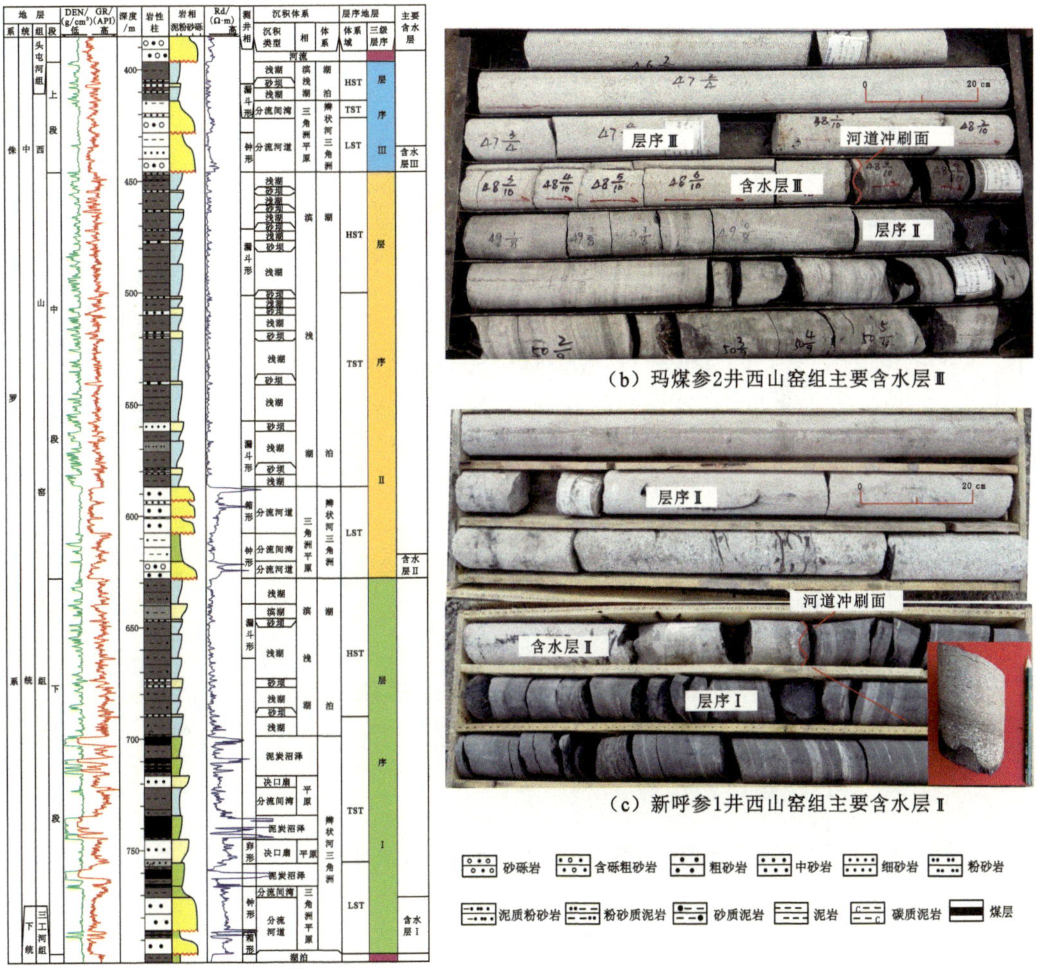

（a）呼图壁河东石梯子煤矿ZK101

（b）玛煤参2井西山窑组主要含水层Ⅲ

（c）新呼参1井西山窑组主要含水层Ⅰ

图 8-1　准南中侏罗统西山窑组沉积相与层序地层单井柱状图与各主要含水层划分

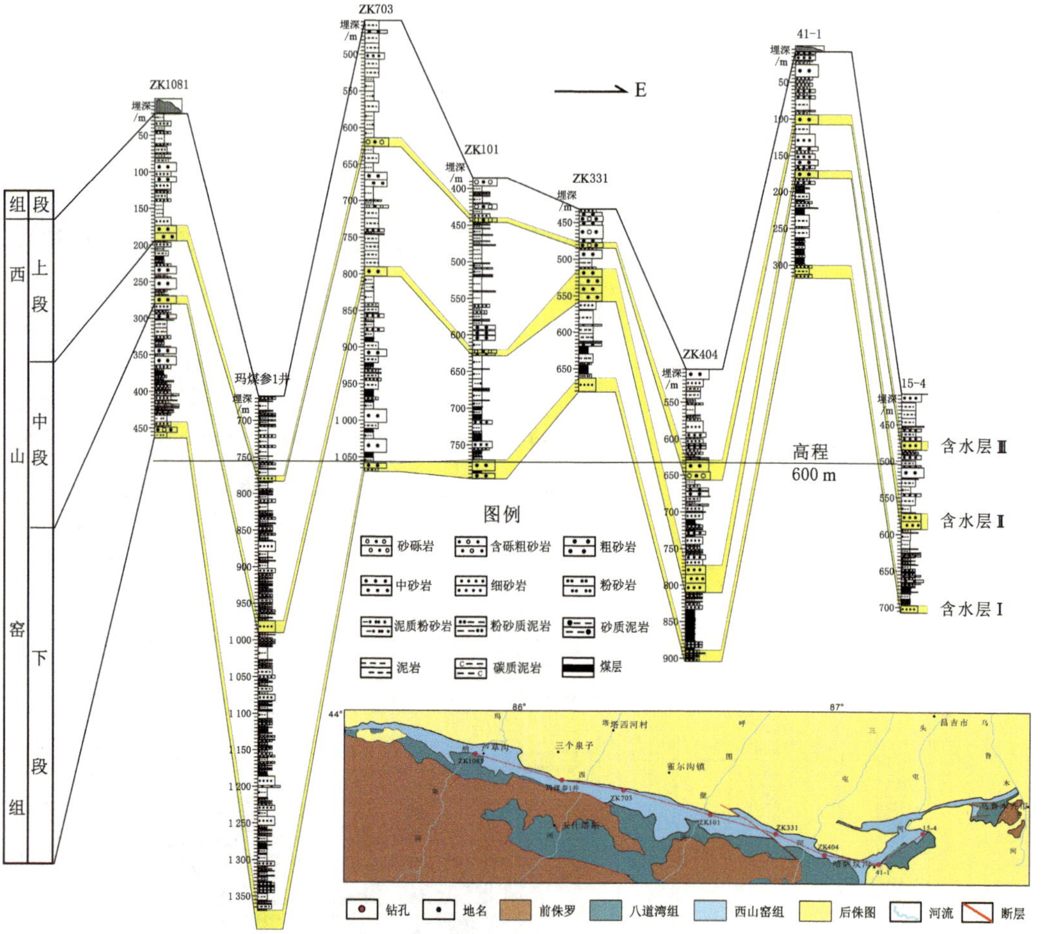

图 8-2　准南西山窑组三个主要含水层对比及富水中心识别

8.2　煤储层压力测试结果及控制因素分析

(1) 煤储层压力试井结果

准南(特别是硫磺沟以西地区)西山窑组的煤层气勘探开发程度相对较低,根据中国地质调查局油气资源调查中心所实施的部分煤层气井相关数据显示,西山窑组主力煤层储层压力变化范围介于 2.85～15.18 MPa 之间,平均为 8.54 MPa(表 8-1)。测试井西山窑组主力煤层埋深范围介于 396.14～1 473.86 m 之间,平均埋深为 898.5 m,最浅测试井位于乌鲁木齐市西侧 WXC-1,最深测试井则位于玛纳斯玛煤参 2 井。试井数据获取全部采用注入-压降法,试井时长一般为注入 8～12 h,压降 24 h,共计 32～36 h。

表 8-1　准南中侏罗统西山窑组主力煤层煤储层压力试井结果

井号	煤层号	顶板埋深/m	底板埋深/m	煤层中点埋深/m	煤层中点标高/m	储层压力/MPa	储层压力梯度/(kPa/m)
WXC-1	B7	391.29	400.98	396.14	1 053.87	2.85	7.80
	B6	602.04	625.36	613.70	836.3	5.15	8.65
WXC-2	B8	546.40	547.50	546.95	953.05	3.96	7.55
	B7	587.80	590.50	589.15	910.85	5.76	10.00
	B5	712.20	716.70	714.45	785.55	4.93	7.04
MM-2	B1	924.40	926.60	925.50	534.50	9.47	10.40
	B5	965.60	971.20	968.40	491.60	9.83	10.30
	B10	996.80	1 007.10	1 001.95	458.05	9.76	9.92
新呼地 1	B4	978.00	979.5	978.75	331.25	9.34	9.67
玛煤参 2	B10	1 183.15	1 188.20	1 185.68	404.33	12.21	10.30
	B5	1 384.83	1 391.62	1 388.23	201.78	14.02	10.10
	B2	1 468.87	1 478.85	1 473.86	116.14	15.18	10.30
玛煤参 3	B9	781.17	786.91	784.04	—	7.18	9.90
	B5	877.20	883.85	880.53	—	8.31	9.60
	B2	935.36	944.40	939.88	—	9.02	11.00

(2) 煤储层压力与煤层埋深、地板标高之间的关系

根据表 8-1 中测试井的煤层埋深及其相应的标高与煤储层压力进行相关性分析，发现准南中侏罗统西山窑组煤储层压力与煤层埋深关系密切，且两者呈明显的正相关关系[图 8-3(a)]，相关系数(R^2)高达 0.98，这符合我国煤储层压力与埋深变化的一般规律，因此研究区内可以根据此关系通过煤层埋深对区域储层压力分布进行预测。在煤层埋深 396.14～1 473.86 m 区间内，煤储层压力由 2.85 MPa 线性上升至 15.18 MPa，增加梯度平均为 11.7 kPa/m，属于超压应力场状态。另外，准南西山窑组主力煤储层压力随着底板标高升高而呈线性降低趋势，且平均压力梯度为 12.5 kPa/m[图 8-3(b)]，储层压力低于 5 MPa的煤层底板标高均大于＋490 m，低储层压力的煤层主要位于乌鲁木齐河西区。值得注意的是，若储层压力降低至 0 MPa，此时对应的煤层标高为＋1 280 m，这与位于呼图壁河西侧宽沟煤矿附近出露地表的泉域标高＋1 300～＋1 340 m 比较接近，表明泉域地下通道对于准南地区局部储层压力分布具有重要的控制作用。

图 8-3(a)中相关方程的截距为－2.012 4，当煤储层压力为 0 时，对应的煤层埋深为172 m，显然煤层埋深低于此界线的煤储层压力变化则不受限于该线性方程。根据研究区内相关矿井地质报告，距塔西河西岸 80～100 m 的凉州户主斜井筒，在埋深 191 m(标高 1 345.44 m)处时，地下水从东侧呈股状流向底部水仓。另外，在塔西河东岸的俊塔主井筒则出现从西侧渗水和淋漏，且距河道越近排水量则越大，这说明现代河流的下切作用在一定程度上确实能够对西山窑组上部地层地下水进行补给。对于研究区西山窑组而言，地面河流最大补给深度在 200 m 左右，超过此临界深度，煤储层压力变化则主要受控于煤层埋深。据此对准南西山窑组主力煤储层压力进行了预测(图 8-4)，结果表明研究主力煤储层压力由南向北和由东向

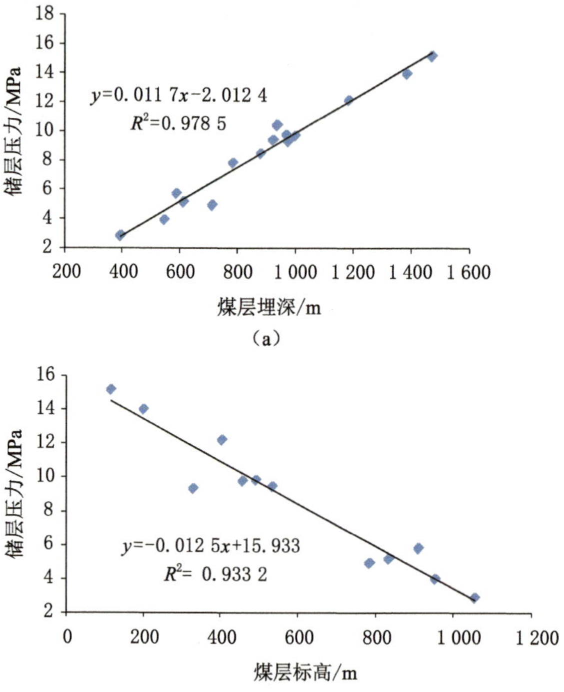

图 8-3　准南煤田中段西山窑组煤层埋深、煤层标高和储层压力的关系

西不断增大。

(3) 煤储层压力梯度变化特征及勘探启示

通过煤储层压力梯度可以分析煤层所处的压力状态,因此该参数相比煤储层压力对于煤层气的勘探开发更有直接的指示作用(景兴鹏,2012)。根据煤层埋深和储层压力梯度之间的关系可知[图 8-5(a)],两者呈类抛物线式的正相关关系,即随着埋深的加大储层压力梯度先快速增大后缓慢增大,埋深在 800 m 以浅两者关系较为离散,但 800 m 以深范围内两者拟合度明显提高。储层压力与储层压力梯度呈较好的正相关关系[图 8-5(b)],即储层压力梯度低值区对应于低压力区,而储层压力梯度高值区则对应于高压力区。处于煤储层正常压力梯度及其以上的地区分别位于研究区硫磺沟东部、呼图壁-三屯河深部以及塔西河附近地区。

另外,由于煤储层温度和压力的共同影响,煤层含气量随埋深的增加呈先增大后减小的趋势,其拐点临界深度在 800 m 左右(图 8-6)。高含气量值出现在埋深 700～1 000 m 之间,其中最大含气量为 9.66 m^3/t,出现在玛煤参 3 井,对应的埋深为 821.35 m。整体上埋深在 700 m以浅,含气量平均值为 2.09 m^3/t;埋深在 700～1 000 m 之间,含气量平均值为 3.84 m^3/t;埋深在 1 000～1 411 m 之间,含气量平均值为 3.0 m^3/t。根据图 8-5(a)的关系式可知,煤层埋深在 800 m 对应的储层压力梯度为 9.058 kPa/m,埋深在 1 000 m 对应的储层压力梯度为 9.558 kPa/m,因此埋深介于 800～1 000 m 之间对应的为常压储层,埋深大于1 000 m 以深,储层压力梯度增加缓慢。其中,高压储层(≥11 kPa/m)出现在塔西河附近的玛煤参 2 井,对应的煤层埋深为 939.88 m。含气量和储层压力是煤层气勘探开发中非常

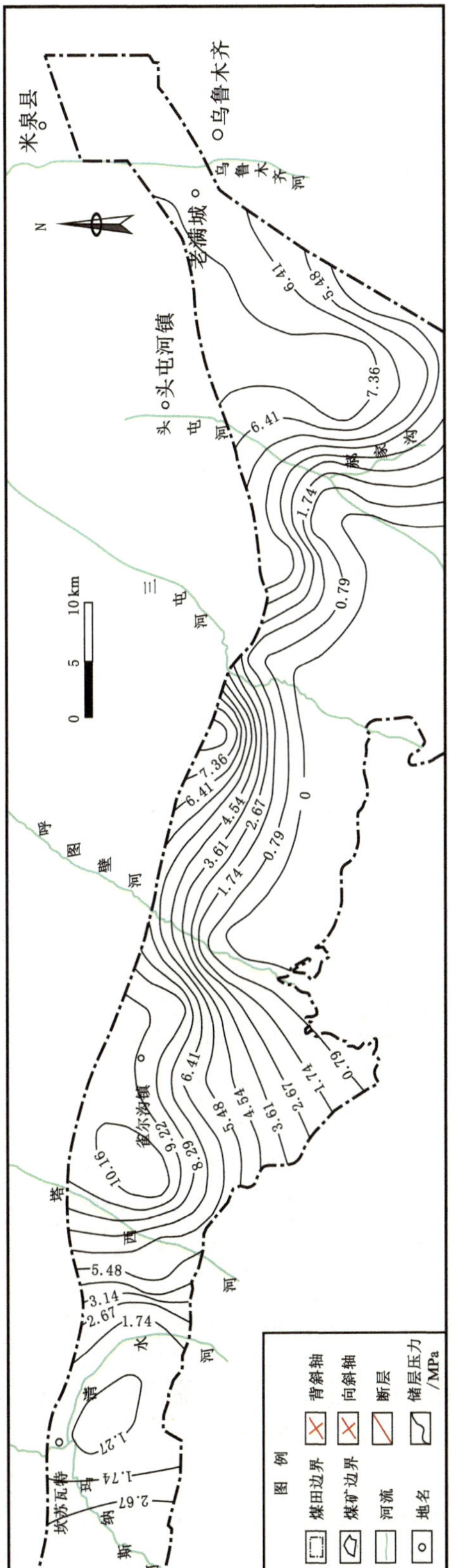

图8-4　准南煤田中段西山窑组主采煤层储层压力分布

重要的两个关键参数，结合以上分析，对于准南地区西山窑组煤层而言，主力煤层埋深介于700～1 000 m之间的区域是含气量和煤储层压力匹配的有利地带，也是煤层气勘探开发的有利埋藏深度。

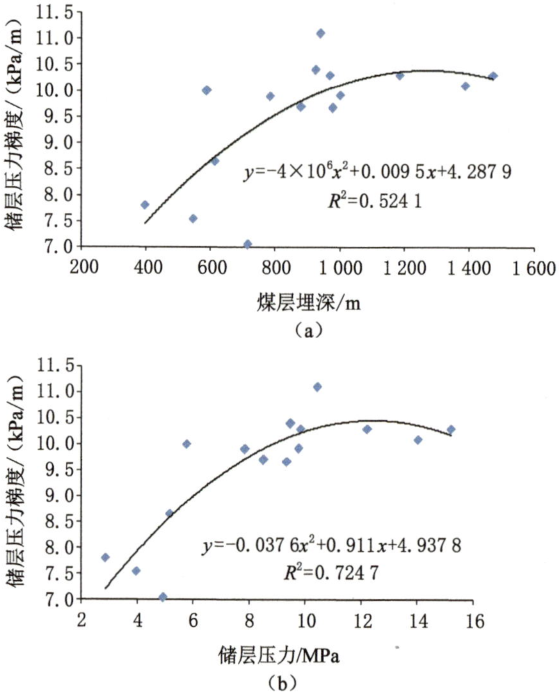

图 8-5　准南西山窑组煤层储层压力梯度与埋深、储层压力之间的关系

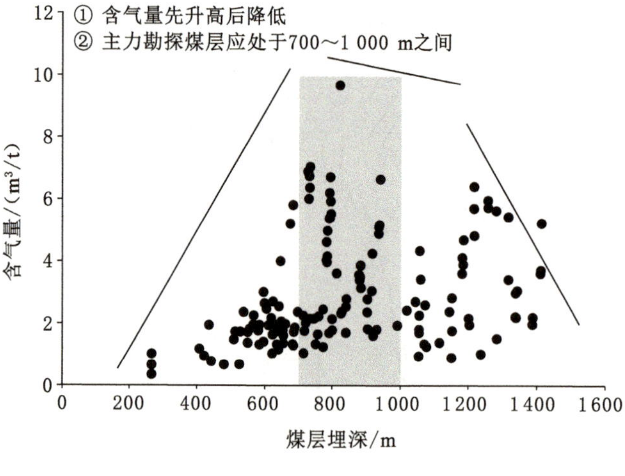

图 8-6　准南地区西山窑组煤层埋深与含气量的变化关系

8.3　煤储层压力和含气量变化控制下的含气系统划分

多层叠置含气系统作为多煤层发育地区煤层气成藏具有的特殊表现形式，由于对储层能量的分布和煤层压裂及合层排采具有一定的指示意义，因此近年来受到诸多学者的关注（杨兆彪 等，2013；邵龙义 等，2017）。煤储层压力（梯度）和含气量变化常被用作划分垂向含气系统的两项重要指标（Shen et al.，2017），其中含气量数据由于容易获取，可以首先用于判断研究区内是否存在多个垂向含气系统。根据玛煤参 3 井埋深与含气量的关系可知（图 8-7），整体上含气量随着埋深增加呈先增加后降低的趋势，高含气量值出现在埋深 700～1 000 m 之间，其中最大含气量为 9.66 m^3/t，对应的埋深为 821.35 m。整体上埋深在 700 m 以浅，含气量平均值为 2.09 m^3/t；埋深在 700～1 000 m 之间，含气量平均值为 3.84 m^3/t；埋深在 1 000～1 411 m 之间，含气量平均值为 3.0 m^3/t。一方面，含气量与埋深的关系整体上可以划分为三个变化阶段，每一段均是含气量随着埋深的增加而增大；另一方面，段与段之间的含气量并不是随着埋深的增加而持续增大，中间存在明显的落差段，指示出研究区内西山窑组垂向上可能存在三个不同的压力（含煤层气）系统。

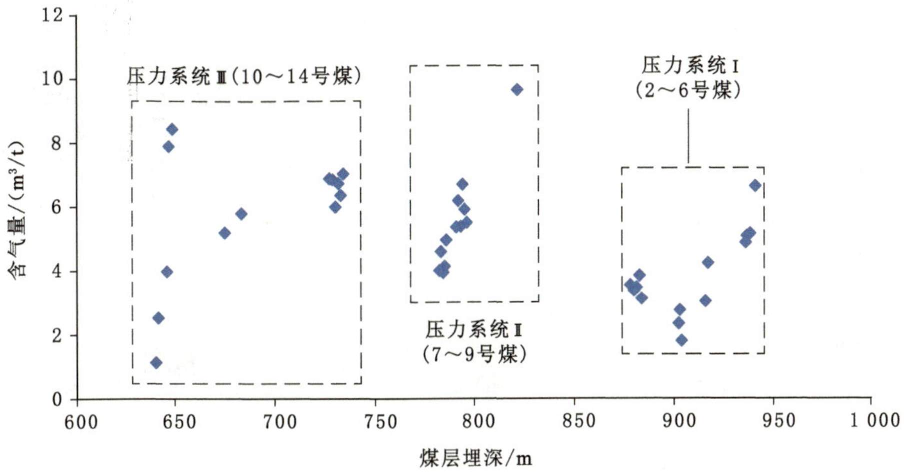

图 8-7　玛煤参 3 井煤层埋深与含气量的关系及对含气系统的启示

8.3.1　单井含气系统划分

根据玛煤参 3 井岩性柱状、煤储层压力、含气量变化和层序地层划分结果，可将该井西山窑组中下段划分为三个相对独立的垂向叠置含气系统（图 8-8），且每个含气系统内含气量随埋深的增加呈由低变高再到低的变化规律，各含气系统内储层压力随埋深加大持续增大，同时发现三个含气系统的间隔位置均存在一定厚度的黑色泥岩[图 8-8(a)、(b)]，由此形成垂向上三个含气/含水相对独立的系统，因此准南地区多层叠置含气系统划分的关键层可以认定为区域上稳定发育的灰黑色泥岩。通过与层序地层划分的结果相对比，这些稳定发育的黑色泥岩与层序地层的发育关系密切，关键层总是发育在最大湖泛面附近或者湖侵晚期，而高含气量均发生在湖侵体系域早期。值得注意的是，该井岩性段呈现的并不是完整的西山窑组地层，缺少西山窑组上段，因此对于准南地区整个西山窑组而言，应该存在更多的含气系统。

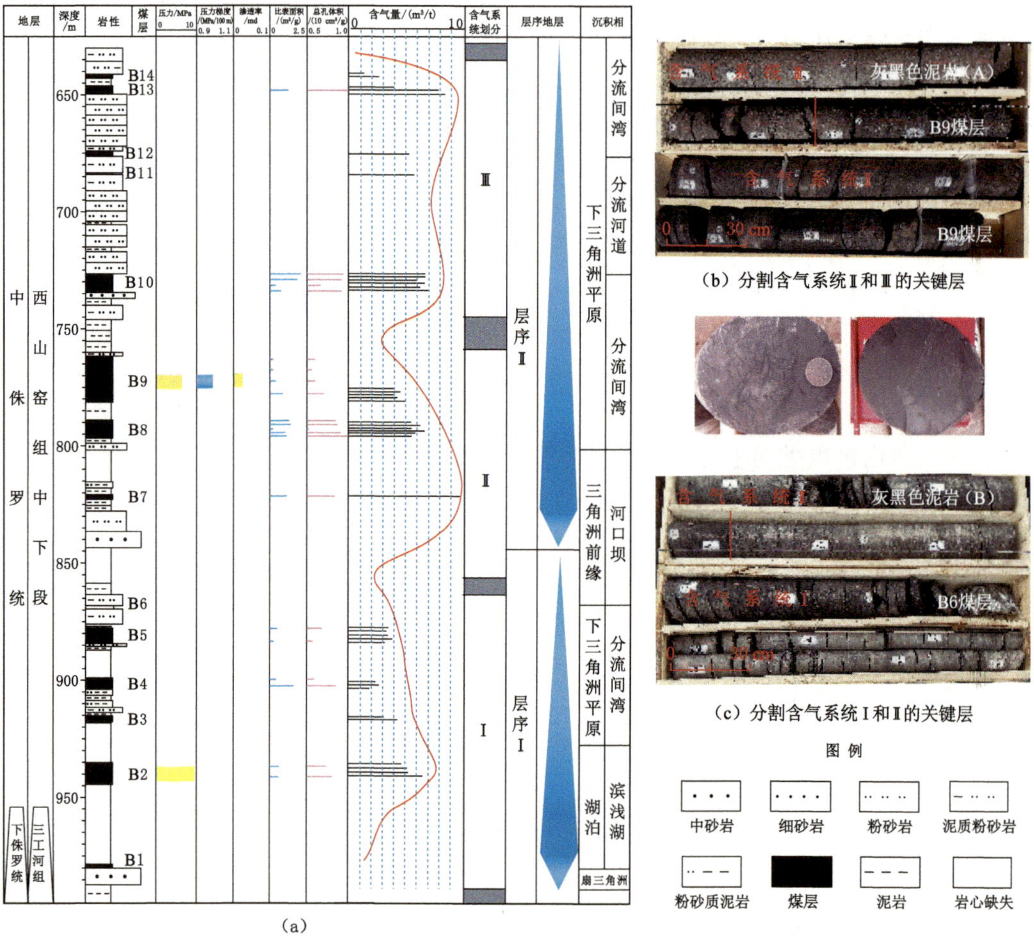

图 8-8　准南玛煤参 3 井西山窑组煤系叠置含气系统分析

8.3.2　含气系统对比及沉积控制分析

根据资料调研和研究区内单井含气系统划分，各含气系统的分割与含煤岩系中具有低孔低渗的泥岩层(关键层)发育关系密切，而关键层的发育又受控于沉积环境。基于对研究区野外露头观测和钻孔岩心描述，总体上可识别出西山窑组中下部两层稳定发育的泥岩关键层。结合层序地层格架和煤层含气量变化，可将研究区西段西山窑组中下部(层序Ⅰ和层序Ⅱ)分为三个含气系统，东段西山窑组中下部划分为两个含气系统(图 8-9)。究其原因，研究区东部博格达山的隆起，导致该地区主要物源供给方向由层序Ⅰ时的 SW 向转变为层序Ⅱ时的 SE 向(Li et al.,2018)，从而使得研究区东部在层序Ⅱ时期沉积环境以下三角洲平原为主，同时期研究区西部则过渡为三角洲前缘和滨浅湖，此时由于西部覆水较深、还原性较强，促使发育较多的关键层。因此，对于河流-三角洲-湖泊含煤沉积系统而言，发育于三角洲平原环境的垂向含气系统发育较简单，而处于三角洲前缘-湖相环境的垂向含气系统则相对复杂。

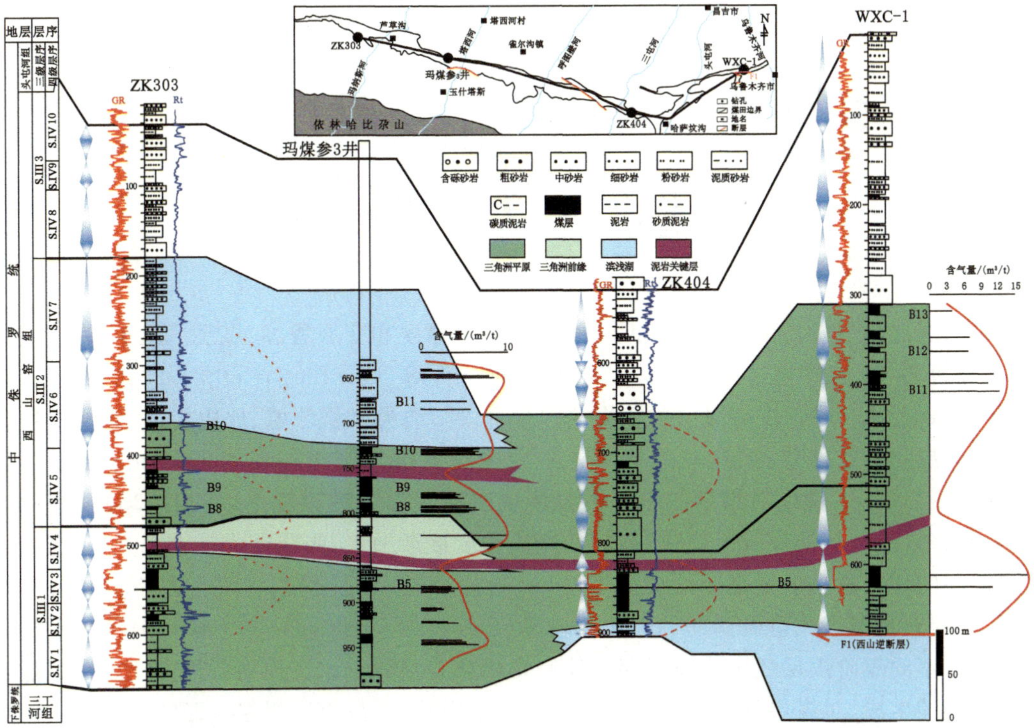

图 8-9　准南乌鲁木齐-玛纳斯地区西山窑组煤系叠置含气系统对比图

8.4　本章小结

① 根据准南地区所施工的多个煤层气井钻探涌漏水情况，共识别出西山窑组三个主要含水层和平面上对应的四个富水中心，研究发现西山窑组内三个主要含水层均与三级层序的底部边界垂向位置高度吻合，因此层序地层格架对于西山窑组垂向上主要含水层的发育具有一定程度的控制作用。

② 准南西山窑组主力煤层埋深范围介于 396.14～1 473.86 m 之间，对应的煤储层压力变化范围则介于 2.85～15.18 MPa 之间，平均为 8.54 MPa，储层压力梯度介于 7.55～11.0 kPa/m之间，平均为 9.5 kPa/m。准南主要煤层的储层压力及其压力梯度与煤层埋深均呈正相关关系，研究表明泉域地下通道对于准南地区局部储层压力分布具有重要的控制作用。整体上主力煤层埋深介于 700～1 000 m 之间的区域是含气量和煤储层压力匹配的有利地带，也是准南煤层气勘探开发的有利埋藏深度。

③ 根据岩心柱状、煤储层压力、含气量变化和层序地层划分结果，将准南西山窑组中下段划分为三个相对独立的垂向叠置含气系统，分割各含气系统的关键层是区域内稳定发育的灰黑色泥岩，且关键层的发育明显受控于沉积环境。研究区东侧三角洲平原环境的垂向含气系统发育较简单，而处于研究区西侧三角洲前缘-湖相环境的垂向含气系统则相对复杂。

第9章 准南西山窑组煤层气成藏条件及富集模式

影响煤层含气量的因素较多，如煤岩类型、煤层厚度和变质程度、煤层温压条件、煤层埋深、顶底板岩性、地质构造及演化以及水文地质条件等(Cienfuegos et al.,2010;Li,2016;Ouyang et al.,2017)。控制煤层气富集的因素可以归纳为沉积环境、地质构造、水文地质条件和煤储层物性条件等，而这些因素对于不同煤阶煤层气富集的影响也存在着一些差异(Fu et al.,2016)。埋深对煤层的影响主要体现在地层温压的改变上，在相同温压、相似煤体结构的条件下，从低煤阶至高煤阶，煤的变质程度逐渐增大，吸附能力越来越强，因此高煤阶煤层中的含气量一般要高于低煤阶煤层(Li et al.,2014a)。但高含气量并不意味着高产气量，气源充足但产气量极低的例子比比皆是(Pan et al.,2015;Hou et al.,2017)。水文地质条件对不同煤阶煤层气生成及保存的控制作用存有差异。水文地质条件不仅影响着低煤阶煤层气的生成，对煤层气的后期保存也有着重要影响，而高煤阶煤层气藏的水文地质作用则侧重体现在对煤层气的保存上(Hamilton et al.,2012;Lv et al.,2012;Yao et al.,2014)。含煤盆地内煤层气富集模式一直是国内外学者研究的重点，考虑沉积环境、构造特征、水动力条件、岩性和地应力条件，前人将煤层气富集模式总结为压力封闭型、承压水封堵型、顶板水网络状微渗滤封堵型和构造圈闭型四种类型(Ayers,2002;Chen et al.,2015)。对于低煤阶煤层气而言，往往以生物作用、地质构造、水动力条件和岩性特征为主要划分依据，将其划分为深部承压型、盆缘缓坡生物作用型、构造高点常规圈闭水动力封堵型和宽缓褶皱型四类煤层气富集模式(刘大锰 等,2018;Li et al.,2019)。对于中、高煤阶煤层气而言，以构造特征、水动力条件、应力条件和孔-裂隙发育特征为主要依据，将其总结为斜坡区含气量和渗透率优势叠合、脆韧性过渡带、相对构造高部位、盆内平缓带和裂陷区等五类煤层气富集模式(Yang et al.,2015;宋岩 等,2016)。

前人结合煤层构造与水文地质特征将准噶尔盆地南缘划分为宽缓褶皱模式、北倾单斜模式和上覆复合富集模式(Fu et al.,2017)。根据煤层气埋藏深度、水文地质条件、CBM成因和运移类型在准南确定了四种煤层气富集模式：弱径流区内，浅部煤层中含生物成因吸附性气体的自生煤层气模式；滞留区内，中深部煤层中含热成因吸附性气体的内生运移模式；滞留区内，深部煤层中含热成因吸附性气体的外生运移模式；滞留区内，超深部煤层中含热成因吸附及游离性气体的外生运移模式(Fu et al.,2017;Li et al.,2018)。尽管很多学者在煤层气富集规律及富集模式等方面做了大量工作，然而，针对多煤层叠置发育区煤层气的富集模式仍缺乏针对性研究。本次研究从沉积环境、地质构造和水文地质条件等主控因素出发，对准南煤田中侏罗统西山窑组低煤阶煤层气富集规律及其影响因素进行了具体分析，并在此基础上建立了多煤层叠置区低煤阶煤层气富集模式，这不仅为准噶尔盆地南缘中部煤层气选区评价和煤层气井位部署提供了一个新的角度，也将对进一步突破低煤阶煤层气的勘探开发具有一定的指导意义。

9.1　测试方法

9.1.1　含气量与甲烷碳同位素测定

含气量测试是基于现场煤层气参数井测得，通过绳索取心获得所测煤层样品并装罐进行密封，现场测定解吸气量、推测损失气量，剩余煤样送至实验室，粉碎脱气后测定其残余气量。取部分解吸气量，根据 GB/T 18340.2—2010，采用 MAT-253 气体同位素比值质谱仪(IRMS)进行甲烷稳定碳同位素分析。

9.1.2　覆压孔渗模拟

参照《覆压下岩石孔隙度和渗透率测定方法》(SY/T 6385—2016)设计煤的覆压孔渗。试验利用计算机控制 CMS-300 型覆压孔渗自动测试仪，在模拟地层覆压高达 10 000 pisg① 的条件下，通过一系列覆压，直接测试给出岩石的孔隙度、渗透率、克氏渗透率等参数，渗透率范围为 0.000 1 mD～10 D。

9.2　煤层气分布与含气量变化

为了分析含气量变化及其控制因素，此次研究共统计了 165 个含气量数据，这些数据均来自煤矿井下和煤层气参数井的测试(图 8-6)。结果表明，研究区西山窑组煤层含气量在 1.82～17.06 m^3/t 之间分布，大部分地区低于 5 m^3/t，相对高值区则一般高于 10 m^3/t(表 9-1)。总体上，西山窑组含气量较高的区域主要位于乌鲁木齐河-三屯河区段，其他地区则相对较低。

表 9-1　准噶尔盆地南缘煤层气井主采煤层试井资料、含气量及顶底板岩性统计

井号	煤层	埋深/m	储层压力/MPa	压力梯度/(kPa/m)	渗透率/mD	含气量/(m^3/t)	顶板岩性	底板岩性
WXC-1	B7	396.14	2.85	7.80	7.280	11.33	粉砂质泥岩	泥岩
	B6	613.70	5.15	8.65	0.130	17.06	泥质粉砂岩	泥岩
WXC-2	B8	546.95	3.96	7.55	0.160	4.53	泥质粉砂岩	粉砂质泥岩
	B7	589.15	5.76	10.00	14.490	4.93	中砂岩	粉砂岩
	B5	714.45	4.93	7.04	9.920	5.00	泥质粉砂岩	泥岩

① 英制压力单位，1 pisg 相当于 6 894.757 29 Pa 造成的表压。

表 9-1(续)

井号	煤层	埋深/m	储层压力/MPa	压力梯度/(kPa/m)	渗透率/mD	含气量/(m^3/t)	顶板岩性	底板岩性
MM-1	B10	1 056.80	10.51[a]	/	/	3.33	粉砂质泥岩	粉砂岩
	B5	1 183.00	11.98[a]	/	/	4.07	粉砂质泥岩	泥岩
	B2	1 256.20	12.84[a]	/	/	5.95	粉砂质泥岩	泥岩
MM-2	B10	1 185.70	12.21	10.30	1.927	1.82	粗砂岩	泥岩
	B5	1 388.20	14.02	10.10	0.269	2.61	粉砂质泥岩	粉砂岩
	B2	1 473.90	15.18	10.30	0.004	4.18	泥岩	粉砂质泥岩
MM-3	B9	784.04	7.84	9.90	0.024	4.35	泥质粉砂岩	泥岩
	B5	880.53	8.50	9.70	0.091	3.49	泥质粉砂岩	粉砂岩
	B2	939.88	10.43	11.10	0.027	5.45	粉砂质泥岩	泥岩

注:a 为根据方程 $y=0.011\ 7x-1.856\ 9$ 预测(其中,y 为储层压力,x 为埋深)

此外,由于煤储层温度和地层压力的共同作用,研究区煤层含气量随埋深的增加呈先增大后减小的趋势,其拐点临界深度在 600～800 m 之间(图 8-6)。其中,最大含气量为 17.06 m^3/t,出现在乌鲁木齐河西矿区 WXC-1 井 B6 煤层,对应的埋深为 614 m,由此可以推测出该地区煤层气的气源不仅有热成因气,还应该有大量的生物成因气。整体上埋深在 600 m 以浅,含气量主要受控于地层压力,平均值为 2.22 m^3/t;埋深在 600～850 m 之间,含气量平均值为 4.10 m^3/t;埋深在 850～1 411 m 之间,含气量平均值为 3.24 m^3/t,其变化主要受到地层温度负效应的影响,故呈降低趋势(Song et al.,2012)。

9.3 煤层气富集主控因素

9.3.1 沉积环境对含气量的影响

含煤岩系沉积环境对煤储层的控制作用主要体现在以下三个方面:① 对煤层厚度及其展布特征的控制;② 对煤储层煤岩煤质等密切相关的非均质性的控制;③ 对煤层围岩岩性及厚度的控制(Hou et al.,2019)。一般认为,煤层厚度越大,含气量越高,煤中的镜质组含量越高、灰分越低,含气量越大。但是这些变化的前提是需要在相似的埋深条件、相似的顶底板岩性条件下才成立(Yuan et al.,2020)。因此,与煤层厚度、显微煤岩组分以及煤质数据相比较,煤层围岩的岩性及其厚度是影响煤层气富集的关键沉积因素。

(1) 煤层围岩条件与含气量之间的关系

一般认为,在煤系中,厚层油页岩、泥岩、粉砂质泥岩等围岩类型较砂岩、砂泥岩互层和碳酸盐岩等更有利于煤层气的储存(Hou et al.,2019)。因煤层顶底板直接与煤层接触,故其岩性类别和厚度对煤层气的逸散和保存有重要作用。准噶尔盆地南缘中侏罗统煤层顶底板岩性多为砂岩、粉砂质泥岩、泥质粉砂岩和泥岩,由于泥岩较为致密,渗透率与孔隙度普遍较低(Li et al.,2020),因而当煤层顶底板泥岩含量较高时,其封闭性较好,有利于煤层气的保存;相反,若顶底板泥岩含量较低时,其封闭性较差,则不利于煤层气的赋存(唐跃,2020)。

此次研究对新呼参 1 井(XHC-1 井)进行了岩心编录,深度从 1 101.97 m 起至 822.92 m,共计 279.05 m;同时,也对新玛参 3 井(MM-3 井)进行了岩心编录,深度从 801.31 m 起至 656.28 m,共计 145.03 m。对岩心观测内容具体包括各分层段岩性及厚度、深度、沉积构造、沉积相和层序等方面,初步明确了研究区侏罗系西山窑组四类典型煤层顶底板岩性组合。

类型Ⅰ中煤层直接被辫状河道或者三角洲分流河道所下切,顶板为厚层中-粗粒砂岩,底板则多为分流间湾泥岩或者河漫滩泥质粉砂岩等,如图 9-1 中 XHC-1 井所示,且砂岩底部多存在明显的冲刷面。该类型岩性组合煤的含气量最低,平均值为 2.05 m^3/t,如 MM-3 井所示。类型Ⅱ为滨湖沼泽发育的煤层,煤层顶板被三角洲前缘砂泥岩互层所覆盖,煤层底板则为滨湖砂坝;该类型含气量相对较低,平均值为 3.48 m^3/t。类型Ⅲ根据 MM-3 井岩心显示,煤层及其顶底板均发育于下三角洲平原分流间湾,若顶板沉积时水体较浅,则可能会出现粉砂质泥岩。该类型岩性组合含气量中等,平均值为 4.35 m^3/t。类型Ⅳ因水体较深,煤层顶底板均为深灰色或灰黑色泥岩,含气量最高可达 9.66 m^3/t。该类型利于准噶尔盆地南缘中部煤层气的保存。然而,在该研究区内,就作为目标层位的厚煤层而言,其顶底板岩性组合多为类型Ⅰ或类型Ⅱ,含气量普遍较低,因此要对这两类顶板砂岩取样进一步对孔渗特征进行分析;同时,对其含水特征进行了初步研究,以服务于后期煤层压裂和排采工作。

(2) 多层叠置含气系统的识别与划分

煤储层压力梯度和含气量变化是常被用作划分垂向含气系统的两项重要指标(表 9-1),其中含气量数据容易获取,可以首先用于判断研究区内是否存在多个垂向含气系统。根据 MM-3 井埋深与含气量的关系可知,含气量随着埋深增加整体上呈先增加后降低的趋势。具体而言,含气量与埋深的关系整体上可以划分为三个变化段,每一段均是含气量随着埋深的增加而增大;段与段之间的含气量并不是随着埋深的增加而持续增大,中间存在明显的落差段,指示出研究区内西山窑组中下部在垂向上应该存在三个不同的压力(含煤层气)系统。

根据 MM-3 井岩性柱状、煤储层压力、含气量变化和层序地层划分结果,可将该井西山窑组中下段划分为三个相对独立的垂向叠置含气系统(图 8-8),且每个含气系统内含气量随埋深的增加呈由低升高再降低的变化规律,各含气系统内储层压力随埋深加大不断增加,同时发现三个含气系统的间隔位置均存在一定厚度的黑色泥岩(图 8-8),由此将垂向上三个含气/含水相对独立的系统进行水力分割,因此准南地区多层叠置含气系统划分的关键层可以认定为区域上稳定发育的厚层灰黑色泥岩。通过与层序地层划分的结果相对比,这些稳定发育的黑色泥岩与层序地层的发育关系密切,关键层总是发育在最大湖泛面附近或者湖侵晚期,而高含气量的位置均发生在湖侵体系域早期。值得注意的是,该井呈现的并不是完整西山窑组地层,缺少西山窑组上段,因此对于准南地区整个西山窑组而言,应该存在更多的含气系统。结合煤层比表面积、总孔体积和试井渗透率数据,发现煤的含气量变化与这三个参数的关系并不明显(图 8-8)。因此,在单个含气系统里面,与煤的渗透率、比表面积和总孔体积相比较,储层压力(流体压力)对于控制含气量变化起到绝对控制作用。

9.3.2　地质构造对含气量的影响

地质构造作为低煤阶煤层气富集成藏的关键因素之一,不仅控制着含煤岩系的发育特征,而且煤层气的运移、富集和保存等特征在不同的构造类型中表现也不尽相同。构造演化

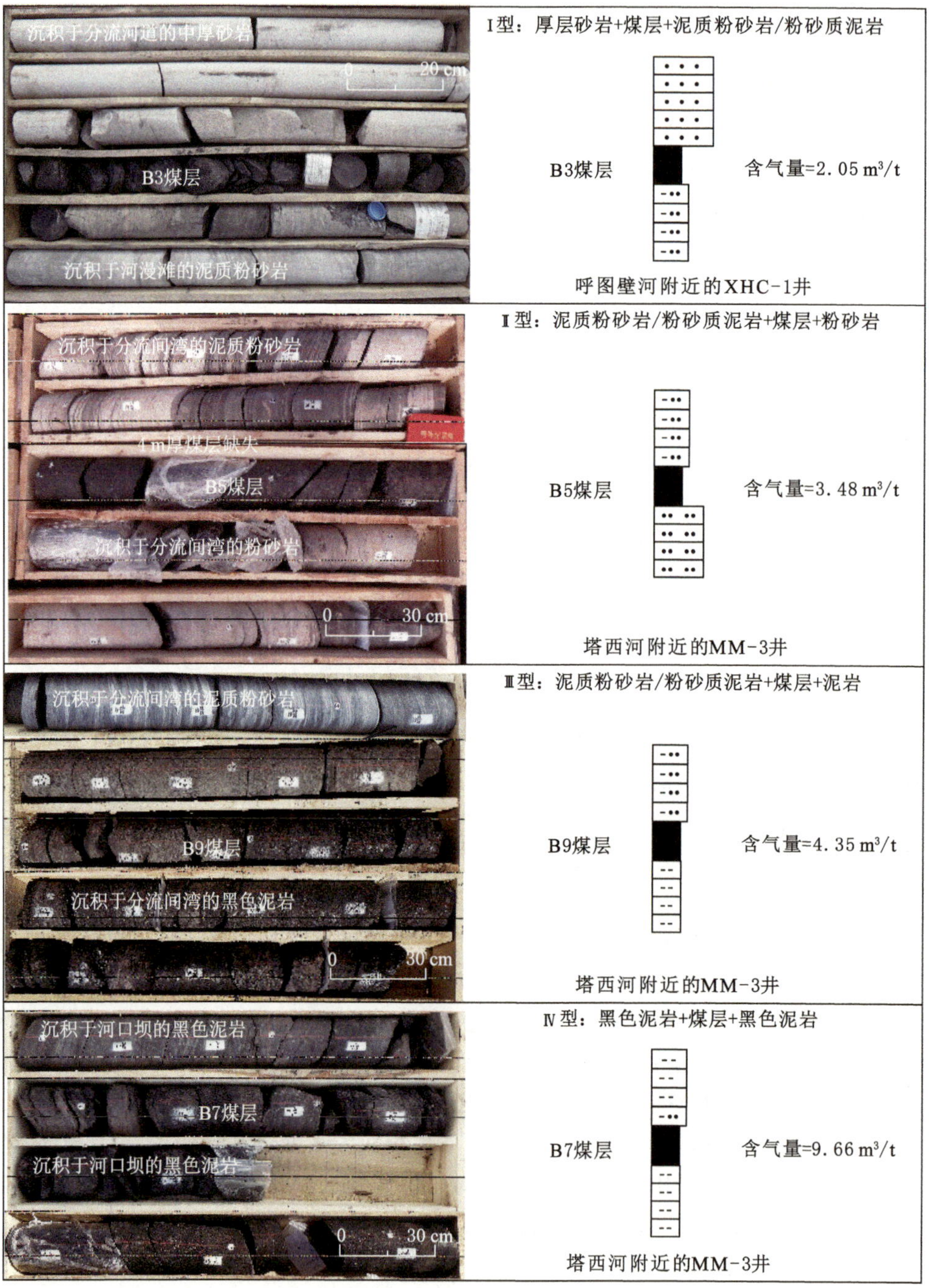

图 9-1 准噶尔盆地南缘中段西山窑煤层气典型围岩组合

史从根本上影响着含煤岩系沉积埋深史和热演化史，从而控制了煤层气生成、赋存及成藏过程，进而决定了煤层气聚集区带的形成和分布(Li et al.,2013a)。

研究区基本构造格架为一个北倾的大型单斜，局部发育一系列次级断裂和相关褶皱(如背斜和向斜)(Fu et al.,2017)。由于南北向挤压应力的存在，根据构造应力和构造组合特征，研究区西部主要以单斜、向斜和背斜等控气构造为发育特征[图 9-2(a)]，应力较大，因此在该区域内煤中宏观裂隙较少发育，渗透率较低，平均为 0.391 mD[图 9-2(b)、(c)]，该区域煤层气渗流能力较弱。而研究区东部则是在南北向挤压构造的基础上叠加上了一个NE-SW向的走滑构造，正是这一走滑构造的存在才使得构造应力得以释放，故在此区域内煤中宏观裂隙较为发育，渗透率大，平均为 6.396 mD[图 9-2(d)]，煤层气运移能力较强。总体而言，由于煤层气储层内的应力场变化，不同构造组合的煤层气富集和渗流能力存在明显差异(Chen et al.,2015)。

图 9-2　呼图壁河附近清水河向斜轴(a)与不同区域西山窑组煤系的裂隙发育特征(b～d)

为了探究煤的孔隙度和渗透率随地层压力增大的变化情况，对研究区五个煤样分别进行了覆压孔渗模拟试验(图 9-3)。样品 KG1-1、XGG-1、TXH-1 与 TXH-2 由东至西分别位于研究区西部的宽沟煤矿、小甘沟煤矿及塔西河煤矿，而样品 LHG-1 则位于研究区东部的硫磺沟煤矿。其中，煤样 KG1-1 在逐步增大覆压的条件下(压力从 5 MPa 增大至 30 MPa)，其孔隙度由 2.95%迅速降至 0.40%，渗透率也由 0.009 0 mD 降至 0.000 9 mD。对于煤样 XGG-1，随着覆压的增大，其孔隙度与渗透率分别由 2.14%降至 0.52%和 0.010 4 mD 降至 0.001 0 mD。对于样品 TXH-1 与 TXH-2，逐渐加大覆压，它们的孔隙度与渗透率分别降低了 2.18%、2.155 0 mD 和 2.64%、0.046 5 mD。LHG-1 样品的孔隙度和渗透率则是随着覆压增大，分别由 0.61%降至 0.04%，由 0.014 0 mD 降至 0.000 2 mD。

基于调查区五个煤样的覆压孔渗模拟试验，可以得出以下几条认识：① 煤的孔隙度和渗透率均随着上覆地层压力的增加而快速降低；② 具体到各压力点而言，塔西河煤矿的样

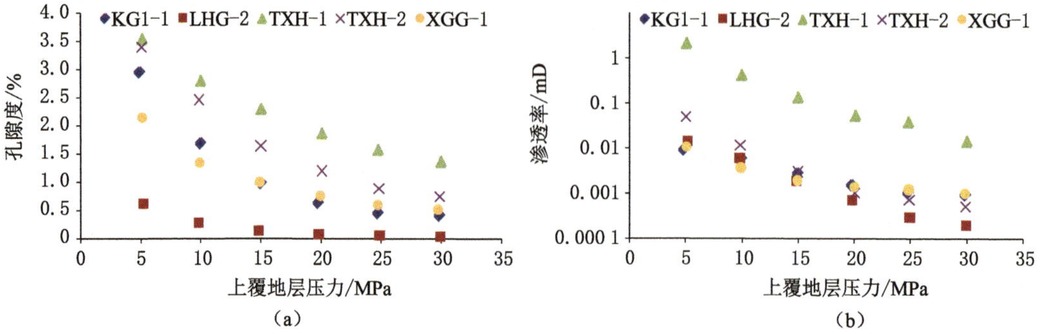

图 9-3　准噶尔盆地南缘中段低煤阶煤孔隙度、渗透率与上覆地层压力之间的关系

品孔隙度和渗透率均较高，而硫磺沟煤矿的样品则最低，表明在同等埋深条件下，西部塔西河附近煤样的孔隙度和渗透率要高于东部硫磺沟附近的煤样；③ 研究区西侧塔西河等地处于低位沼泽区，灰分大，所含矿物质较多，抗压能力强，因此在相同压力条件下孔隙度和渗透率值较高。

9.3.3　水动力条件对含气量的影响

煤系中流动的地下水对气体含量影响很大(Wood et al.,2017)。一般情况下，在水动力条件活跃的地区，其气体含量较小；反之，在水动力条件不活跃地区或停滞区，气体含量则较高(Zhang et al.,2015)。显然，活跃的地下水对煤层气的保存十分不利。关于水动力条件对气体含量的控制作用，前人做了大量研究，并提出了地下水动力条件直接影响着地层液体压力分布及流体的运移，由此改变吸附气与溶解气和游离气间原有的平衡，从而影响到煤层气的保存及含气量的变化(Sun et al.,2019)。

(1) 地下水流动路径与含气量

研究区地下水流场主要以地势低洼处为汇水中心，地下水分别向各自汇水中心径流，其地下水模式常表现为上游补给、中游径流和下游排泄。从现场数据与研究区 25 个煤矿的煤田勘查报告中系统地收集了地下水流动参数。其中，地下水动力参数包括水头高度 H、单位涌水量 q 及渗透系数 K；化学参数包括总溶解性固体(TDS)值及主要离子浓度，详见表 9-2。研究分析表明，中侏罗统西山窑组水头高度 H 在空间中的变化范围为 712.0～1 784.3 m，平均值为 1 431.3 m；侏罗纪含水层 TDS 值的变化范围为 338～30 509 mg/L，平均值为 3 436.2 mg/L；单位涌水量 q 在 0.000 073～2.155 L/(s · m)之间，平均值为 0.255 L/(s · m)；渗透系数 K 的空间变化介于 0.000 67～1.240 m/d 之间，平均值为 0.263 m/d。可见，TDS 值随着 H 的减小而增大，水化学类型也逐渐由西部的 $HCO_3 \cdot SO_4$-Na 和 $SO_4 \cdot HCO_3$-Na(如玛纳斯-呼图壁地区)过渡为东部的 $Cl \cdot SO_4$-Na 和 $Cl \cdot HCO_3 \cdot SO_4$-Na(如米泉地区)。对比分析表明，煤田勘探报告中的水文地质参数具有可比性，它们可以用来分析研究区水文地质条件(Fu et al.,2019)。

受地形差异和水头高度的影响，研究区地下水整体运移特征为由南向北、由西向东，在硫磺沟、米泉地区形成高矿化度的集水中心。因此，地下水 TDS 值由西至东、从南到北呈上升趋势，这与水头高度由西至东、从南到北下降的趋势基本一致(图 9-4)。这意味着一个低

表 9-2　准噶尔盆地南缘中段水文地质参数统计

编号	煤矿	H /m	单位涌水量 /[L/(s·m)]	K /(m/d)	Cl^- /(mg/L)	HCO_3^- /(mg/L)	SO_4^{2-} /(mg/L)	水化学类型	TDS /(mg/L)
3	DBYG	1345.0	0.098	0.130	306.3	1 015.7	238.7	HCO_3·SO_4-Na	3 075.0
5	XBYG	1 457~1 463	/	/	304.9	675.8	931.8	SO_4·HCO_3·Cl-Na	2 318.3
8	TW	1 660.0	/	/	85.1	604.1	941.4	SO_4·HCO_3-Na·Mg	1 975.4
10	DX	1 609.0	0.000 67~0.008	0.001~0.043 6	57.3	647.8	256.2	HCO_3·SO_4-Na	983.9
11	XD	/	0.003	0.002	48.2	469.9	1 025.4	SO_4·HCO_3-Na·Ca·Mg	1 886.8
12	TXH*	1 409~1 415	1.240	/	104.0	893.7	306.4	HCO_3·SO_4-Na	3 808.0
13	LBW	1 784.3	0.051	0.048	118.8	970.2	701.2	HCO_3·SO_4-Na	1 995.3
15	XG1	/	/	/	37.2	524.8	3 769.3	SO_4·HCO_3-Na·Mg	1 354.0
17	XGG	1 670.0	/	/	92.2	571.5	896.6	SO_4·HCO_3-Na	1 878.2
18	XDG	1 745.2	0.206	0.233	59.4	538.1	420.3	SO_4·HCO_3-Na·Mg	1 119.2
20	BYS*	1 643~1 656	0.853	1.318	184.0	646.2	306.4	HCO_3·SO_4-Na	1 324~1 663
21	FY	/	0.855	1.469	184.0	646.2	306.4	HCO_3·SO_4-Na	/
22	SHG	/	/	/	96.2	813.9	58.4	HCO_3-Na	922.0
23	KG	1 482.6	0.234	0.142	335.9	467.6	720.4	SO_4·HCO_3·Cl-Na	2 024.5
24	106T1	1 344.1	0.005	0.0	1 054.7	260.9	576.4	Cl·SO_4-Na	2 819.1
25	106T2	1 413.4	0.005	0.003	735.9	171.3	723.0	SO_4·Cl-Na	2 450.3
26	WZG*	1 599~1 723	/	/	47.0	370.7	461.1	SO_4·HCO_3-Na·Ca·Mg	1 010~1 100
27	STZXG	1 534~1 569	/	/	24.8	265.4	216.1	SO_4·HCO_3-Ca·Na	338~558
28	STZDG	/	/	/	17.7	329.5	163.3	HCO_3·SO_4-Na·Ca·Mg	/
29	MDG	1 571.1	0.008	0.009	102.8	433.2	403.5	SO_4·HCO_3-Na·Ca	1 109.8
35	JY	1 184.4	0.004	0.007	/	/	/	Cl·SO_4-Na	4 464.0
36	LJM*	/	0.001	0.027	36~430	336~756	769~1 896	SO_4·HCO_3·Cl-Na	/
37	DHG*	712.0	/	/	1 666~3 414	3 001~4 144	563~702	HCO_3·Cl·SO_4-Na	7 449~11 980
38	MQ*	723.0	/	/	9 146~14 514	3 898~4 984	933~1 096	Cl·HCO_3·SO_4-Na	20 024~30 509

注：*—数据源于 Fu 等(2017)；H—水头高度；K—渗透系数；TDS—总溶解性固体；DBYG—大白杨沟；XBYG—小白杨沟；TW—天伟；DX—德翔；XD—兴达；TXH—塔西河；LBW—涝坝湾；XG1—西沟煤矿一号井；XGG—小甘沟；XDG—小东沟；BYS—白杨树；FY—丰源；SHG—三红沟；KG—宽沟；106T1—106 团煤矿一号井；106T2—106 团煤矿二号井；WZG—苇子沟；STZXG—石梯子西沟；STZDG—石梯子东沟；MDG—马道沟；JY—监狱；LJM—老君庙；DHG—大红沟；MQ—米泉。

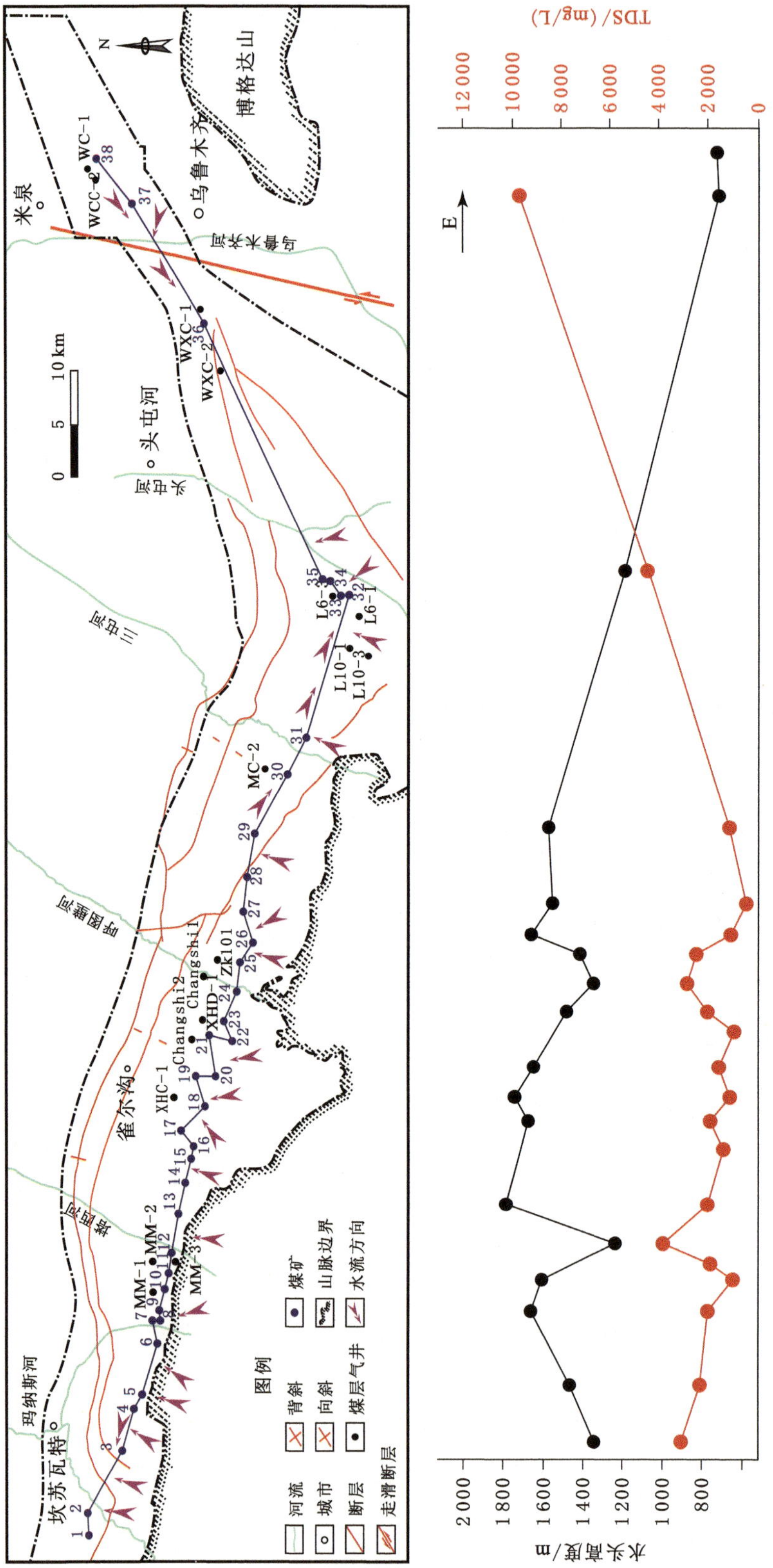

图9-4 准噶尔盆地南缘中段TDS值及地下水流动路径

水头高度的地下水地区很容易形成具有较高 TDS 值的停滞水环境。表 9-2 中 TDS 值、主要离子浓度(如 HCO_3^-、SO_4^{2-} 和 Cl^-)和水头高度的分析对比结果表明,地下水也由西向东运移,TDS 值呈西低东高的趋势。其中,玛纳斯-呼图壁地区的 TDS 值相对较低(338～3 808 mg/L),硫磺沟地区相对较高(4 464～10 292 mg/L),米泉地区异常高(20 024～30 509 mg/L)。总的来说,研究区内地下水流动路径是南北向和西东向流动共同作用的结果,而乌鲁木齐-米泉走滑断层是形成停滞集水区的重要因素。由于停滞集水区与高气量区有高度的一致性,因此,东部的乌鲁木齐-米泉地区应该是研究区内的煤层气富集区。

(2) 气体成因类型及甲烷稳定同位素值

从研究区东西方向分别选取了 3 个煤层气井(硫磺沟 L-10-1 井、呼图壁 C-2 井和玛纳斯 MM-1 井)的煤层气解吸气,进行了气体甲烷碳同位素测定。测得硫磺沟 L-10-1 井(煤层埋深 461.32～665.82 m)、呼图壁 C-2 井(煤层埋深 896.74～1 038.14 m)及玛纳斯 MM-1 井(煤层埋深 1 156～1 256.5 m)中煤层气解吸气的甲烷碳同位素($\delta^{13}C_{CH_4}$)变化范围分别为 −68.23‰～−56.19‰、−55.2‰～−50.7‰及 −47‰～−41.5‰。根据研究区硫磺沟 L-10-1井、呼图壁 C-2 井和玛纳斯 MM-1 井煤层甲烷气碳同位素测试结果可知,随着煤层埋深的增加,甲烷碳同位素由轻到重变化(图 9-5),这证实地下水系统对于煤层含气量和甲烷地球化学特征有较大影响。

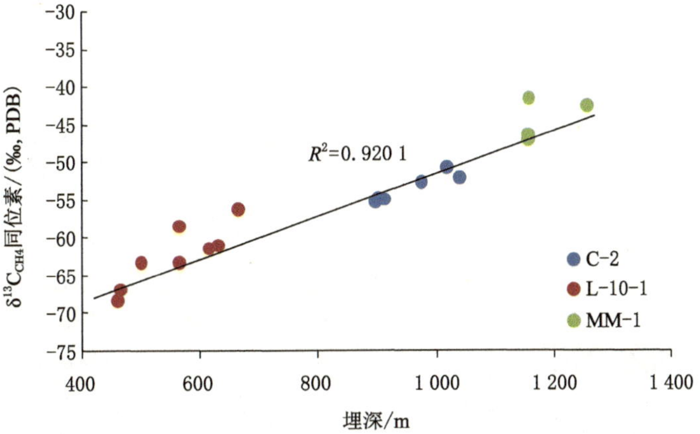

图 9-5　三口煤层气井的煤层埋深与 $\delta^{13}C_{CH_4}$ 之间的关系

研究区不同区域内统计的气体碳同位素与埋深之间呈现极好的线性关系,这说明研究区不同区域之间存有内在水力联系,即东西向相互沟通、整体上可能为同一水文地质单元。甲烷的碳同位素组成是确定煤层气成因的重要指标,而生物成因煤层气通常可以用甲烷较轻的碳同位素组成来定义(<−55‰)(Li et al.,2014a)。以气体碳同位素 −55‰为标准来划分生物成因气和热成因气的埋深界线,对应于图 9-5 的埋深界线为 841.4 m,而混合成因气的气体碳同位素介于−60‰～−55‰之间(宋革,2015),混合成因气的气体碳同位素界定范围为 661.6～841.4 m。由图 9-1 可知,研究区相对高含气量区域大致分布于埋深 600～800 m 之间,故煤层埋深范围介于 600～850 m 之间为西山窑组混合成因气的高含气量区域,该区域应该为研究区内煤层气勘探的有利层位。

9.4 煤层气富集模式

以构造条件为主导，辅助水文地质条件和岩性分布特征，前人将准南地区侏罗系八道湾组和西山窑组煤层气的成藏模式主要归纳为以下三类：① 单斜模式；② 宽缓褶皱模式；③ 逆冲叠瓦式模式(Fu et al.,2017)。但不管是以上哪种模式，其控制煤层气含气量变化的实质还是与地层中的流体压力有直接的联系，因此，此次研究以单斜构造模式为例，探讨多煤层发育区的低煤阶煤层气富集模式。

由前可知，研究区西山窑组地下水主要由天山雪水、地表水和大气降水共同补给，根据垂向剖面可将煤系地下水分为补给区、径流区和滞留区三部分，而根据煤层气的成因可将其分为三个阶段，分别是浅埋藏 A 阶段的生物成因气藏(埋深＜600 m)、埋藏中等 B 阶段的混合成因气藏(600～850 m)和埋深较深 C 阶段的热成因气(埋深＞850 m)。具体来说，A 阶段的煤层埋藏较浅，对应的煤储层压力较低，因此甲烷的吸附态量较低，此阶段地下水的矿化度较低，甲烷的溶解度高，导致吸附气态甲烷和游离态甲烷向溶解气转换，使得溶解气含量最高，但整体上该阶段煤层含气量相对较低(图 9-6)。

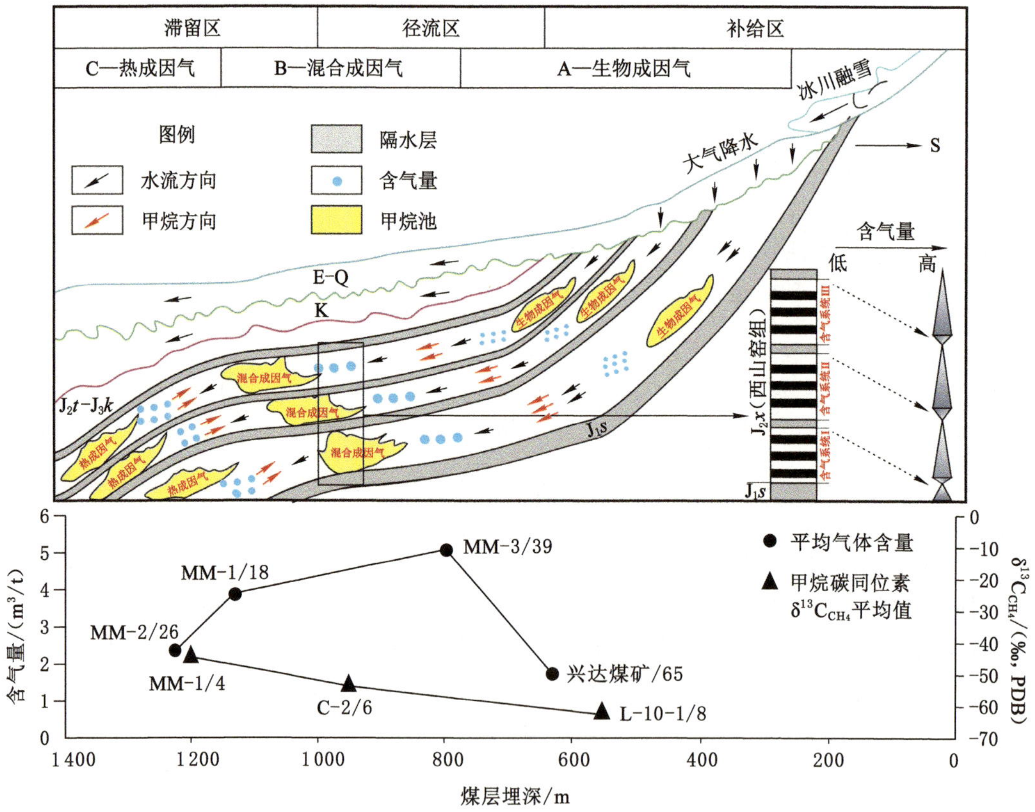

图 9-6 准噶尔盆地南缘中段多煤层叠置区煤层气富集模式

B 阶段的煤层埋深适中，一般介于 600～850 m 之间，随着储层压力的增加吸附态甲烷气含量明显增大，此埋深范围内不仅接收着浅部运移的次生生物气，还聚集着深部运移来的游离气，因此具有较高的含气量(图 9-6)。阶段 C 煤层埋深较大，此阶段吸附态气量由于较高的地温有所降低，导致吸附态甲烷向游离态甲烷转移，部分游离气由于地层压力的作用向上运移，该埋深煤层气的成因则主要为热成因气，煤层含气量较 B 阶段有所降低(图 9-6)。

因此，整体上随着埋深的增加，含气量呈先增大后降低的趋势，研究区煤层含气量变化主要受控于储层(流体)压力，而储层压力则与煤层埋深和地层水矿化度关系密切。对于单个含气系统内部而言，含气量随着地层压力增加而增大，其分割各个含气量系统的泥岩隔水层则发育在高水位体系域的末端(Shen et al.,2017)。在各含气系统内部，局部地区含气量变化也在一定程度上受到煤层顶底板岩性的影响。

9.5　本章小结

本章基于煤层气成藏理论，从沉积环境、地质构造和水文地质条件三个方面出发，对准南煤田中侏罗统西山窑组低煤阶煤层气富集规律及影响因素进行了具体分析，并通过综合三个因素对储层含气量的控制作用，在研究区内建立了多煤层叠置区低煤阶煤层气富集模式。

① 准南煤田中段西山窑组煤层含气量在 1.82～17.06 m^3/t 之间分布，含气量较高的区域主要位于乌鲁木齐河-三屯河区段，其他地区则相对较低。总体而言，随着埋深的增大，研究区西山窑组煤层含气量呈现先升高后降低的趋势，最大值出现在 600～850 m 的埋深中，在此埋深以浅含气量主要受控于地层压力，在此埋深以深含气量主要受到地层温度负效应的影响，呈降低趋势。

② 根据 MM-3 井岩性柱状、煤储层压力、含气量变化和层序地层划分结果，可将该井西山窑组中下段划分为三个相对独立的垂向叠置含气系统。分割各个含气系统的厚层泥岩隔水层往往发育在高水位体系域的末端，就某一个含气系统而言，整体上地温变化不大，含气量随着地层(储层)压力的增加而增大。当然，局部地区含气量的变化也在一定程度上受到煤层顶底板岩性的影响。

③ 受地形差异和水头高度的影响，研究区地下水整体运移特征为由南向北、由西向东，在硫磺沟、米泉地区形成高矿化度的集水中心。此外，地下水 TDS 值由西至东、从南到北呈上升趋势，这与水头高度由西至东、从南到北下降的趋势基本一致，乌鲁木齐-米泉走滑断层是形成停滞集水区的重要因素。因此，东部的乌鲁木齐-米泉地区应该是研究区内的煤层气富集区。

④ 以单斜构造为例，综合沉积环境、地质构造和水文地质条件三个主控因素的影响建立了多煤层发育区的煤层气富集模式。研究区煤层含气量变化主要受控于储层(流体)压力，而储层压力则与煤层埋深和地层水矿化度关系密切。煤层埋深介于 600～850 m 之间的区域由于受到热成因气和生物成因气共同影响，具有较高的含气量，为该地区有利的煤层气勘探层位。

第10章　西山窑组与八道湾组煤层气成藏富集条件对比研究

为了加快准南西山窑组煤层气勘探开发进程，针对该地区侏罗系八道湾组和西山窑组煤层气成藏条件差异，此次研究开展了准南西山窑组与八道湾组煤层气成藏富集条件对比研究。虽然西山窑组煤层气的勘探已有部分工作基础，也取得了一些成果，包括对煤层气地质特征、富集模式的分析、煤层对比和煤储层压力系统划分等(李勇 等，2016；唐跃 等，2020；彭文利 等，2021)，但单井采量目前还未取得理想效果。准南八道湾组煤层，特别是已经取得单井产量突破的阜康白杨河矿区和乌鲁木齐河西等广大区域隶属于同一构造带，在煤层产状、煤层形成沉积环境、煤层气成藏条件和开发地质条件等方面具有可以借鉴的可能。

准南侏罗系含煤地层从下至上依次包括下侏罗统八道湾组、三工河组和中侏罗统西山窑组，其中含煤性以八道湾组和西山窑组为主，三工河组含煤性较差，基本无可采煤层。基于盆地基底沉降、沉积物供给和可容空间变化速率的分析，八道湾组厚煤层主要分布在下段和上段下部，而西山窑组厚煤层主要分布在其底部(刘豪 等，2002)，整体上八道湾组下段煤层形成于湖侵沼泽，而八道湾上段和西山窑组煤层则形成于湖退沼泽(胡平 等，2006)。平面上，准南八道湾组富煤带位于阜康-水西沟一带，煤层厚度一般介于15～55 m之间，而西山窑组富煤带则展布于玛纳斯-乌鲁木齐之间，煤层厚度一般介于19～34 m之间。受古气候和成煤期古构造的影响，八道湾组和西山窑组含煤地层的沉积环境存在明显差异，前者以冲积扇、扇三角洲、河流相为主，后者则以三角洲和滨浅湖为主(何志平 等，2004；姜科庆 等，2010)。

10.1　煤层气成藏条件对比

煤层气的成藏富集条件一般包括生、储、盖、运、聚、保等要素，其中生、储条件控制着煤层气的资源潜力，而盖层和保存条件则决定着后期煤层气富集的差异性(王勃 等，2009)。因此，煤层气富集区的形成与煤系沉积环境、构造特征和水文地质条件密不可分，关键是寻求三者的有利匹配区域。

10.1.1　煤层气生气条件

(1) 煤变质程度

煤变质在很大程度上决定了煤层最终的生烃能力，通常将煤的变质类型划分为深成变质作用、岩浆变质作用和动力变质作用，其中深成变质作用是准南侏罗系煤化作用的主要类型。因此，侏罗系下统八道湾组煤的镜质体反射率整体上要明显高于中统西山窑组(表10-1)，且八道湾组煤的变质程度呈东高西低之势，而西山窑组的煤级分布则较为均匀。从煤类的角度来看，八道湾组的煤主要为气煤，少量达到肥煤，而西山窑组的煤则主要为长焰煤，少量达到气煤。

表10-1　准南煤田显微煤岩组分特征

地点		煤层层位	镜质体反射率/%	镜质组/%	惰质组/%	壳质组/%	矿物/%
东部	大黄山	八道湾组	0.67	75.8	20.8	3.2	0.2
	阜康三工河	西山窑组	0.46～0.77	35.7～56.2	23.3～57.2	少量	2.8～12.4
	阜康白杨河	八道湾组	0.65～0.85	81.0～94.0	2.0～14.0	极少量	＜5.0
中部	铁厂沟	八道湾组	0.62～0.79	83.0～92.0	3.7～11.2	＜1.5	＜11.8
	铁厂沟	西山窑组	0.55～0.64	48.2～64.8	27.2～45.8	＜1.2	＜7.0
	硫磺沟	八道湾组	0.71～0.80	75.8～88.4	10.0～20.0	＜5.0	＜10.0
	硫磺沟	西山窑组	0.47～0.54	24.6～64.9	13.6～61.1	＜3.4	＜15.6
西部	呼图壁	西山窑组	0.47～0.65	17.2～42.6	48.2～78.2	＜1.6	＜11.8
	玛纳斯	西山窑组	0.58～0.72	45.4～84.2	17.4～49.6	＜6.0	＜8.5
	石河子	八道湾组	0.62～0.78	82.4～94.8	1.9～10.5	＜5.5	＜7.4

注：据罗磊等，2015；谢相军等，2016。

(2) 煤岩特征

区域上，准南煤田八道湾组和西山窑组煤的显微组分均以镜质组为主、惰质组次之、壳质组和矿物少量发育为特征(表10-1)。但值得注意的是，西山窑组煤的惰质组含量要明显高于八道湾组煤，甚至部分地区西山窑组煤的惰质组含量要高于其自身的镜质组含量。由于显微组分的差异，准南八道湾组煤的宏观煤岩类型以光亮型和半光亮型为主，而西山窑组煤则以半光亮型和半暗淡型为主。分析认为，古气候和成煤环境的变化是造成八道湾组和西山窑组煤岩差异的主要原因。一方面，中侏罗世古大气CO_2浓度与早侏罗世相比呈持续增高趋势(Berner，2006)，因此西山窑组成煤期古气候变得异常干热化，古火灾事件频发，从而产生较高的丝质体含量(Scott et al.，2007)；另一方面，整体上八道湾组下段煤层形成于湖侵沼泽，西山窑组下段煤层则形成于湖退沼泽，因此西山窑组成煤期沼泽的覆水深度相对较浅，同样有利于丝炭化作用的发生。根据上述煤变质程度和煤岩特征综合分析，认为煤层生气的能力随煤变质程度的增加而增强，准南八道湾煤的生气条件整体上优于西山窑组。

10.1.2　煤储层条件

(1) 孔隙特征

孔隙发育及结构特征是影响煤层气赋存和产出的重要因素，由于不同试验方法和计算模型均可以影响到煤储层孔隙结构参数，因此采用相同的试验是进行孔隙参数对比研究的基础。本书借鉴前人在阜康矿区八道湾组和西山窑组煤的氮气吸附孔隙结构参数(李月云等，2017)，通过类比方法分析准南八道湾组和西山窑组煤储层孔隙结构的差异性。结果表明，阜康矿区煤储层孔隙以小孔和微孔占主要比例，且八道湾组煤的微孔含量和比表面积高于西山窑组（表 10-2），分析认为这种孔隙变化特征主要受控于煤级的影响。

表 10-2　准南阜康矿区八道湾组煤和西山窑组煤的孔隙结构对比

采样地点	采样层位	$R_{o,max}$/%	孔容 /(cm^3/g)	比表面积 /(m^2/g)	不同孔径孔容所占比例/%			
					大孔	中孔	小孔	微孔
阜康矿区	西山窑组	0.46	0.054	8.426	10.27	8.22	43.15	38.36
		0.67	0.061	10.812	8.08	18.56	43.23	30.13
		0.68	0.069	24.548	7.30	19.69	25.64	47.37
		0.69	0.069	25.449	5.67	22.52	28.19	43.62
	八道湾组	0.52	0.050	22.670	8.72	8.03	27.06	56.19
		0.51	0.045	22.918	3.58	6.92	30.31	59.19
		0.69	0.044	23.867	4.40	6.02	29.86	59.72

注：据李月云等，2017。

（2）裂隙特征

煤储层裂隙由内生裂隙和构造裂隙组成，由于准南地区侏罗系煤层大部分处于低变质阶段，内生裂隙相对不发育，且构造位置处于山前断褶带，因此煤储层构造裂隙数量占绝对比例。通过资料调研（李臣臣 等，2015），平面上，准南乌苏、沙湾和阜康等地区是煤储层裂隙发育的高值区，其中沙湾煤样的显微裂隙密度可达 1 557 条/9 cm^2；垂向上，八道湾组煤储层裂隙密度与西山窑组裂隙密度相当，煤储层裂隙发育特征应该与煤系所处的具体构造位置关系密切，另外通过裂隙发育情况也可以进一步指示区域构造和煤体结构发育特征。煤的孔-裂隙结构会直接影响到煤层气的成藏，八道湾组煤储层中小孔和微孔占总孔比重较大，更有利于煤层气的吸附和富集。

10.1.3　盖层条件

对于低煤阶煤层气成藏而言，煤层形成后的顶板岩性及厚度是影响煤层含气性的重要因素（桑树勋 等，2002）。对于准南地区侏罗系沉积体系分析可知，三屯河以西地区西山窑组煤层的直接或间接顶板为厚层湖相泥岩，对于三屯河至乌鲁木齐河之间而言，西山窑组煤层的直接或间接顶板则为辫状河三角洲平原中薄层泥岩和粉砂岩，乌鲁木齐河以东八道湾组煤层则为扇三角洲平原的中厚层粉砂岩和细砂岩。据统计，八道湾组粗碎屑岩占比 55.4%，且主要集中在八道湾组下部，而西山窑组的粗碎屑岩占比则降低为 41.6%。因此，区域上西山窑组煤层的盖层条件最好，八道湾组上段煤层盖层条件次之，八道湾组下部煤层盖层条件相对较差。八道湾组煤层上部存在一个以细碎屑岩为主的区域盖层，即三工河组，结合各含煤岩系的煤层厚度和生气条件，整体上八道湾煤层气保存条件和含气性要优于西山窑组。据前人在准南施工煤层气井测试结果表明，八道湾组煤的含气量一般介于 6～15 m^3/t 之间，平均在 7～8 m^3/t 左右（谢相军 等，2016），而西山窑组煤的含气量一般介于 3～11 m^3/t 之间，平均在 4～6 m^3/t 左右（唐跃 等，2020）。

10.1.4　水文地质条件

通过对准南八道湾组和西山窑组煤层水各离子浓度分析(图 10-1),可知准南八道湾组煤层水中的 K+Na、Ca 和 Mg 平均离子浓度分别为 66.96%、20.02%和 13.02%,而西山窑组煤层水中相应的阳离子平均浓度分别为 77.14%、13.28%和 9.58%;八道湾组和西山窑组煤层水中的阴离子浓度相当,且 $HCO_3+CO_3>SO_4>Cl$。整体上,八道湾组的水质类型主要为 $Na \cdot Ca\text{-}HCO_3 \cdot SO_4$,而西山窑组的水质类型则以 $Na \cdot K\text{-}HCO_3 \cdot SO_4$ 为主,因此八道湾组中的煤层水矿化度平均值(2 768 mL/g)要低于西山窑组中的煤层水矿化度平均值(3 266 mL/g)。分析认为,西山窑组中煤层水由于具有较高的矿化度,因此更有利于煤层气的富集;而八道湾组由于具有较低的矿化度,则更有利于形成次生生物成因气藏。

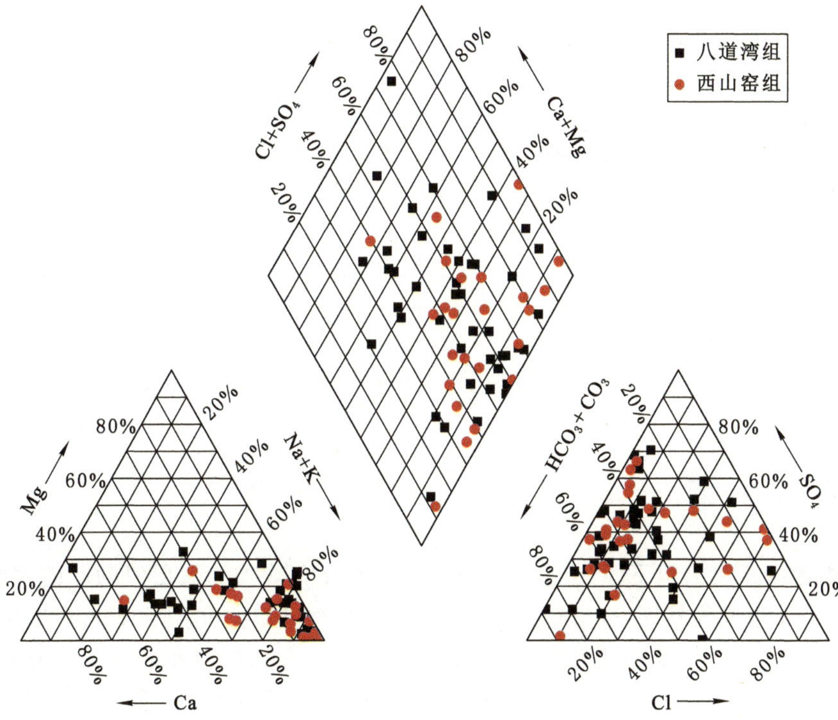

图 10-1　准南侏罗系八道湾组和西山窑组地下水主要离子 Piper 图

10.2　煤层气成藏富集模式

以构造条件为主导,辅助水文地质条件和岩性分布特征,前人对准南地区侏罗系八道湾组和西山窑组煤层气的成藏模式主要归纳为以下三类:① 单斜模式;② 宽缓褶皱模式;③ 逆冲叠瓦式模式。事实上,在乌鲁木齐河西勘探区还存在另一种煤层气成藏模式,即对冲构造引起的褶皱型煤层气富集模式。由于乌鲁木齐河西区南部桌子山存在水系补给,因此在西山窑组的浅部地区易形成生物成因甲烷气,同时桌子山背斜轴部的相对构造高点以及头屯河向斜的斜坡带易形成煤层气的富集区(图 10-2)。中国地质调查局油气资源调查中心于 2015—2016 年在该区域施工了 WXC-1 和 WXC-2 两口煤层气参数井,目的层位均为中侏罗统西山窑组,钻孔位置分别位于西山逆断层的上升盘和头屯河向斜的轴部区域。含气量测试结果显示:WXC-1 煤层最大含气量为 11.34 m^3/t,而 WXC-2 煤层最大含气量只有 5.0 m^3/t,一方面表明虽然西山窑组煤层气的生成和储集条件比八道湾组煤层相对较差,但依然存在局部的富集区;另一方面也证实以断层封堵深部自吸附区域煤的含气量要优于向斜轴部地带,建议该区域未来的煤层气勘探可以尝试在浅部中和面以下的向斜斜坡带和深部八道湾组背斜轴部地带开展。

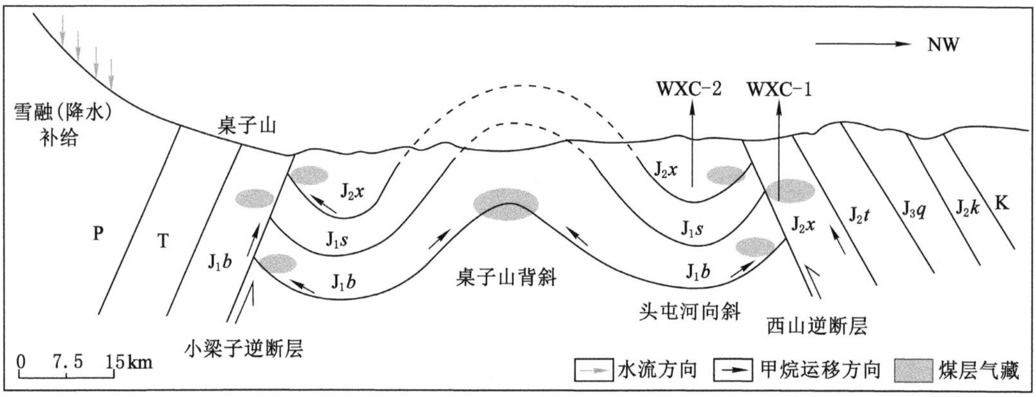

图 10-2 准南乌鲁木齐河西区对冲-褶皱型煤层气成藏富集模式

10.3 本章小结

① 准南地区八道湾组下段、上段下部和西山窑组下部煤层为煤层气勘探的主要目的层位。八道湾组煤主要为气煤,少量达到肥煤,宏观煤岩类型以光亮型和半光亮型为主;西山窑组煤则主要为长焰煤,少量达到气煤,宏观煤岩类型以半光亮型和半暗淡型为主,且煤中惰质组含量明显高于八道湾组。分析认为,古气候和成煤环境的变化是造成八道湾组和西山窑组煤岩差异的主要原因。

② 受控于煤级的影响,准南八道湾组煤的微孔含量和比表面积要高于西山窑组。准南地区煤储层构造裂隙数量明显高于内生裂隙,其中乌苏、沙湾和阜康等地区是煤储层裂隙发育的高值区,煤储层裂隙发育特征应该与煤层所处的构造位置关系密切。另外,通过裂隙发育情况也可以进一步指示区域构造和煤体结构发育特征。

③ 区域上西山窑组煤层的盖层条件最好,八道湾组上段煤层盖层条件次之,八道湾组下段煤层盖层条件相对较差,八道湾组的水质类型主要为 $Na \cdot Ca\text{-}HCO_3 \cdot SO_4$,而西山窑组的水质类型则以 $Na \cdot Ca\text{-}HCO_3 \cdot SO_4$ 为主,八道湾组中的煤层水矿化度平均值(2 768 mL/g)要低于西山窑组中的煤层水矿化度平均值(3 266 mL/g)。

④ 基于准南地区构造和水文地质条件,在前人研究的基础上,以乌鲁木齐河西区为例,提出了对冲-褶皱型煤层气成藏富集模式,并对该区域未来煤层气的勘探方向进行了预测。

参考文献

[1] 白斌,2008.准噶尔南缘构造沉积演化及其控制下的基本油气地质条件[D].西安:西北大学.

[2] 曹运兴,柴学周,刘同吉,等,2016.潞安矿区山西组 3# 煤储层低压特征及控制因素研究[J].天然气地球科学,27(11):2077-2085.

[3] 曹运兴,石玢,田林,等,2020.低渗低压煤层水平井密集多簇压裂高效开发技术及应用[J].煤炭学报,45(10):3512-3521.

[4] 陈彬滔,于兴河,王天奇,等,2014.准噶尔盆地南缘中下侏罗统含煤层系层序地层及聚煤控制因素[J].沉积学报,32(1):61-67.

[5] 陈发景,汪新文,汪新伟,2005.准噶尔盆地的原型和构造演化[J].地学前缘,12(3):77-89.

[6] 董臣强,孙自明,洪太元,2007.准噶尔盆地南缘前陆褶皱冲断带构造滑脱层厘定[J].石油实验地质,29(2):138-142.

[7] 杜芳鹏,雒铮,乔军伟,等,2020.宁东煤田侏罗纪煤岩煤质特征及清洁高效利用[J].煤田地质与勘探,48(2):71-77.

[8] 杜艺,桑树勋,王文峰,2018.超临界 CO_2 注入煤岩地球化学效应研究评述[J].煤炭科学技术,46(3):10-18.

[9] 冯增昭,2004.单因素分析多因素综合作图法:定量岩相古地理重建[J].古地理学报,6(1):3-19.

[10] 管树巍,陈竹新,方世虎,2012.准噶尔盆地南缘油气勘探的 3 个潜在领域:来自构造模型的论证[J].石油勘探与开发,39(1):37-44.

[11] 国土资源部油气资源战略研究中心,2009.全国煤层气资源评价[M].北京:中国大地出版社.

[12] 何光强,2009.煤田地质勘查中煤层对比方法的探讨[J].煤炭科学技术,37(6):106-109.

[13] 何志平,邵龙义,康永尚,等,2004.准噶尔盆地侏罗系八道湾组聚煤作用控制因素分析[J].沉积学报,22(3):449-454.

[14] 胡平,徐恒,李新兵,等,2006.准噶尔盆地东部侏罗纪含煤岩系沉积环境及基准面旋回划分[J].沉积学报,24(3):378-386.

[15] 胡修棉,2005.白垩纪中期异常地质事件与全球变化[J].地学前缘,12(2):222-230.

[16] 黄嫔,李建国,2007.新疆玛纳斯河畔红沟剖面西山窑组和头屯河组孢粉组合及地层意义[J].微体古生物学报,24(2):170-193.

[17] 姜科庆，田继军，汪立今，等，2010.准噶尔盆地南缘西山窑组沉积特征及聚煤规律分析[J].现代地质，24(6)：1204-1212.

[18] 景兴鹏，2012.沁水盆地南部储层压力分布规律和控制因素研究[J].煤炭科学技术，40(2)：116-120.

[19] 李臣臣，刘大锰，蔡益栋，等，2015.新疆准南地区煤储层显微裂隙特征及矿物控因分析[J].煤炭科学技术，43(12)：144-151.

[20] 李德江，杨俊生，朱筱敏，2005.准噶尔盆地层序地层学研究[J].西安石油大学学报（自然科学版），20(3)：60-66.

[21] 李雅楠，邵龙义，闫志明，等，2018.中侏罗世泥炭地净初级生产力及控制因素：以准噶尔盆地南缘煤田为例[J].中国科学：地球科学，48(10)：1324-1334.

[22] 李勇，曹代勇，魏迎春，等，2016.准噶尔盆地南缘中低煤阶煤层气富集成藏规律[J].石油学报，37(12)：1472-1482.

[23] 李勇，潘松圻，宁树正，等，2022.煤系成矿学内涵与发展：兼论煤系成矿系统及其资源环境效应[J].中国科学：地球科学，52(10)：1948-1965.

[24] 李月云，江林华，张大伟，等，2017.阜康矿区煤的孔隙与裂隙特征[J].煤田地质与勘探，45(2)：80-84.

[25] 李增学，魏久传，韩美莲，2001.海侵事件成煤作用：一种新的聚煤模式[J].地球科学进展，16(1)：120-124.

[26] 刘大锰，王颖晋，蔡益栋，2018.低阶煤层气富集主控地质因素与成藏模式分析[J].煤炭科学技术，46(6)：1-8.

[27] 刘豪，王英民，王媛，2002.浅析准噶尔盆地侏罗系煤层在层序地层中的意义[J].沉积学报，20(2)：197-202.

[28] 鲁彬，周立发，白斌，等，2010.准噶尔盆地南缘艾维尔沟群物源与古流分析[J].西北大学学报（自然科学版），40(1)：98-104.

[29] 鲁静，邵龙义，汪浩，等，2012.低可容空间河流三角洲沉积层序与聚煤模式[J].中国矿业大学学报，41(2)：268-275.

[30] 鲁静，杨敏芳，邵龙义，等，2016.陆相盆地古气候变化与环境演化、聚煤作用[J].煤炭学报，41(7)：1788-1797.

[31] 罗磊，汤达祯，陶树，等，2015.准东地区煤层气富集区预测及主控因素研究[J].煤炭科学技术，43(9)：122-128.

[32] 梅冥相，马永生，邓军，等，2005.滇黔桂盆地及其邻区石炭纪至二叠纪层序地层格架及三级海平面变化的全球对比[J].中国地质，32(1)：13-24.

[33] 梅冥相，马永生，2001.从旋回层序的特征论地层记录的两种相变面及两种穿时性[J].地层学杂志，25(2)：150-153.

[34] 孟召平，刘珊珊，王保玉，等，2015.不同煤体结构煤的吸附性能及其孔隙结构特征[J].煤炭学报，40(8)：1865-1870.

[35] 宁树正，黄少青，张莉，等，2020.中国北方不同成煤时代煤中金属矿点（床）分布及资源前景[J].煤田地质与勘探，48(2)：42-48.

[36] 欧浩文，吕嵘，李宇志，2008.准噶尔盆地南缘地区中新生代物源分析[J].内蒙古石油化

工,34(24):183-185.
[37] 彭文利,薛冽,马效杰,等,2021.准噶尔盆地南缘齐古地区煤层气地质特征[J].非常规油气,8(1):8-14.
[38] 秦勇,2021.煤系气聚集系统与开发地质研究战略思考[J].煤炭学报,46(8):2387-2399.
[39] 曲闯,左宇军,于迪,等,2017.王庄煤矿不同破坏类型煤体结构差异性及其对瓦斯吸附性能的研究[J].煤矿开采,22(6):88-91.
[40] 桑树勋,秦勇,范炳恒,等,2002.层序地层学在陆相盆地煤层气资源评价中的应用研究[J].煤炭学报,27(2):113-118.
[41] 桑树勋,王冉,周效志,等,2021.论煤地质学与碳中和[J].煤田地质与勘探,49(1):1-11.
[42] 单长安,张廷山,梁兴,等,2020.富镜质组和富惰质组高阶煤纳米孔隙结构特征[J].石油学报,41(6):723-736.
[43] 邵龙义,高彩霞,张超,等,2013.西南地区晚二叠世层序:古地理及聚煤特征[J].沉积学报,31(5):856-866.
[44] 邵龙义,侯海海,唐跃,等,2015.中国煤层气勘探开发战略接替区优选[J].天然气工业,35(3):1-11.
[45] 邵龙义,王学天,鲁静,等,2017.再论中国含煤岩系沉积学研究进展及发展趋势[J].沉积学报,35(5):1016-1031.
[46] 邵龙义,徐小涛,王帅,等,2021.中国含煤岩系古地理及古环境演化研究进展[J].古地理学报,23(1):19-38.
[47] 宋革,2015.吐哈盆地大南湖褐煤生物气和热成因气模拟研究[D].徐州:中国矿业大学.
[48] 宋岩,柳少波,马行陟,等,2016.中高煤阶煤层气富集高产区形成模式与地质评价方法[J].地学前缘,23(3):1-9.
[49] 孙国智,柳益群,2009.新疆博格达山隆升时间初步分析[J].沉积学报,27(3):487-493.
[50] 汤达祯,杨曙光,唐淑玲,等,2021.准噶尔盆地煤层气勘探开发与地质研究进展[J].煤炭学报,46(8):2412-2425.
[51] 唐跃,2020.准南地区多层叠置煤层气系统选层压裂改造对策研究[D].北京:中国地质大学(北京).
[52] 唐跃,袁远,侯海海,等,2020.准噶尔盆地南缘西山窑组煤储层压力控制因素分析及含气系统划分[J].科学技术与工程,20(10):3908-3918.
[53] 田继军,杨曙光,2011.准噶尔盆地南缘下-中侏罗统层序地层格架与聚煤规律[J].煤炭学报,36(1):58-64.
[54] 佟殿君,任建业,李亚哲,2006.准噶尔盆地侏罗系西山窑组沉降中心的分布及其构造控制[J].大地构造与成矿学,30(2):180-188.
[55] 万里皋,刘登明,侯六根,2005.准噶尔盆地南缘前陆冲断带构造特征研究[J].石油地球物理勘探,40(增刊1):40-45.
[56] 王勃,李景明,张义,等,2009.中国低煤阶煤层气地质特征[J].石油勘探与开发,36(1):30-34.
[57] 王敏芳,焦养泉,任建业,等,2007.准噶尔盆地侏罗纪沉降特征及其与构造演化的关系[J].石油学报,28(1):27-32.

[58] 王佟，2012.中国西北赋煤区构造发育规律及构造控煤研究[D].北京：中国矿业大学（北京）.
[59] 王佟，邵龙义，2013.中国西北地区侏罗纪煤炭资源形成条件及资源评价[M].北京：地质出版社.
[60] 王佟，邵龙义，夏玉成，等，2017.中国煤炭地质研究取得的重大进展与今后的主要研究方向[J].中国地质，44(2)：242-262.
[61] 魏迎春，张强，王安民，等，2016.准噶尔盆地南缘煤系水矿化度对低煤阶煤层气的影响[J].煤田地质与勘探，44(1)：31-37.
[62] 吴怀春，王成善，张世红，等，2011."地时"(Earthtime)研究计划："深时"(Deep Time)记录的定年精度与时间分辨率[J].现代地质，25(3)：419-428.
[63] 吴文昊，周长付，OLIVER W，等，2013.新疆鄯善中侏罗世巨型蜥脚类恐龙的发现[J].世界地质，32(3)：437-446.
[64] 肖良，李勇，周建仁，等，2014.新疆吐哈盆地中侏罗世古大气 CO_2 重建[J].兰州大学学报（自然科学版），50(2)：154-160.
[65] 谢相军，张军，张洲，等，2016.新疆阜康白杨河矿区煤层气藏特征及开采技术对策[J].煤矿安全，47(5)：81-84.
[66] 杨利军，邵龙义，张鹏飞，2002.古土壤的类型及识别标志[J].中国煤田地质，3：1-3.
[67] 杨起，刘大锰，黄文辉，等，2005.中国西北煤层气地质与资源综合评价[M].北京：地质出版社.
[68] 杨兆彪，秦勇，陈世悦，等，2013.多煤层储层能量垂向分布特征及控制机理[J].地质学报，87(1)：139-144.
[69] 姚艳斌，刘大锰，2007.华北重点矿区煤储层吸附特征及其影响因素[J].中国矿业大学学报，36(3)：308-314.
[70] 喻廷旭，汤达祯，许浩，等，2013.柳林矿区不同煤岩类型煤的孔隙特征[J].煤炭科学技术，41(增刊2)：362-366.
[71] 中国能源报.这里，首批8个煤层气普查探矿权区块成功出让[EB/OL].[2022-09-17](2022-10-05). https://baijiahao. baidu. com/s? id = 1744209514246508907&wfr = spider&for=pc.
[72] 周成虎，王华，王成善，等，2021.大数据时代的地学知识图谱研究[J].中国科学：地球科学，51(7)：1070-1079.
[73] 周凯，鲁静，邵龙义，等，2016.具缓坡边缘型陆相盆地沉积层序与聚煤模式[J].煤炭学报，41(增刊1)：169-177.
[74] 朱筱敏，2000.层序地层学[M].东营：中国石油大学出版社.
[75] ADEBOYE O O，BUSTIN R M，2013. Variation of gas flow properties in coal with probe gas，composition and fabric：examples from western Canadian sedimentary basin[J]. International journal of coal geology，108：47-52.
[76] AITKEN J F，FLINT S S，1995. The application of high-resolution sequence stratigraphy to fluvial systems：a case study from the Upper Carboniferous Breathitt Group，eastern Kentucky，USA[J]. Sedimentology，42(1)：3-30.

[77] AL-SUWAIDI A H, ANGELOZZI G N, BAUDIN F, et al, 2010. First record of the early toarcian oceanic anoxic event from the southern hemisphere, neuquén basin, Argentina[J]. Journal of the geological society, 167(4): 633-636.

[78] ALVES R G, ADE M V B, 1996. Sequence stratigraphy and coal petrography applied to the Candiota Coal Field, Rio Grande do Sul, Brazil: a depositional model [J]. International journal of coal geology, 30(3): 231-248.

[79] AMOROSI A, BRUNO L, ROSSI V, et al, 2014. Paleosol architecture of a late Quaternary Basin-margin sequence and its implications for high-resolution, non-marine sequence stratigraphy[J]. Global and planetary change, 112: 12-25.

[80] AYERS W B Jr, 2002. Coalbed gas systems, resources, and production and a review of contrasting cases from the San Juan and Powder River basins[J]. AAPG bulletin, 86 (11): 1853-1890.

[81] BELCHER C M, MANDER L, REIN G, et al, 2010a. Increased fire activity at the Triassic/Jurassic boundary in Greenland due to climate-driven floral change [J]. Nature geoscience, 3(6): 426-429.

[82] BELCHER C M, YEARSLEY J M, HADDEN R M, et al, 2010b. Baseline intrinsic flammability of Earth's ecosystems estimated from paleoatmospheric oxygen over the past 350 million years[J]. Proceedings of the national academy of sciences of the United States of America, 107(52): 22448-22453.

[83] BERNER R A, 2006. GEOCARBSULF: a combined model for Phanerozoic atmospheric O_2 and CO_2[J]. Geochimica et cosmochimica acta, 70(23): 5653-5664.

[84] BOHACS K, KEVIN J, 1997. Sequence stratigraphic distribution of coaly rocks: fundamental controls and paralic examples[J]. AAPG bulletin, 81(10): 1612-1639.

[85] BOURQUIN S, RIGOLLET C, BOURGES P, 1998. High-resolution sequence stratigraphy of an alluvial fan-fan delta environment: stratigraphic and geodynamic implications-an example from the Keuper Chaunoy Sandstones, Paris Basin[J]. Sedimentary geology, 121 (3/4): 207-237.

[86] BUSTIN R M, GUO Y, 1999. Abrupt changes (jumps) in reflectance values and chemical compositions of artificial charcoals and inertinite in coals[J]. International journal of coal geology, 38(3/4): 237-260.

[87] CARROLL A R, GRAHAM S A, SMITH M E, 2010. Walled sedimentary basins of China[J]. Basin research, 22(1): 17-32.

[88] CATUNEANU O, ABREU V, BHATTACHARYA J P, et al, 2009. Towards the standardization of sequence stratigraphy[J]. Earth science reviews, 92(1/2): 1-33.

[89] CHALMERS G R L, BOYD R, DIESSEL C F K, 2013. Accommodation-based coal cycles and significant surface correlation of low-accommodation Lower Cretaceous coal seams, Lloydminster heavy oil field, Alberta, Canada: implications for coal quality distribution[J]. AAPG bulletin, 97(8): 1347-1369.

[90] CHALMERS G R L, BUSTIN R M, 2007. On the effects of petrographic composition

on coalbed methane sorption[J].International journal of coal geology,69(4):288-304.

[91] CHALONER W G,1989.Fossil charcoal as an indicator of palaeoatmospheric oxygenlevel [J].Journal of the geological society,146(1):171-174.

[92] CHEN S B,ZHU Y M,LI W,et al,2012.Influence of magma intrusion on gas outburst in a low rank coal mine[J].International journal of mining science and technology,22(2):259-266.

[93] CHEN Y,TANG D Z,XU H,et al,2015.Structural controls on coalbed methane accumulation and high production models in the eastern margin of Ordos Basin,China [J].Journal of natural gas science and engineering,23:524-537.

[94] CIENFUEGOS P,LOREDO J,2010.Coalbed methane resources assessment in Asturias (Spain)[J].International journal of coal geology,83(4):366-376.

[95] CLARK J S,LYNCH J,STOCKS B J,et al,1998.Relationships between charcoal particles in air and sedimentsin west-central Siberia[J].The holocene,8(1):19-29.

[96] CLARKSON C R,BUSTIN R M,1999.The effect of pore structure and gas pressure upon the transport properties of coal:a laboratory and modeling study.1.Isotherms and pore volume distributions[J].Fuel,78(11):1333-1344.

[97] CONNELL L D,2016.A new interpretation of the response of coal permeability to changes in pore pressure,stress and matrix shrinkage[J].International journal of coal geology,162:169-182.

[98] COPE M J,CHALONER W G,1980.Fossil charcoal as evidence of past atmospheric composition[J].Nature,283(5748):647-649.

[99] DAI S F,BECHTEL A,EBLE C F,et al,2020.Recognition of peat depositional environments in coal:a review[J].International journal of coal geology,219:103383.

[100] DERA G,BRIGAUD B,MONNA F,et al,2011.Climatic ups and Downs in a disturbed Jurassic world[J].Geology,39(3):215-218.

[101] DEY J,SEN S,2018.Sequence stratigraphic model of middle Permian barakar formation from a marginal Gondwana Basin,India[J].Journal of earth science,29 (4):745-754.

[102] DUO X M,WANG H L,2016.High-resolution sequence stratigraphy in layer correlation:a case study from Shahejie formation in Huanghua Depression[J].Journal of petroleum science and engineering,147:1-6.

[103] FALKOWSKI P G,KATZ M E,MILLIGAN A J,et al,2005.The rise of oxygen over the past 205 million years and the evolution of large placental mammals[J].Science,309(5744):2202-2204.

[104] FRIESEN W I,MIKULA R J,1988.Mercury porosimetry of coals:pore volume distribution and compressibility[J].Fuel,67(11):1516-1520.

[105] FU H J,TANG D Z,PAN Z J,et al,2019.A study of hydrogeology and its effect on coalbed methane enrichment in the southern Junggar Basin,China[J].AAPG bulletin,103(1):189-213.

[106] FU H J, TANG D Z, XU H, et al, 2016. Geological characteristics and CBM exploration potential evaluation: a case study in the middle of the southern Junggar Basin, NW China[J]. Journal of natural gas science and engineering, 30: 557-570.

[107] FU H J, TANG D Z, XU T, et al, 2017. Preliminary research on CBM enrichment models of low-rank coal and its geological controls: a case study in the middle of the southern Junggar Basin, NW China[J]. Marine and petroleum geology, 83: 97-110.

[108] FU H J, YAN D T, YANG S G, et al, 2020. Characteristics of in situ stress and its influence on coalbed methane development: a case study in the eastern part of the southern Junggar Basin, NW China[J]. Energy science and engineering, 8(2): 515-529.

[109] GAN H, NANDI S P, WALKER P L Jr, 1972. Nature of the porosity in American coals[J]. Fuel, 51(4): 272-277.

[110] GAUCHER E C, DÉFOSSEZ P D C, BIZI M, et al, 2011. Coal laboratory characterisation for CO_2 geological storage[J]. Energy procedia, 4: 3147-3154.

[111] GLASSPOOL I J, SCOTT A C, WALTHAM D, et al, 2015. The impact of fire on the Late Paleozoic Earth system[J]. Frontiers inplant science, 6: 756.

[112] GLASSPOOL I J, SCOTT A C, 2010. Phanerozoic concentrations of atmospheric oxygen reconstructed from sedimentary charcoal[J]. Nature geoscience, 3(9): 627-630.

[113] GRAHAM J B, AGUILAR N M, DUDLEY R, et al, 1995. Implications of the late Palaeozoic oxygen pulse for physiology and evolution[J]. Nature, 375(6527): 117-120.

[114] GREB S F, 2013. Coal more than a resource: critical data for understanding a variety of earth science concepts[J]. International journal of coal geology, 118: 15-32.

[115] GUO R, AKKUTLU K M, KANTZAS A, 2008. Laboratory investigation on the permeability of coal during primary and enhanced coalbed methane production[J]. Journal of Canadian Petroleum technology, 47(10): 27-32.

[116] HAMILTON S K, ESTERLE J S, GOLDING S D, 2012. Geological interpretation of gas content trends, Walloon Subgroup, eastern Surat Basin, Queensland, Australia [J]. International journal of coal geology, 101: 21-35.

[117] HAN L, SHEN J, WANG J Y, et al, 2021. Characteristics of pore evolution and its maceral contributions in the huolinhe lignite during coal pyrolysis[J]. Natural resources research, 30(3): 2195-2210.

[118] HENTZ T F, ZENG H L, 2003. High-frequency Miocene sequence stratigraphy, offshore Louisiana: cycle framework and influence on production distribution in a mature shelf Province[J]. AAPG bulletin, 87(2): 197-230.

[119] HERIAWAN M N, KOIKE K, 2015. Coal quality related to microfractures identified by CT image analysis[J]. International journal of coal geology, 140: 97-110.

[120] HOLDGATE G R, WALLACE M W, GALLAGHER S J, et al, 2000. A review of the

Traralgon Formation in the Gippsland Basin:a world class brown coal resource[J]. International journal of coal geology,45(1):55-84.

[121] HOU H H,SHAO L Y,LI Y H,et al,2017.Influence of coal petrology on methane adsorption capacity of the Middle Jurassic coal in the Yuqia Coalfield, northern Qaidam Basin,China[J].Journal of petroleum science and engineering,149:218-227.

[122] HOU H H,SHAO L Y,LI Y H,et al,2018.The pore structure and fractal characteristics of shales with low thermal maturity from the Yuqia Coalfield, northern Qaidam Basin, northwestern China[J].Frontiers of earth science,12(1):148-159.

[123] HOU H H,SHAO L Y,TANG Y,et al,2020.Quantitative characterization of low-rank coal reservoirs in the southern Junggar Basin,NW China:implications for pore structure evolution around the first coalification jump[J].Marine and petroleum geology,113:104165.

[124] HOU H H,SHAO L Y,WANG S,et al,2019.Influence of depositional environment on coalbed methane accumulation in the Carboniferous-Permian coal of the Qinshui Basin,Northern China[J].Frontiers of earth science,13(3):535-550.

[125] JERRETT R M,DAVIES R C,HODGSON D M,et al,2011.The significance of hiatal surfaces in coal seams[J].Journal of the geological society,168(3):629-632.

[126] JIAN K,FU X H,DING Y M,et al,2015.Characteristics of pores and methane adsorption of low-rank coal in China[J].Journal of natural gas science and engineering,27:207-218.

[127] JONES T P,1997.Fusain in Late Jurassic sediments from the Witch Ground Graben, North Sea,UK [J].Mededelingen-nederlands instituut voor toegepaste geowetenschappen tno,58:93-103.

[128] JU Y W,YAN Z F,LI X S,et al,2012.Structural characteristics and physical properties of tectonically deformed coals[J].Journal of geological research,2012:852945.

[129] KESHAVARZ A, SAKUROVS R, GRIGORE M, et al, 2017. Effect of maceral composition and coal rank on gas diffusion in Australian coals[J].International journal of coal geology,173:65-75.

[130] KOPP O C,BENNETT M E,CLARK C E,2000.Volatiles lost during coalification[J]. International journal of coal geology,44(1):69-84.

[131] KORTE C,HESSELBO S P,ULLMANN C V,et al.Jurassic climate mode governed by ocean gateway[J].Nature communications,2015,6:10015.

[132] LEHMANN J,GAUNT J,RONDON M,2006.Bio-char sequestration in terrestrial ecosystems:a review[J].Mitigation and adaptation strategies for global change, 11(2):403-427.

[133] LI B Q,ZHUANG X G,LI J,et al,2014c.Geological controls on coal quality of the Yili Basin,Xinjiang,Northwest China[J].International journal of coal geology,131: 186-199.

[134] LI C L,QIN L,LI X,et al,2013a.High resolution sequence stratigraphic frameworks

research in the Ⅻ group of the member Ⅲ of qing Shankou formation in the Qian' an oilfield[J].Applied mechanics and materials,339:728-731.

[135] LI G H, 2016. Coal reservoir characteristics and their controlling factors in the eastern Ordos Basin in China[J].International journal of mining science and technology, 26(6):1051-1058.

[136] LI M, JIANG B, LIN S F, et al, 2013b. Structural controls on coalbed methane reservoirs in Faer coal mine, Southwest China[J].Journal of earth science, 24(3): 437-448.

[137] LI M, SHAO L Y, LU J, et al, 2014a. Sequence stratigraphy and paleogeography of the Middle Jurassic coal measures in the Yuqia coalfield, northern Qaidam Basin, northwestern China[J].AAPG bulletin, 98(12):2531-2550.

[138] LI W, WANG X K, ZHANG B J, et al, 2020. Large-scale gas accumulation mechanisms and reservoir-forminggeological effects in sandstones of Central and Western China[J].Petroleum exploration and development, 47(4):714-725.

[139] LI Y N, SHAO L Y, HOU H H, et al, 2018. Sequence stratigraphy, palaeogeography, and coal accumulation of the fluvio-lacustrine Middle Jurassic Xishanyao Formation in central segment of southern Junggar Basin, NW China[J].International journal of coal geology, 192:14-38.

[140] LI Y, TANG D Z, FANG Y, et al, 2014b. Distribution of stable carbon isotope in coalbed methane from the east margin of Ordos Basin[J]. Science China earth sciences, 57(8):1741-1748.

[141] LI Y, YANG J H, PAN Z J, et al, 2019. Unconventional natural gas accumulations in stacked deposits: a discussion of upper Paleozoic coal-bearing strata in the east margin of the Ordos Basin, China[J]. Acta geologica sinica-English edition, 93(1): 111-129.

[142] LI Y, ZHANG C, TANG D Z, et al, 2017. Coal pore size distributions controlled by the coalification process: an experimental study of coals from the Junggar, Ordos and Qinshui basins in China[J].Fuel, 206:352-363.

[143] LU J, SHAO L Y, YANG M F, et al, 2017. Depositional model for peat swamp and coal facies evolution using sedimentology, coal macerals, geochemistry and sequence stratigraphy[J].Journal of earth science, 28(6):1163-1177.

[144] LV Y M, TANG D Z, XU H, et al, 2012. Production characteristics and the key factors in high-rank coalbed methane fields: a case study on the Fanzhuang Block, Southern Qinshui Basin, China[J]. International journal of coal geology, 96/97: 93-108.

[145] MANCINI E A, OBID J, BADALI M, et al, 2008. Sequence-stratigraphic analysis of Jurassic and Cretaceous strata and petroleum exploration in the central and eastern Gulf coastal plain, United States[J].AAPG bulletin, 92(12):1655-1686.

[146] MARYNOWSKI L, SCOTT A C, ZATOŃ M, et al, 2011. First multi-proxy record of

Jurassic wildfires from Gondwana: evidence from the Middle Jurassic of the neuquén basin, Argentina[J]. Palaeogeography, palaeoclimatology, palaeoecology, 299(1/2): 129-136.

[147] MARYNOWSKI L, SIMONEIT B R T, 2009. Widespread upper Triassic to lower Jurassic wildfire records from Poland: evidence from charcoal and pyrolytic polycyclic aromatic hydrocarbons[J]. Palaios, 24(12): 785-798.

[148] MASTALERZ M, DROBNIAK A, STRAPOĆ D, et al, 2008. Variations in pore characteristics in high volatile bituminous coals: implications for coal bed gas content[J]. International journal of coal geology, 76(3): 205-216.

[149] MATHEWS J P, CAMPBELL Q P, XU H, et al, 2017. A review of the application of X-ray computed tomography to the study of coal[J]. Fuel, 209: 10-24.

[150] MIALL A D, 1977. A review of the braided-river depositionalenvironment[J]. Earth-science reviews, 13(1): 1-62.

[151] MILLS B J W, BELCHER C M, LENTON T M, et al, 2016. A modeling case for high atmospheric oxygen concentrations during the Mesozoic and Cenozoic[J]. Geology, 44(12): 1023-1026.

[152] MISHRA S, MENDHE V A, VARMA A K, et al, 2018. Influence of organic and inorganic content on fractal dimensions of Barakar and Barren Measures shale gas reservoirs of Raniganj Basin, India [J]. Journal of natural gas science and engineering, 49: 393-409.

[153] MOHAMMAD S A, ARUMUGAM A, ROBINSON R L Jr, et al, 2012. High-pressure adsorption of pure gases on coals and activated carbon: measurements and modeling[J]. Energy and fuels, 26(1): 536-548.

[154] MOSTAFA A R, YOUNES M A, 2001. Significance of organic matter in recording paleoenvironmental conditions of the Safa Formation coal sequence, Maghara Area, North Sinai, Egypt[J]. International journal of coal geology, 47(1): 9-21.

[155] OPLUŠTIL S, EDRESS N A, SÝKOROVÁ I, 2013. Climatic vs. tectonic controls on peat accretion in non-marine setting; an example from the Žacléř Formation (Yeadonian-Bolsovian) in the Intra-Sudetic Basin (Czech Republic)[J]. International journal of coal geology, 116/117: 135-157.

[156] OUYANG Y L, SUN B, WANG B, et al, 2017. CBM sealing system and its relationship with CBM enrichment[J]. Natural gas industry B, 4(1): 39-47.

[157] PAN J N, ZHAO Y Q, HOU Q L, et al, 2015. Nanoscale pores in coal related to coal rank and deformation structures[J]. Transport in porous media, 107(2): 543-554.

[158] PASQUIER J B, STRASSER A, 1997. Platform-to-basin correlation by high-resolution sequence stratigraphy and cyclostratigraphy (Berriasian, Switzerland and France) [J]. Sedimentology, 44(6): 1071-1092.

[159] PAUSAS J G, KEELEY J E, 2009. A burning story: the role of fire in the history of

life[J].BioScience,59(7):593-601.

[160] PEELER J P K,LANE G L,1993.Relation between combustion efficiency and coal rank in fluidized bed combustors[J].Fuel,72(6):737-742.

[161] PETERSEN H I,LINDSTRÖM S,THERKELSEN J,et al,2013.Deposition,floral composition and sequence stratigraphy of uppermost Triassic(Rhaetian) coastal coals,southern Sweden[J].International journal of coal geology,116/117:117-134.

[162] PETERSEN H I,LINDSTRÖM S,2012.Synchronous wildfire activity rise and mire deforestation at the Triassic-Jurassic boundary[J].PLoS one,7(10):1-15.

[163] PETERSEN H I,RATANASTHIEN B,2011.Coal facies in a Cenozoic paralic lignite bed,Krabi Basin, southern Thailand: changing peat-forming conditions related to relative sea-level controlled watertable variations[J]. International journal of coal geology,87(1):2-12.

[164] PETERSEN H I,ROSENBERG P,1998.Reflectance retardation(suppression) and source rock properties related to hydrogen-enriched vitrinite in Middle Jurassic coals,Danish north sea[J].Journal of petroleum geology,21(3):247-263.

[165] PETERSEN H I,VOSGERAU H,1999.Composition and organic maturity of Middle Jurassic coals, North-East Greenland: evidence for liptinite-induced suppression of huminite reflectance[J].International journal of coal geology,41(3):257-274.

[166] PLINT A G,MCCARTHY P J,FACCINI U F,2001.Nonmarine sequence stratigraphy: Updip expression of sequence boundaries and systems tracts in a high-resolution framework,Cenomanian Dunvegan Formation, Alberta foreland basin, Canada[J]. AAPG bulletin,85(11):1967-2001.

[167] QIN R F,WANG A M,CAO D Y,et al,2020.Effect of peat mire evolution on pore structure characteristics in thick coal seam: examples from Xishanyao Formation (Middle Jurassic),Yili Basin,China[J].Energy exploration and exploitation,38(5):1484-1514.

[168] QU Z H,WANG G G X,JIANG B,et al,2010.Experimental study on the porous structure and compressibility of tectonized coals[J]. Energy and fuels, 24(5):2964-2973.

[169] ROBSON B E,COLLINSON M E,RIEGEL W,et al,2015.Early Paleogene wildfires in peat-forming environments at Schöningen, Germany [J]. Palaeogeography, palaeoclimatology,palaeoecology,437:53-62.

[170] ROUQUEROL J,AVNIR D,FAIRBRIDGE C W,et al,1994.Recommendations for the characterization of porous solids (technical report) [J]. Pure and applied chemistry,66(8):1739-1758.

[171] RUPPERT L F, KIRSCHBAUM M A, WARWICK P D, et al, 2002. The US Geological Survey's national coal resource assessment: the results[J].International journal of coal geology,50(1/2/3/4):247-274.

[172] SAKUROVS R,HE L L,MELNICHENKO Y B,et al,2012.Pore size distribution

and accessible pore size distribution in bituminous coals[J].International journal of coal geology,100:51-64.

[173] SALEHY M R, 1986. Determination of rank and petrographic composition of Jurassic coals from eastern Surat Basin, Australia[J]. International journal of coal geology,6(2):149-162.

[174] SCOTT A C, GLASSPOOL I J, 2005. Charcoal reflectance as a proxy for the emplacement temperature of pyroclastic flow deposits[J].Geology,33(7):589.

[175] SCOTT A C,GLASSPOOL I J,2007.Observations and experiments on the origin and formation of inertinite group macerals[J].International journal of coal geology, 70(1/2/3):53-66.

[176] SCOTT A C,JONES T P,1991.Fossil charcoal:a plant-fossil record preserved by fire[J].Geology today,7(6):214-216.

[177] SCOTT A C, 2010. Charcoal recognition, taphonomy and uses in palaeoenvironmental analysis[J].Palaeogeography,palaeoclimatology,palaeoecology,291(1/2):11-39.

[178] SCOTT A C,2002.Coal petrology and the origin of coal macerals:a way ahead? [J]. International journal of coal geology,50(1/2/3/4):119-134.

[179] SEILER W, CRUTZEN P J, 1980. Estimates of gross and net fluxes of carbon between the biosphere and the atmosphere from biomass burning [J]. Climatic change,2(3):207-247.

[180] SFIDARI E, KADKHODAIE-ILKHCHI A, RAHIMPOUR-BBONAB H, et al, 2014. A hybrid approach for litho-facies characterization in the framework of sequence stratigraphy:a case study from the South Pars gas field,the Persian Gulf Basin[J].Journal of petroleum science and engineering,121:87-102.

[181] SHAN C G,ZHANG T S,GUO J J,et al,2015.Characterization of the micropore systems in the high-rank coal reservoirs of the southern Sichuan Basin,China[J]. AAPG bulletin,99(11):2099-2119.

[182] SHAO L Y,WANG H,YU X H,et al,2012.Paleo-fires and atmospheric oxygen levels in the latest Permian:evidence from maceral compositions of coals in eastern Yunnan,Southern China[J].Acta geologica sinica-English edition,86(4):949-962.

[183] SHAO L Y,XIAO Z H,LU J,et al,2007.Permo-Carboniferous coal measures in the Qinshui Basin:Lithofacies paleogeography and its control on coal accumulation[J]. Frontiers of earth science in China,1(1):106-115.

[184] SHEN Y L,QIN Y,WANG G G X,et al,2017.Sedimentary control on the formation of a multi-superimposed gas system in the development of key layers in the sequence framework[J].Marine and petroleum geology,88:268-281.

[185] SHIBAOKA M,1978.Micrinite and exudatinite in some Australian coals,and their relation to the generation of petroleum[J].Fuel,57(2):73-78.

[186] SING K S W,1982.Reporting physisorption data for gas/solid systems with special reference to the determination of surface area and porosity (Provisional)[J].Pure

and applied chemistry,54(11):2201-2218.

[187] SONG Y,JIANG B,LI F L,et al,2017a.Structure and fractal characteristic of micro- and meso-pores in low, middle-rank tectonic deformed coals by CO_2 and N_2 adsorption[J].Microporous and mesoporous materials,253:191-202.

[188] SONG Y,JIANG B,LIU J G,2017b.Nanopore structural characteristics and their impact on methane adsorption and diffusion in low to medium tectonically deformed coals:case study in the Huaibei coal field[J].Energy and fuels,31(7):6711-6723.

[189] SONG Y,LIU H L,HONG F,et al,2012.Syncline reservoir pooling as a general model for coalbed methane (CBM) accumulations:mechanisms and case studies[J]. Journal of petroleum science and engineering,88/89:5-12.

[190] SUN B,YANG Q,ZHU J,et al,2020.Pore size distributions and pore multifractal characteristics of medium and low-rank coals[J].Scientific reports,10:22353.

[191] SUN D,LIU X Z,YANG H J,et al,2019.Analysis of hydrogeolgical characteristics and water environmental impact pathway of typical shale gas exploration and development zones in Sichuan Basin,China[J].Journal of groundwater science and engineering,7(3):195-213.

[192] SUN Y Z,ZHAO C L,PÜTTMANN W,et al,2017.Evidence of widespread wildfires in a coal seam from the middle Permian of the North China Basin[J].Lithosphere,9(4): 595-608.

[193] TANNER L H,WANG X,MORABITO A C,2012.Fossil charcoal from the Middle Jurassic of the Ordos Basin, China and its paleoatmospheric implications[J]. Geoscience frontiers,3(4):493-502.

[194] TAO S,CHEN S D,TANG D Z,et al,2018.Material composition,pore structure and adsorption capacity of low-rank coals around the first coalification jump:a case of eastern Junggar Basin,China[J].Fuel,211:804-815.

[195] TEICHMÜLLER M,1989.The genesis of coal from the viewpoint of coalpetrology [J].International journal of coal geology,12(1/2/3/4):1-87.

[196] TENG J, MASTALERZ M, HAMPTON L, 2017. Maceral controls on porosity characteristics of lithotypes of Pennsylvanian high volatile bituminous coal:example from the Illinois Basin[J].International journal of coal geology,172:80-94.

[197] THOMMES M,KANEKO K,NEIMARK A V,et al,2015.Physisorption of gases, with special reference to the evaluation of surfacearea and pore size distribution (IUPAC Technical Report)[J].Pure and applied chemistry,87(9/10):1051-1069.

[198] WANG A M,WEI Y C,YUAN Y,et al,2017.Coalbed methane reservoirs' pore-structure characterization of different macrolithotypes in the southern Junggar Basin of Northwest China[J].Marine and petroleum geology,86:675-688.

[199] WANG B Y,QIN Y,SHEN J,et al,2018a.Pore structure characteristics of low- and medium-rank coals and their differential adsorption and desorption effects[J]. Journal of petroleum science and engineering,165:1-12.

[200] WANG D D, YIN L S, SHAO L Y, et al, 2021. Characteristics and evolution of inertinite abundance and atmospheric PO_2 during China's coal-forming periods[J]. Journal of palaeogeography, 10(1): 1-25.

[201] WANG G, QIN Y, SHEN J, et al, 2018b. Dynamic-change laws of the porosity and permeability of low- to medium-rank coals under heating and pressurization treatments in the eastern Junggar Basin, China[J]. Journal of earth science, 29(3): 607-615.

[202] WANG M, XUE H T, TIAN S S, et al, 2015. Fractal characteristics of Upper Cretaceous lacustrine shale from the Songliao Basin, NE China[J]. Marine and petroleum geology, 67: 144-153.

[203] WANG S, SHAO L Y, YAN Z M, et al, 2019. Characteristics of Early Cretaceous wildfires in peat-forming environment, NE China[J]. Journal of palaeogeography, 8(1): 17.

[204] WATSON A J, LOVELOCK J E, 2013. The dependence of flame spread and probability of ignition on atmospheric oxygen[M]//Fire Phenomena and the Earth System. Oxford: John Wiley and Sons: 273-287.

[205] WIERZBOWSKI H, ROGOV M, 2011. Reconstructing the palaeoenvironment of the Middle Russian Sea during the Middle-Late Jurassic transition using stable isotope ratios of cephalopod shells and variations in faunal assemblages [J]. Palaeogeography, palaeoclimatology, palaeoecology, 299(1/2): 250-264.

[206] WOOD D A, HAZRA B, 2017. Characterization of organic-rich shales for petroleum exploration and exploitation: a review-Part 1: bulk properties, multi-scale geometry and gas adsorption[J]. Journal of earth science, 28(5): 739-757.

[207] WYNN T C, READ J F, 2006. Sequence-stratigraphic analysis using well cuttings, Mississippian Greenbrier Group, West Virginia[J]. AAPG bulletin, 90(12): 1869-1882.

[208] XIN F D, XU H, TANG D Z, et al, 2019. Pore structure evolution of low-rank coal in China[J]. International journal of coal geology, 205: 126-139.

[209] XING L D, KLEIN H, LOCKLEY M G, et al, 2014. Changpeipus (theropod) tracks from the Middle Jurassic of the Turpan Basin, Xinjiang, Northwest China: review, new discoveries, ichnotaxonomy, preservation and paleoecology [J]. Vertebrata palasiatica, 52(2): 233-259.

[210] XU X K, MENG Z P, WANG Y, 2019. Experimental comparisons of multiscale pore structures between primary and disturbed coals and their effects on adsorption and seepage of coalbed methane[J]. Journal of petroleum science and engineering, 174: 704-715.

[211] XU Y, UHL D, ZHANG N, et al, 2020. Evidence of widespread wildfires in coal seams from the Middle Jurassic of Northwest China and its impact on paleoclimate [J]. Palaeogeography, palaeoclimatology, palaeoecology, 559: 109819.

[212] YAN Z M, SHAO L Y, GLASSPOOL I J, et al, 2019. Frequent and intense fires in the final coals of the Paleozoic indicate elevated atmospheric oxygen levels at the

onset of the End-Permian Mass Extinction Event[J]. International journal of coal geology, 207: 75-83.

[213] YAO Y B, LIU D M, CHE Y, et al, 2010. Petrophysical characterization of coals by low-field nuclear magnetic resonance(NMR)[J]. Fuel, 89(7): 1371-1380.

[214] YAO Y B, LIU D M, YAN T T, 2014. Geological and hydrogeological controls on the accumulation of coalbed methane in the Weibei field, southeastern Ordos Basin[J]. International journal of coal geology, 121: 148-159.

[215] YUAN Y, SHAN Y S, TANG Y, et al, 2020. Coalbed methane enrichment regularity and major control factors in the xishanyao formation in the western part of the southern Junggar Basin[J]. Acta geologica sinica-English edition, 94(2): 485-500.

[216] ZECCHIN M, 2010. Towards the standardization of sequence stratigraphy: is the parasequence concept to be redefined or abandoned? [J]. Earth-science reviews, 102: 117-119.

[217] ZHANG Z G, QIN Y, YI T S, et al, 2020. Pore structure characteristics of coal and their geological controlling factors in eastern Yunnan and western Guizhou, China [J]. ACS omega, 5(31): 19565-19578.

[218] ZHANG Z, QIN Y, FU X H, et al, 2015. Multi-layer superposed coalbed methane system in southern Qinshui Basin, Shanxi Province, China [J]. Journal of earth science, 26(3): 391-398.

[219] ZHAO J L, TANG D Z, QIN Y, et al, 2019. Fractal characterization of pore structure for coal macrolithotypes in the Hancheng area, southeastern Ordos Basin, China[J]. Journal of petroleum science and engineering, 178: 666-677.

[220] ZHAO J L, XU H, TANG D Z, et al, 2016. Coal seam porosity and fracture heterogeneity of macrolithotypes in the Hancheng Block, eastern margin, Ordos Basin, China[J]. International journal of coal geology, 159: 18-29.

[221] ZHOU L Q, SHAO D Y, LIU Y G, et al, 1999. Flooding surfaces, allocycles, autocycles and their correlation within reservoirs [J]. Petroleum exploration and development, 26(6): 75-77.

[222] ZHOU S D, LIU D M, KARPYN Z T, et al, 2018. Effect of coalification jumps on petrophysical properties of various metamorphic coals from different coalfields in China[J]. Journal of natural gas science and engineering, 60: 63-76.